高速并联机器人

——建模优化、运动控制与工程化应用

陈正升　王雪松　著

机 械 工 业 出 版 社

为满足并联机器人高速运行时的性能要求，本书深入开展了并联机器人刚体动力学建模、刚柔耦合动力学建模、集机构驱动与控制为一体的集成优化设计、平滑运动规划与轨迹优化、考虑模型不确定与扰动及考虑柔性杆件条件下的轨迹跟踪控制等方面的关键技术研究，为并联机器人工程化应用提供了理论指导与技术支撑，是讨论高速并联机器人研究与开发方面系统的内容比较全面的书籍。

本书适合从事高速重载机电系统及工业机器人研究与开发的科研工作者与工程师使用，也可供高等院校相关专业师生参考学习使用。

图书在版编目（CIP）数据

高速并联机器人：建模优化、运动控制与工程化应用/陈正升，王雪松著. —北京：机械工业出版社，2020.10（2022.1 重印）
ISBN 978-7-111-66337-9

Ⅰ.①高… Ⅱ.①陈… ②王… Ⅲ.①工业机器人-研究 Ⅳ.①TP242.2

中国版本图书馆 CIP 数据核字（2020）第 149298 号

机械工业出版社（北京市百万庄大街 22 号 邮政编码 100037）
策划编辑：王 欢 责任编辑：王 欢
责任校对：陈 越 封面设计：陈 沛
责任印制：李 昂
北京捷迅佳彩印刷有限公司印刷
2022 年 1 月第 1 版第 3 次印刷
184mm×260mm · 9.75 印张 · 239 千字
1601—2200 册
标准书号：ISBN 978-7-111-66337-9
定价：49.00 元

电话服务
客服电话：010-88361066
010-88379833
010-68326294

网络服务
机 工 官 网：www.cmpbook.com
机 工 官 博：weibo.com/cmp1952
金 书 网：www.golden-book.com
机工教育服务网：www.cmpedu.com

前　言

并联机器人以其大负载自重比、高刚度及高精度等优点被广泛使用。随着现代工业中对生产效率要求的不断提高，并联机器人已越来越多地被用于高速磨削、搬运及装配等工业应用中。同时，为降低机器人的生产成本及减少能源消耗，考虑轻量化的现代设计方法已逐渐应用于相关机器人的研制中。在高速运行工况下，轻量化的结构通常会引入弹性变形与振动，仅采用传统针对刚性机器人的分析及控制方法时，将无法保证机器人的跟踪精度和动态性能。为解决并联机器人在高速运行时存在的共性问题，本书以具有典型结构的 3RRR 与 2PUR-PSR 并联机器人为对象，开展了并联机器人刚体与刚柔耦合动力学建模；讨论了集机构优化、驱动与传统部件参数匹配及控制系统参数调整于一体的集成优化设计；进行了基于模型的轨迹优化及控制研究等关键技术的研究，以及性能测试与实验验证。

本书第 1 章阐明了并联机器人在高速运行时涉及的关键技术问题，并分析了动力学建模、优化设计、运动规划与控制算法设计等方面的国内外研究现状与待解决的技术问题。

第 2 章开展了并联机器人刚体动力学建模方法方面的研究。首先，对 3RRR 并联机器人进行运动学与刚体动力学建模；之后，以此为基础，以具有空间运动形式的 2PUR-PSR 过约束并联机构为例，开展了运动学与刚体动力学建模。为了满足结构设计和控制算法设计对动力学模型的不同要求，使用牛顿-欧拉（Newton-Euler）方程和自然正交补（Natural Orthogonal Complement，NOC）方法同时建立具有与不具有约束力与力矩的动力学模型，并推导由过约束力与力矩引起的变形，同时使用描述无伴随运动并联机构动力学性能的动力学操作椭球指标来评估有伴随并联机构的动力学性能。另外，还以 2PUR-PSR 并联机构为例，进行了动力学建模和性能分析，并通过与通用商业软件计算结果进行比较来验证模型的有效性。

第 3 章开展了高速并联机器人的刚柔耦合动力学建模方法研究。从欧拉梁的基本假设出发，考虑杆件端部的刚性特征，采用曲率有限元（Curvature-based Finite Element，CFE）方法对杆件进行离散化建模，并推导并联机器人杆件中常用的悬臂梁及简支梁模型，从而考虑杆件端部刚性提出改进的曲率有限元（Improved Curvature-based Finite Element，ICFE）方法。根据推导的杆件模型及小变形假设，提出杆件弹性位移与机器人刚体耦合运动的建模方法。根据上述模型并结合凯恩（Kane）方程建立 3RRR 并联机构的刚柔耦合动力学模型。之后，对推导的动力学模型进行了验证，分别对模态与加速度响应进行了分析，并将推导模型的计算值与 ABAQUS 软件仿真值进行了对比，同时根据模态分析对模型进行了简化。

第 4 章开展了高速并联机器人优化设计方面的研究，提出了集机构优化、驱动与传动部件参数匹配及控制系统参数调整于一体的集成优化设计方法。为适应高速运行要求，在机构优化时考虑了全局条件数、速度性能、加速能力及基频等运动学与动力学指标；为保证驱动与传动部件的经济性及参数匹配，建立了约束模型及参数库，并选择成本为优化目标；为取得高精度的控制性能，设计了动力学前馈加 PD 的控制算法，并选择系统跟踪误差为优化目标。从而建立包含机构参数、驱动与传动部件参数及控制系统参数的优化模型，并采用非支配排序遗传算法 NSGA-Ⅱ对模型求解，最终完成对高速并联机器人的集成优化设计。

第 5 章开展了高速并联机器人运动规划与优化方面的研究。首先，分别对并联机器人常用的直线、圆弧及空间任意给定点运动进行了平滑运动规划；之后，从轨迹优化的角度出发，考虑杆件柔性，对给定轨迹与点到点快速定位两种情况下的残余振动抑制与弹性位移限制问题进行了研究。针对给定轨迹时的残余振动抑制问题，考虑并联机器人各阶频率随位置改变的特点，将多模态输入整形（Input Shaping，IS）与粒子群优化（Particle Swarm Optimization，PSO）及控制相结合，建立了以残余振动为优化目标，以多模态输入整形器参数为优化变量的优化模型，并利用 PSO 对控制模型进行了离线优化。仿真结果表明，优化后的整形器可对残余振动进行显著的抑制，且随着整形器数量的增加，残余振动进一步减小，同时避免了现有方法对整形器参数实时更新带来的计算量大的问题。对于快速点到点运动，将时间最优规划与多模态输入整形相结合，提出了两步优化方法：首先，采用分段高斯伪谱法（Gauss Pseudospectral Method，GPM）对时间最优问题进行了求解；之后，采用多模态输入整形对得到的轨迹进行了残余振动抑制。仿真结果表明，两步优化法实现了时间最优时的残余振动抑制与弹性位移限制。

第 6 章开展了高速并联机器人轨迹跟踪控制方面的研究。从基于刚体动力学模型的反馈线性化控制出发，考虑模型不确定与扰动因素，采用模型不确定与扰动观测器（Uncertainty and Disturbance Estimator，UDE）方法进行控制算法设计。之后，从影响机器人末端位置的刚体运动与杆件弹性变形及振动两方面因素出发，提出了基于积分流形与高增益观测器的复合控制算法。先根据刚度矩阵引入小参数，并基于积分流形将刚柔耦合动力学模型降阶为快速与慢速两个子系统；然后分别对两个子系统进行控制算法设计，对慢速子系统采用反演控制，同时考虑杆件弹性位移对末端轨迹的影响，设计校正力矩，实现了杆件弹性位移对机器人末端运动的弹性补偿。对快速子系统采用滑模变结构控制，从而保证流形成立。为解决曲率变化率无法直接测量的问题，引入高增益观测器，并对稳定性进行证明。对于上述复合控制算法，证明了整体系统的稳定性，并给出了小参数的选取范围。最后，为验证复合控制算法的有效性，对设计的算法与奇异摄动及基于刚体动力学的反演控制算法进行了对比。

第 7 章对高速并联机器人的部分算法进行了实验验证。为了验证上述理论研究，参考优化设计结果对 3RRR 并联机器人进行了本体设计及驱动与传动部件选型，并采用工控机、实时操作系统及高速通信总线的控制架构设计了控制系统；采用激光跟踪仪对机器人重复定位精度测试进行了测试。为了验证建模精度，采用 LMS 振动测试仪对系统进行了模态测试与加速度响应测试。最后，对基于多模态输入整形与 PSO 的规划方法及基于分段高斯伪谱法与多模态输入整形的轨迹规划方法进行了实验验证。

综上所述，本书对并联机器人高速运行时在动力学建模、设计、运动规划与控制等方面的关键技术问题进行了分析，并提出了新的解决思路与方法，为高速并联机器人的工程化应用提供了技术支持与指导。

作　者

2020 年 7 月

目　录

第 1 章 高速并联机器人的研究关键

1.1 并联机器人技术的背景及研究的目的和意义

在工业生产中，随着人们对生产效率及作业精度要求的不断提高，高速度、高精度已成为工业机器人发展的重要趋势。国外各主流机器人厂商都已研制出了自己品牌的高速度、高精度工业机器人，比较典型的有图 1-1a 所示美国 Adept 公司的 Cobro 系列机器人，重复定位精度可达 0.01mm；图 1-1b 为瑞士史陶比尔（Staubli）公司的 TP80 系列机器人，工作节拍可达到 200 次/分钟；图 1-1c 为瑞士 ABB 公司的 IRB460 四轴搬运机器人，工作节拍可以达到 2190 次/小时。

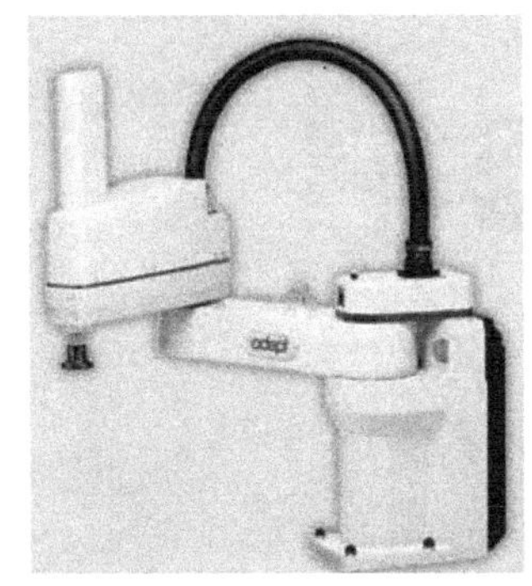

a) 美国Adept公司Cobro系列机器人

b) 瑞士史陶比尔公司TP80系列机器人

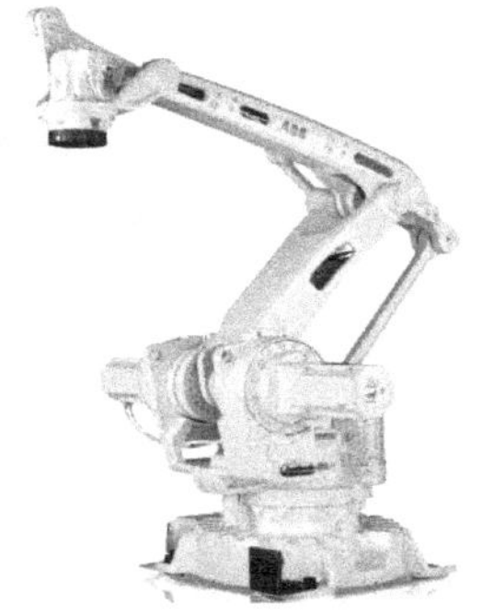

c) 瑞士ABB公司IRB460机器人

图 1-1 高速度、高精度机器人

由于串联机器人为开环结构的，因此其整机刚度必然小于单个部件的刚度；同时，由于减速机等传动装置误差的逐级累加效应，使得机器人末端精度也受到较大的影响。因此，在高速度、高精度方面，串联机器人的应用受到一定的限制。自 20 世纪 80 年代以来，通过与机床结构相结合，机器人的拓扑形式有了较大的发展，并联机器人及混联机器人受到了广泛的关注。该类型机器人由于具有闭链机构，同时驱动与传动装置都固定在基座上，因而整机刚度较大，且避免了串联机器人因开式拓扑结构造成的传动误差积累的问题，因此，并联机器人更适合高速度、高精度的应用场合[1]。由于结构本身的优势，并联机器人已经广泛应用于图 1-2 所示的运动模拟、机械加工、高速搬运、分拣、快速定位等场合[2]。

在传统设计理论中，为了保证高速度及高加速度的要求，机器人体积及自重通常较庞大，在高速运行时系统非线性动力学特性表现得非常突出。由于系统模型的复杂性，目前用于并联机器人的控制策略主要采用不考虑各轴耦合的常规 PID 控制，该控制策略不需要对系统进行精确建模，将单轴视为二阶线性系统，并忽略了各轴之间的非线性耦合项。在PID控制器的基础上，部分控制器采用了计算力矩控制对非线性项进行反馈线性化处理，提高了系统跟踪性能。然而，上述方案的实施要求较大型号的驱动与传动装置，且工作时需要过多能源，使得机器人生产及运行成本大幅增加，从而限制了其进一步的推广及应用。因此，考虑轻量化的现代设计已成为高速并联机器人发展的必然选择。然而，在高速运行工况下，轻量化的结构通常会引入弹性变形与振动，使得并联机器人动平台执行端的运动在通常刚体运动基础上增加了弹性位移部分，当采用传统针对刚性机器人的分析及控制方法时，将无法保证并联机器人的跟踪精度及动态性能。因此，在刚体动力学模型中考虑杆件柔性，并以此为基础开展系统分析与控制研究是解决上述矛盾的关键。

a) 空间环境模拟器　　b) 并联机床

c) Delta并联机器人　　d) Diamond并联机器人

图 1-2　并联机器人

与串联机器人相比，由于闭链回路的存在，并联机器人动力学系统更为复杂。针对并联机器人刚体及刚柔耦合建模的研究虽然取得了一定成果，但现有的方法存在计算量过大或不具有普遍适用性的问题，为开展控制算法研究，还需对模型精度与计算效率进行平衡；在开展含柔性杆件的高速并联机器人设计时，如何将机构优化、驱动与传动部件参数匹配及控制系统参数优化相结合，从而实现系统良好的综合性能，也是开展机电系统优化设计的热点与难点；同时，现有关于含柔性环节并联机器人的轨迹规划与控制的研究还极为有限，需要进一步完善。

综上所述，为解决高速并联机器人在高速运行时存在的共性问题，进一步提高跟踪精度和动态性能，本书以具有典型结构的并联机器人为对象，研究面向控制系统设计的高速轻型并联机器人刚体动力学与刚柔耦合动力学模型建模方法，并在此基础上开展集成优化设计、运动规划、轨迹优化及控制算法研究。

1.2　刚性并联机器人动力学建模研究现状

由于并联机构具有封闭的运动学结构闭链，因此非常适合高精度、高刚度和大负载等应用场合，且经过了十多年的深入研究已广泛应用于工业搬运、先进电子制造及核电站维护等场合[3,4]，并且在众多应用方面显示出较大的潜力[1]。自由度少于 6 的少自由度并联机构可以完成上述大多数任务，并且因成本低、结构复杂度低及易于控制等优点越来越受到重视[5]。

动力学建模是开展并联机器人动态性能分析的基础，同时对结构设计和控制算法设计也起着至关重要的作用。但是，不同的应用对动力学模型有不同的要求。对于结构设计，应同时计算驱动力与力矩和约束力与力矩。而对于控制算法设计，动力学模型应该具有足够的计算效率以进行实时计算。然而，与拥有完善的动力学建模方法的串行机器人不同，由于运动学链的闭合，并联机器人动力学更为复杂。此外，少自由度并联机构通常具有伴随运动和过度约束，这使得动力学更加复杂[6]。过约束通常会使杆件产生弹性变形，这在高精度应用中不可忽略。以往关于少自由度并联机构的研究大多集中在运动学及其设计，系统地开展对具有伴随运动及过约束并联机构动力学和性能分析的研究仍然是一个问题。

关于并联机构动力学建模的相关研究主要分为四类：牛顿-欧拉法、拉格朗日方程、凯恩方程和虚拟功率原理[7]。Dasgupta 使用牛顿-欧拉方程建立了 Stewart 平台的逆动力学模型[8,9]。在其建模过程中，首先考虑了系统约束力与约束力矩，建立了单个部件刚体的动力学方程，并通过消除约束力和约束力矩得出了 Stewart 平台的闭式动力学模型公式，可应用于基于模型的前馈控制中。Chen 使用该方法建立了 3PRRU 并联机构具有封闭形式的动力学模型，但该模型没有伴随运动或冗余约束，然后基于该动力学模型对动力学性能进行了分析[10]。考虑变形协调关系，Bi 采用牛顿-欧拉方程推导了过约束并联机构的逆动力学模型[11]。该模型可与控制系统相结合，在实现实时控制的同时提高系统动态性能。但是，牛顿-欧拉方程通常会产生一组具有较多非独立坐标的微分代数方程。由于将所有部件的牛顿-欧拉方程和约束方程集成在一起，因此计算成本非常高。

一些研究人员将拉格朗日方程应用于并联机构动力学建模，但封闭的运动学约束要求引入拉格朗日算子[12]，这使拉格朗日方程的并联机构模型过于复杂。为了消除乘数，Stefan 提出了用于并联机构运动学的递归矩阵表示法，并根据运动学关系提取描述机构运动的独立变量建立系统动力学模型[13-15]。Chen 提出了用伍德瓦迪亚-卡拉巴（Udwadia-Kalaba）方法来计算拉格朗日算子，并推导了 Stewart 平台的显式动力学模型[16]。Xin 将拉格朗日方程与虚拟工作原理相结合，建立了具有三自由度的并联机构动力学[17]。Houssem 考虑了并联机构的开环支链，推导了每个支链的广义坐标和速度，并采用拉格朗日方程建立了系统动力学方程，同时通过能量等效原理分别计算各支链方程[18]；Dong 用拉格朗日方程建立了具有冗余驱动力的平面并联机构的动力学模型，并通过速度约束矩阵的零空间表达式消除了拉格朗日算子[19]；Briot 采用拉格朗日方程推导了具有柔性关节和柔性杆件 5R 并联机构的动力学模型，并基于动平台的动力学模型计算了拉格朗日算子，从而获得了系统机械的动力学模型[20,21]。然而，由于解析的表达式需要系统中所有部件的动能和势能，因此随着机体数量的增加，拉格朗日方程的计算时间将显著增加。因此，对于具有闭合运动链的并联机构，采用拉格朗日方程的动力学建模方法将非常烦琐。

凯恩方程结合了拉格朗日方程与达朗贝尔（d'Alembert）原理两种方法，以每个广义坐标对应总的广义主动力与广义惯性力之和为零建立系统方程[22]。可以看出，由于所有选定的偏速度都是独立的，凯恩方程自动消除了约束力与力矩。Chen 用凯恩方程推导了 3RRR 平面并联机构的刚柔耦合动力学模型[23]；Cheng 基于凯恩方程推导了以 3SPS + 1PS 空间并联机构为主机构的髋关节模拟器的动力学模型，这为主动支链的驱动系统的和被动支链的结构参数设计及控制系统设计提供了理论基础[24]。由于并联机构具有运动学约束闭链，其偏速度和加速度推导过程极为烦琐，同时由于自动消除各关节处的约束力与力矩，所建立的动力学模型不适用于结构设计。

虚功原理是另一种有效的多体系统动力学建模方法，过程如下：首先，计算单个物体的广义力，包括惯性力、重力、外力和驱动力；然后，建立瞬时虚拟位移下描述系统虚功的动态平衡方程并保持为零，由于约束力或约束力矩对系统不做功，因此将其从动力学模型中消除。Jaime 通过螺旋理论和虚功原理建立了 4PRUR 并联机构的逆动力学模型[25]。Hu 推导了（3UPU）+（3UPS + S）串并联机构的速度映射矩阵，并基于虚功原理建立了系统动力学模型，给出了驱动力计算公式[26]。Huang 首先用虚功原理建立了 Tricept 和 TriVariant 两个可重构并联机构的动力学方程，并进行了动力学性能的对比研究[27]，然后采用同样方法建立了 4 自由度 SCARA 型并联机构的动力学模型，并基于该模型进行了动力学指标的优化设计[28]。由于在建模过程中消除了约束力或力矩，虚功原理是一种面向并联机构控制算法设计非常有效的动力学建模方法。然而，受约束力或力矩对于结构设计是必不可少的，因此基于虚功原理的动力学建模方法不能同时满足结构设计和控制算法设计的要求。

为了得到计算时间高效的动力学模型，本书推导了单个物体的力螺旋与系统独立速度变量之间的映射矩阵，进而采用自然正交补（NOC）法消除了约束力/力矩或拉格朗日算子[29]。在 NOC 法中，首先建立单个物体的动力学建模，然后使用 NOC 矩阵将单个物体的运动螺旋转换为描述系统运动的独立速度变量。生成的动力学模型为不包括约束力与力矩或拉格朗日算子封闭形式。因此，该方法非常有效和直观，非常适用于并联机构动力学建模。Ganesh 使用该方法建立了平动并联机构逆动力学模型并开展了轨迹优化[30]。

在上述介绍可以看到，国内外学者对并联机构动力学建模已经开展了深入的研究。然而，关于带有伴随运动的过约束并联机构的相关研究非常有限，而且，仍然没有公认的动力学指标对该类型机构进行评价。

1.3 考虑杆件柔性的机器人动力学建模

刚柔耦合动力学模型是开展高速并联机器分析与控制策略研究的基础，也是本书研究的重点。机器人柔性环节包括关节柔性及杆件柔性。对于柔性关节建模，Spong 提出了无质量的弹性扭簧模型，以减速机输入及输出转角为状态变量，给出了弹性扭转力矩的描述[31]。由于该模型结构简单，因而得到了广泛的应用。对于考虑杆件柔性机器人的建模方法，本节将从以下三个方面进行介绍：柔性杆件建模、动力学模型逼近及柔性并联机器人建模。

1.3.1 柔性杆件建模

根据尺寸特点，柔性杆可被处理为欧拉（Euler）梁或铁梓柯（Timoshenko）梁。当连杆长度与厚度的比值较大时（通常大于 10），其弹性形变以弯曲变形为主，剪切变形及惯性效应并不显著，采用欧拉梁模型仅对弯曲变形进行描述即可取得足够高的计算精度。反之，当连杆长度与厚度比值小于一定范围时，剪切变形及惯性效应不可忽略，须采用铁梓柯梁模型对三者进行描述[32,33]。当考虑柔性时，杆件是一个连续的动力学系统，其运动方程是非线性耦合的微分代数方程，通常不存在解析解，基于该方程开展控制算法设计将极为困难。因此需对连续系统进行离散，将微分代数方程转化为一般的微分方程形式。常用的离散化方法有，有限元法、假设模态法、集中质量法等。其中，有限元法与假设模态法已被深入研究，并已经广泛应用[34]。

1）有限元法。有限元法的实质就是采用刚性节点把具有无限个自由度的连续体离散化为有限个自由度的弹性单元体，质量、刚度及阻尼特性由单元表征。该方法的优点是可适用于任意复杂的结构，广义坐标具有明确的物理意义，并可对计算精度进行控制。根据插值方式的不同，有限元法可分为位移有限元法及曲率有限元法。在位移有限元法中，节点处的曲率、倾角及弹性位移采用各自的独立参数分别插值。当剪切变形较大时，该方法精度较高，然而在计算过程中节点数目多，使得系统方程较复杂，计算量较大，不适于开展控制算法设计。针对剪切变形不明显的欧拉梁模型，Kuo 等人通过对曲率进行积分，分别计算了倾角及弹性位移，从而极大地减少了节点自由度数目，并将其应用于四杆机构[35]、曲柄滑块机构[36]及多杆平面机构[37]的建模中。理论分析表明，该方法具有较高的计算精度及计算效率。

2）假设模态法。假设模态法将杆件弹性描述成无限多个正交的简谐模态的线性叠加，并根据模态截断技术采用低阶模态对弹性位移进行逼近。假设模态法的关键在于边界条件的确立与模态形函数的选取，不同的边界条件对应不同的模态型函数，常用的有固支边界、铰接边界与自由边界等。假设模态法建立的动力学方程规模较小，便于提高计算效率，在仿真与实时控制方面具有一定的优势，在振动控制中应用广泛。但是，其计算精度较有限元法稍差，且在描述复杂结构的振动模态时常会遇到较大的困难。

3）集中质量法。集中质量法采用刚性节点与弹性单元对杆件弹性进行等效，在刚性节点表征质量特性，弹性单元用弹簧与阻尼单元模拟，刚性节点之间通过弹性体连接。集中质量法对密度和质量不均匀的弹性体建模效果较好。按集中质量法建立起来的动力学模型是常微分方程，计算量较有限元法与假设模态法小，但由于对质量分布形式简化较多，精度较低，所以应用受到很大的限制。

1.3.2　动力学模型逼近

由于柔性环节的引入，机器人刚柔耦合动力学方程形式复杂，且计算量较大，开展控制算法设计时存在一定困难。为了对模型进行简化，从而减少变量数目，Raibert 提出了查表法，将变量采用节点进行离散，对各节点处的模型进行离线计算，将运行结果存储在表格中，并将存储的数据应用于控制律的实时计算[38]。Brüls 提出了全局模态法，利用离线计算思想，首先将系统离散成若干个简单部件，即子结构，每个子结构由代表边界条件的边界节点与代表杆件模态特征的内部节点组成；之后通过正交试验法将机器人工作空间分割成若干个子空间，利用线性插值或二次插值多项式对各子空间的动力学模型进行逼近，并通过布尔变换矩阵将子结构的动力学模型进行组装，同时对逼近误差进行了分析。该方法避免了对并联机器人约束闭链的实时计算，并将微分代数形式的动力学方程转化为一般微分方程形式，且应用于商业软件中[39]。Gutiérres 将神经网络作为黑箱法应用于动力学模型逼近，对原始模型采集一系列数据点，将数据点作为神经网络的输入输出，对其进行训练，最后得到了动力学模型的代数表达形式[40]。

1.3.3 考虑杆件柔性的并联机器人刚柔耦合动力学建模

由于运动闭链约束的存在，并联机器人动力学建模较复杂，目前在刚体动力学建模方面已取得了一定的研究成果，但对于考虑柔性环节的相关研究尚处于起步状态。Fattah 采用有限元法描述了机构瞬时弹性位移，采用欧拉-拉格朗日（Euler-Lagrange）方法建立了 3RRS 并联机器人各个杆件的运动微分方程，利用自然正交补法构造了约束方程，从而建立了整个机构的动力学模型，并初步探讨了运动构件弹性对机械手末端精度的影响[41]。天津大学黄田教授带领的课题组在高速度、高精度并联机器人和并联机床方面建立了一套完善的基于动力学模型的设计方法，并利用有限元和运动弹性动力学（KED）分析方法对柔性环节进行了动力学建模，所得的结果为机构和结构的优化设计提供了依据[42,43]。

为了便于对建模方法进行验证或开展控制算法研究，部分学者选择了平面并联机器人（Planar Parallel Manipulator，PPM）为研究对象。加拿大多伦多（Toronto）大学的 J. K. Mills 领导的课题组采用 KED 方法对图 1-3a 所示的 3PRR 平面并联机器人建立了弹性动力学模型，提出了基于图解法的刚柔耦合运动关系建模方法，研究了该机构的末端弹性位移、低阶固有频率分布及其收敛域分析[44]，又提出了应用子结构法和模态综合思想，为更复杂的空间并联机构提供了相应的推广方法[45]；为了对杆件弹性振动进行抑制，随后又采用了假设模态法建立了该并联机器人的刚柔耦合模型[46]。南京航空航天大学的张泉老师采用假设模态法及拉格朗日方程对图 1-3b 所示的 3PRR 并联机器人进行了动力学建模，并以该模型为基础进行了振动抑制研究[47-51]；对于上述两种形式的 3PRR 构型机器人，由于结构中不存在主动杆，在建模时仅考虑了被动杆件柔性。北京工业大学的余跃庆教授采用有限元法建立了图 1-3c 所示的 3RRR 并联机器人刚柔耦合模型，采用解析法建立了刚柔耦合运动表达式，并进行了实验研究，结果表明，该建模方法具有较高的计算精度[52,53]，然而由于系统自由度较多，且刚柔耦合运动关系求解时需要对约束方程进行迭代，因此很难直接应用于控制算法的设计。

a) 采用KED方法的3PRR并联机器人

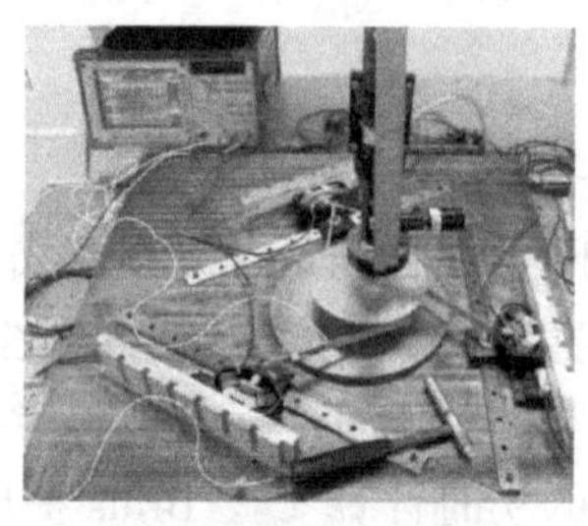
b) 采用假设模态法及拉格朗日方程的3PRR并联机器人

c) 采用有限元法的3RRR并联机器人

图 1-3　平面并联机器人

对于上述建立的并联机器人刚柔耦合模型，在进行杆件建模时采用了传统的位移有限元法与假设模态法，前者可实现较高的计算精度，但由于对节点插值时引入了过多的独立变量，因此不适合控制算法的设计；对于后者，虽具有较高的计算效率，但模型精度偏低。在刚柔耦合运动关系建模方面，主要采用了图解法与解释法，在图解法中，约束方程的建立过程较烦琐，因而不适合对复杂机构的描述；在解析法中，虽然约束方程描述较直观，但由于约束方程求解时需要迭代，因而计算量较大。对于面向控制的动力学模型，由于需要在线计算，除要求较高的精度外，计算量也是应该重点考虑的问题。综上所述，为了建立通用的并联机器人高效高精度的刚柔耦合动力学模型，应选择典型的并联机器人构型，并从杆件建模方法、刚柔耦合运动关系描述及模型简化方面开展进一步研究。

1.4　机器人优化设计

基于传统串行方法的机器人设计一般包括以下三个环节：根据特定拓扑结构及工作要求确定机器人尺寸；根据机械本体及工作要求选择驱动与传动部件；设计控制系统并调整控制系统参数。经过几十年的发展，上述单环节的研究与应用已经比较成熟。为了进一步提高系统综合性能，部分文献中采用集成优化设计方法建立了包含多个环节的优化模型，实现了对多个环节参数的同步优化，研究了参数间的相互作用关系。

1.4.1　机构优化设计

针对机器人机构的优化设计经历了，从基于运动学指标到基于动力学指标、从基于刚体动力学指标到基于刚柔耦合动力学指标及从基于单目标到基于多目标的发展过程。

机器人在其工作空间中存在奇异位形，雅可比矩阵的奇异值是工作空间奇异性的直接描述。Craig 将雅可比矩阵最大与最小奇异值相除，引入了条件数的概念，可对工作空间中任意点的误差、力及速度传递性能进行描述[54]。Gosselin 对条件数的倒数在工作空间内求平均值，定义了全局条件数[55]，然而该指标并不能保证工作空间中任意点的性能要求。针对机器人同时存在平动与转动自由度时其雅可比矩阵量纲不同的问题，Angeles 引入特征长度的概念，实现了对雅可比矩阵的无量纲化处理[56]；Gosselin 基于三点法对雅可比矩阵进行了归一化[57]；Yoshikawa 将雅可比矩阵奇异值相乘，提出了机器人操作度指标，并将转动与平动方向操作度进行了分离[58]。为了保证并联机器人工作空间尺寸要求并避免奇异，Chablat 及 Lou 分别对工作空间各点的条件数进行约束，开展了规则空间优化[59,60]。为了保证速度及力传递能力，Zhang 对 Delta 机器人优化时对杆件压力角进行了约束[61]。

根据运动学条件数的概念，Asada 对刚体动力学模型中的惯性矩阵进行了奇异值分解，提出了广义惯性椭圆的概念，对工作空间任意点的加速一致性进行了描述[62]。基于广义惯性椭圆，Wu 提出了全局动态一致性指标，并以此为优化目标对两自由度机器人进行了优化[63]。Yoshikawa 在忽略速度项、重力项及外力条件下，推导了机器人广义加速度与广义力之间的映射关系[64]。Bowling 与 Yamawaki 分别研究了速度项及重力项对机器人加速度与力传递性能的影响。研究结果表明，加速椭圆的形状仅由惯性项决定，重力项与速度项仅改变了加速椭圆的位置[65,66]。

为了提高机构的综合性能，A. R. Shirazi 等考虑工作空间、全局条件数及全局刚度指标对 UPU 并联机器人进行了化设计[67]。Ridha 等人，考虑灵巧规则工作空间、全局条件数、全局刚度、低阶频率及全局动态一致性指标，对 Delta 机器人进行了多目标优化设计[68,69]。

1.4.2 驱动与传动部件优化

在驱动与传动部件选型方面，Pettersson 基于驱动与传动部件运行性能及机器人动力学模型，采用复合形法对驱动传动部件的成本进行了优化，提出了一种给定轨迹下的机器人驱动与传动部件选型方法[70]。Elmqvist 在 Modelica 环境下搭建了 DLR 多自由度轻型机器人模型，基于多目标优化方法对驱动与传动部件及控制器参数进行了同步优化，保证了系统的轻量化[71]。Zhou 以驱动与传动部件的质量为优化目标，考虑其运行特性及机器人动力学模型，基于复合形法对多自由度轻型机器人的驱动与传动部件选型进行了优化，提出了一种在给定轨迹时的机器人驱动与传动部件选型方法[72]。

1.4.3 集成优化设计

为了考察机构参数与控制系统参数之间的相互作用关系，进而提高系统的综合性能，Maghami 通过对机构参数与控制系统参数的同步优化，提出了机电系统集成优化设计方法，优化后的系统性能得到了进一步提高[73]。该方法在机器人优化设计中受到了广泛的关注。Miguel 在机器人集成优化设计方面进行了持续的研究，首先以机构参数与砰-砰（bang-bang）控制力矩为优化变量，对欠驱动机器人最小定位时间进行了优化[74]；之后以工作空间奇异性及轨迹跟踪误差为优化目标，以杆件几何参数及 PID 参数为优化变量，采用差分进化算法对优化模型求解，实现了五杆机构在无奇异工作空间中的轨迹跟踪控制[75]；针对参数不确定性因素，又提出了鲁棒集成优化设计方法，将系统跟踪误差与机构可操作度作为优化目标，降低了目标函数对机构与控制系统参数不确定的敏感性[76]。为了提高运动学性能、减小运动冲击、提高系统跟踪性能并降低电机的能量消耗，Yan 对杆件几何参数、配重、输入轨迹及控制器参数进行了优化，提出了一种集成优化设计方法，并分析了优化方法的有效性[77]。Zhou 以电机与减速机成本为优化目标，并将其与杆件尺寸为优化变量，提出了将机构几何参数与驱动传动部件同步优化的集成优化设计方法[78]。

在柔性杆件的机器人集成优化设计方面，Markus 为实现柔性杆件机器人的精确轨迹跟踪控制，首先从控制算法层面提出关节空间控制与阻尼控制器分别实现关节轨迹跟踪与振动抑制，并对静态变形进行补偿；之后从系统层面对复合控制器与机构参数进行了同步优化，实现了高精度的轨迹跟踪控制[79]。Shi 以系统基频及跟踪误差为优化目标，以杆件参数及控制系统参数为优化变量，对平面 Delta 机器人进行了优化[80]。Lou 通过对并联五杆机构几何参数与 PD 控制器参数进行优化，实现了最小调节时间的优化[81]。

综上所述，为了提高系统性能，对机器人的优化设计已经从传统的针对机构的优化设计，逐渐转变为将机构参数与驱动及传动部件或控制系统参数相结合的集成优化设计，但将三者相结合，进行参数同步优化的研究相对较少。因此，在考虑杆件柔性时，本书将对高速并联机器人的机构参数、驱动与传动部件参数及控制系统参数进行同步优化，研究三者之间的相互作用关系。

1.5 考虑部件柔性的机器人轨迹规划

由于杆件的柔性，机器人在高速运行时将产生明显的弹性变形与振动。为提高机器人的运行精度及动态性能，需要对弹性位移进行限制，可从轨迹规划与跟踪控制两方面开展相关研究。在轨迹规划阶段对弹性位移进行限制，实际上是根据动力学模型对机器人运行轨迹的离线优化过程。由于不需要对变形信号进行测量，因而成本较低，对提高机器人性能具有重要意义。

针对刚性机器人的轨迹规划包括，轨迹生成与轨迹优化两个阶段。由于柔性环节的影响，本书研究的是轨迹优化阶段的残余振动抑制与弹性位移限制问题。机器人轨迹优化问题本质上是最优控制问题。求解最优控制控制问题的经典方法为变分法或极小值原理，这类方法称为间接法。与之对应的另一类方法，是通过对控制变量或状态变量离散的求解方法，称为直接法。本节将从这两方面阐述含柔性环节机器人轨迹规划的研究进展。

1.5.1　间接法

机器人轨迹优化问题是一个最优控制问题，可通过极小值原理得到最优解存在的一阶最优性条件，包括协态方程、横截方程、控制方程及边界条件四部分。但控制方程给出的控制量由协态变量隐含给出，同时系统初始与终点时刻的状态不完全给出，因此，只有不断调整初始或终点时刻的协态变量值，进而使初始与终点时刻的状态变量值满足约束条件。间接法可以保证较高的计算精度，但由于协态变量没有明确的物理意义，初值给定非常困难，虽然部分研究中阐述了降低初值敏感度的方法，但过程较复杂，对含多变量的复杂系统求解仍较困难。

Homaei 对两自由度柔性杆件机器人开展了轨迹优化研究，分别以速度及变形能为优化目标，并对初始与终点时刻的弹性位移进行约束，采用间接配点法对优化模型求解[82]。Korayem 采用间接法对含柔性环节机器人的轨迹优化问题进行了持续的研究，考虑弹性环节及电机转矩限制条件，基于极小值原理推导了含柔性环节机器人轨迹优化问题的通用表达式，并给出了基于间接配点法的求解流程，研究了柔性关节机器人[83]及柔性绳索机器人[84]在最大负载条件下的轨迹优化问题；针对基座可动的柔性关节柔性连杆机器人，进行了给定轨迹时的能量及残余振动优化[34]；之后又分别对柔性杆件机器人[85]、柔性关节柔性杆件机器人[86]、大变形时的柔性杆件机器人[87]及柔性绳索机器人[88]进行了轨迹优化研究，在开展性能优化的同时对残余振动进行了抑制。在上述研究基础上，Boscariol 对两自由度柔性杆件机器人进行了加速度及多种指标的优化，减小了弹性变形与振动[89]。

1.5.2　直接法

求解最优控制问题的直接法种类较多，但都有共同点。即，引入时间序列对状态变量或控制变量进行离散，从而将动态规划问题转为静态参数优化问题，最后再采用成熟的优化算法对参数进行求解。

针对小变形情况下的机器人轨迹规划问题，Parker 采用五次多项式与傅里叶基数对关节轨迹进行规划，通过对系数优化，实现了对两自由度柔性杆件机器人的振动抑制[90]，并将其应用于力矩限制时的柔性杆件柔性关节机器人残余振动抑制中[91]。Kojima 采用分段三次多项式对关节速度进行规划，采用遗传算法对多项式系数优化，对残余振动进行了抑制[92]。Lesley 采用切比雪夫（Chebyshev）正交多项式对状态变量进行离散，以驱动力矩为优化目标，并对弹性位移进行限制，实现了对含柔性杆件差动机构的轨迹优化[93]。Liao 在对两自由度柔性杆件机器人轨迹优化时提出了两步求解法，以变性能及残余振动等为优化目标，选取勒让德（Legendre）多项式对状态变量进行离散，首先采用遗传算法对优化问题求解，之后将优化结果作为初始条件，采用打靶法及序列二次规划（SQP）再一次求取最优解，结果表明，两步求解法保证了计算精度，并使计算效率明显提高[94]。徐文福将杆件末端最大弹性位移及关节跟踪误差作为目标函数，选取梯形函数为基函数对关节变量进行离散，并采用PSO对优化问题进行求解，使得机器人末端最大弹性位移及残余振动大幅度减小[95]。Benosman以两自由度柔性杆件机器人为研究对象，选择高次多项式对关节位置进行规划，首先令末端残余振动为零，采用反向积分计算初始时刻的杆件弹性位移，并将其作为优化目标，实现了机器人快速点到点运动时对残余振动的抑制[96]。Homaei选择三角函数对状态变量进行离散，以弹性变形能及关节速度为优化目标，对两个协同工作的柔性机器人进行了残余振动抑制[97]。

Akira Abe对大变形柔性情况下的柔性杆件机器人轨迹优化进行了持续研究，首先分别以摆线函数及三次多项式为基函数对刚性杆件关节与柔性杆件关节位置进行离散，以末端残余振动为优化目标，采用粒子群对优化模型求解，对含刚-柔杆件的两自由度机器人进行了残余振动抑制[98]，之后将该方法应用于柔性杆件机器人，并开展了仿真与实验验证[99]；同时以神经网络为基函数对关节位置进行离散，采用PSO对神经网络进行学习，实现了单自由度柔性杆件机器人的残余振动抑制[100]；之后在优化目标中考虑驱动力矩的影响，对残余振动与驱动力矩进行了同步优化[101]。

可以看出，现有的对含柔性环节机器人的轨迹规划研究，都是针对少自由度的串联机器人，这主要是由于并联机器人复杂的模型。并联机器人自由度较多，采用间接法对轨迹优化问题进行求解具有一定的难度，而现有的各种直接法基本都没有考虑电机的性能，因而电机潜能并未充分利用。本书将对上述存在的问题开展研究。

1.6 考虑部件柔性的机器人控制

从控制系统的角度看，由于柔性环节的存在，机器人具有欠驱动及非最小相位特性，当机器人末端作为输出时，系统零动态是不稳定的，传统基于刚性机器人的控制算法对柔性机器人将不再适用。因此，在控制算法设计时必须考虑柔性环节的影响，从而提高机器人的动态性能。

1.6.1 基于奇异摄动及积分流形的复合控制

在考虑柔性环节时，机器人动力学模型是一个高阶系统，因此直接对其开展控制算法设计将非常困难。美国伊利诺伊大学香槟分校的Spong教授首先采用奇异摄动方法对柔性关节模型进行了降阶，将复杂的高阶系统分解为描述大范围刚体运动的慢速子系统及弹性运动的快速子系统，降阶后的慢速子系统与刚体模型等价，快速子系统为线性系统，因此可以分别对两个子系统进行控制算法设计[102]。Lessard对柔性关节模型降阶后的慢速子系统采用计算力矩控制，快速子系统采用PD控制，实现了快速子系统变量的快速稳定[103]。针对慢速子系统中的未建模项，Shuthi将自适应神经网络引入慢速子系统算法设计中[104]；Li对慢速子系统采用计算力矩控制的同时，引入神经网络对未建模项进行补偿，保证了系统的稳定性[105]。Taghirad 对降阶后的快速子系统与慢速子系统分别设计了 H_∞ 控制器，保证了算法的鲁棒性[106]。为了避免对柔性关节弹性变形速率的测量，Morales 在对快速子系统控制器设计时引入了非线性高增益观测器[107]。

柔性连杆机器人的动力学模型与柔性关节机器人具有相同的形式，可以根据杆件的刚度矩阵引入小参数，从而可以采用奇异摄动方法对模型降阶，并进行复合算法设计。Badawy 基于奇异摄动对单杆机器人模型进行了降阶，分别采用计算力矩控制及线性二次型调节器（LQR）设计了两个子系统控制器，实现了振动的快速抑制[108]。Naidu 将奇异摄动算法应用于水下作业的单自由度柔性杆件机器人的模型降阶中，设计了复合控制器，实现了机器人良好的跟踪性能[109]。Luo 将奇异摄动方法应用于两自由度并联机器人的模型降阶，并基于输入整形及反馈线性化分别设计了快慢两个子系统控制器，实现了柔性杆件并联机器人的快速准确定位[110]。针对未建模项误差，Cheong 在慢速子系统中引入了扰动观测器，对快速子系统采用 PID 控制，并给出了复合控制器参数的调整方法[111]。为了避免对杆件变形速率的测量，Yanmin 设计了线性观测器[112]。

为了提高振动抑制效果，Khorasani 引入积分流形方法对柔性关节机器人进行了模型降阶，得到了快慢两个子系统，实现了快速子系统变量的任意阶次逼近[113]。Moallem 在复合控制算法设计时考虑弹性变形对机器人末端的影响，并在两个子系统控制力矩基础上设计校正力矩，实现了两自由度柔性杆件机器人精确的轨迹跟踪控制[114]。在此基础上，R. Fotouhi 等人通过简化校正力矩选择，对两个子系统分别采用计算力矩法与状态反馈，并采用增益调度观测器对变形速率进行观测，分别对单自由度柔性杆件机器人、刚柔混合杆件机器人、两自由度柔性杆件机器人进行了轨迹跟踪控制研究，并取得了良好跟踪效果[115-118]。

1.6.2　滑模变结构控制

通过对控制律的设计，滑模控制器可以使系统切换到按预定动态特性且与外界干扰无关的滑模面，因此滑模控制对参数不确定及外界扰动具有很强的鲁棒性，非常适合对含柔性环节机器人进行控制。

Moallem 考虑弹性变形建立了柔性杆件机器人的末端轨迹表达式，并基于此设计了滑模面，同时根据滑模面的导数及机器人模型设计了控制律，包含了系统名义模型、弹性变形项及未建模项，并基于李雅普诺夫（Lyapunov）方程证明了算法的稳定性[119]。针对柔性环节产生的非最小相位特性及参数不确定性等问题，Xu 引入了含误差的参考模型，同时基于参考模型设计了滑模控制器，且在算法设计时引入了死区对参数不确定项进行估计，并将其应用于柔性杆件机器人的跟踪控制[120]。针对柔性关节柔性杆件机器人动力学模型复杂及误差因素多等问题，Qiu 将模糊滑模控制与 PI 控制相结合，对柔性杆件柔性关节机器人进行了振动抑制[121]；Gabriela 将柔性杆件机器人动力学模型分解为电机及杆件两个子系统，并采用滑模控制分别设计两个子系统的控制器，实现了对含摩擦及负载不确定的柔性杆件机器人跟踪控制[122]；Yin 提出了滑模控制与轨迹优化相结合的柔性杆件机器人复合控制策略，仿真与实验表明，该复合控制方法与滑模控制相比具有更好残余振动抑制效果[123]。为了避免对弹性变形速率的测量，Itik 在滑模控制器设计时引入了线性观测器，对状态变量进行估计[124]。

针对滑模控制切换特性对高阶未建模项的影响，Chu 采用微分几何方法将柔性机器人模型分解为输入输出反馈子系统与零动态子系统，并通过参数选择保证零动态系统的渐进稳定，同时输入输出子系统采用全局终端滑模控制，进而实现了两自由度机器人的轨迹跟踪控制[125]；Zhang 采用神经网络对滑模控制中符号函数进行逼近，避免了符号控制量的不连续性，提出了一种神经滑模控制，并将其与传统的滑模控制相结合对柔性杆件机器人开展了复合控制[126]；Chen 引入二阶滑模控制器，同时将高阶未建模项视为扰动，并引入了扰动观测器进行观测，实现了对单杆机器人的轨迹跟踪控制[127]。

1.6.3 基于智能材料与智能结构的主动控制

智能材料按功能可分为两类：一类是对外界刺激具有感知能力的材料，适合制作各种传感器；另一类是对外界刺激可做出快速响应的材料，适合制作作动器。根据正逆压电效应，压电材料可以对结构弹性振动进行测量与抑制。表面贴装及内埋式压电结构具有体积小、质量轻、响应带宽高、能量转换效率高等优点，因此广泛应用于弹性系统的振动控制中。其中，压电陶瓷（PZT）由于具有机电耦合系数高及响应快等优点，在柔性机器人控制中应用最为广泛，并形成了正位反馈（PPF）控制、速度反馈控制（VFC）、应变率反馈（SRF）控制、积分共振控制（IRC）及独立模态空间控制（IMSC）等控制方法。

PPF 控制由 Goh 首先提出，在 PPF 控制中，首先引入二阶低通滤波器对振动信号滤波，并将滤波后的信号作为压电作动器的输入，根据相应算法进行振动控制[128]。PPF 控制要求频率值不随时间变化，否则系统将会发散。Song 采用 PZT 传感器与激光位移传感器实现了单杆机器人的振动抑制[129]。为了解决 PPF 控制对系统频率及频率变化率敏感的问题，Kwak 基于梯度更新策略提出了一种自适应正位反馈（APPF）控制方法，实现了一阶滤波频率的实时调整[130]；Ryan 采用递归最小二乘法构建了自适应估计器，将其应用于对系统前两阶滤波频率的实时更新，实现了对频率未知系统的振动抑制研究[131]。为了提高振动抑制效果，Qiu 将加速度反馈控制与 PPF 控制相结合，对柔性关节机器人进行了振动抑制[132]；Chu 将输入整形与 PPF 控制相结合开展了高速机器人的振动抑制[133]。

在速度控制器设计中，首先根据弹性变形能构建了李雅普诺夫函数，并根据其导数设计速度控制器的控制律。速度控制器提高了系统阻尼，并保证了闭环系统的稳定性，从而避免了未建模高阶项产生的超调量对系统稳定性的影响。Sun 提出了一种 L 型速度控制器，在电机端采用 PD 控制，压电作动器采用 L 型速度控制，避免了采用速度控制器时对高阶模态的影响[134]。Kerem 将速度反馈控制与角速度反馈控制相结合，提出了一种速度反馈方法，并对柔性杆件机器人进行了振动抑制[135]。

积分共振控制由 Sumeet 提出，通过增加对消项改变同位控制器传递函数的零极点，在系统复杂度变化较小的前提下，在同位控制中采用积分反馈控制，并与内环采用的共振控制器一起实现了对柔性机器人的振动抑制与末端精确定位[136]。Pereira 采用积分共振控制器对单柔性杆机器人进行了实验研究，之后考虑了摩擦的影响，对同位控制器采用积分共振控制，并研究了未建模项及负载变化时的控制性能[137]。Douglas 通过选择对消项零点降低了控制器阶数，并设计了 PI 控制器，从而提高了系统带宽[138]。

为了避免低阶模态控制律对高阶模态的影响，Meirovitch 提出了独立模态空间控制（IMSC）法，将每阶模态坐标与模态速率作为控制变量，基于变形能构造目标函数，并采用最优控制确定控制增益，实现了对各阶模态的独立控制[139]。Zhang 采用 IMSC 法对 3PRR 并联机器人进行控制，并首次针对复杂结构开展了多模态控制的实验研究[140]。针对 IMSC 法存在鲁棒性差且对高阶模态控制时电压过大的问题，Baz 以各阶模态能量为依据，实时对各阶模态增益进行计算，提出了改进的独立模态空间控制（MIMSC）法[141]。针对 MIMSC 法存在计算量大的问题，Singh 根据模态空间内部能量进行增益选择，提出了高效模态空间控制（EMSC）法[142]。Zhang 采用 EMC 法对 3PRR 平面并联机器人进行了振动抑制[49]。

1.6.4　输入整形

上述针对柔性机器人的控制算法都需要对柔性环节的信息进行测量及反馈，属于反馈控制。反馈控制虽然具有鲁棒性强及精度高等特点，但需要额外增加传感器，同时对控制系统要求较高，因而实现起来成本较高。输入整形与最优轨迹规划是通过对输入轨迹的处理限制弹性，不需要增加额外的传感器或作动器，因而成本低且对控制系统要求不高。因此，研究包括输入整形在内的前馈控制，对柔性机器人的振动抑制具有重要意义。

20 世纪 50 年代 Smith 首先提出了输入整形，根据系统的频率特性，将 S 形曲线作为原始输入信号与两脉冲做卷积运算，并将计算后的信号作用于二阶系统对振动进行抵消，并设计了零振动（ZV）整形器。然而，由于该方法对模型误差敏感且算法鲁棒性较差，因此应用较少。为了提高算法鲁棒性，Singer 将三个脉冲与初始信号做卷积，并引入残余振动幅值的微分作为约束条件，提出了零振动零微分（ZVD）整形器，与 ZV 整形器相比，ZVD 整形器使系统鲁棒性提高了 80%，同时输入信号的时间延迟从 0.5 个振动周期增加到了 1 个振动周期，因而该方法具有很强的工程应用价值[143]。同时需要指出的是，输入整形算法鲁棒性的提高是以增加输入延迟为代价的。

在提高算法鲁棒性方面，部分研究中引入了残余振动的高阶微分项作为约束条件，且随着微分阶数的增加，输入信号的时间延迟逐阶增加了 0.5 个振动周期，而系统鲁棒性的增加逐步平缓[144]。Park 将 ZV 整形器的零振动条件转化为不等式约束，提出了冗余的极不灵敏（EI）整形器。与 ZVD 整形器相比，EI 整形器的鲁棒性提高了 140%，同时输入延迟不变[145]。为了实现鲁棒性与信号延迟之间的平衡，Singhose 提出了负脉冲概念，与正脉冲 ZV 整形器相比，负脉冲 ZV 整形器输入信号的延迟得到了大幅改善[146]。Mohamed 从算法鲁棒性与时间延迟两方面对正负脉冲的性能进行了对比。结果显示，正脉冲整形器在鲁棒性与抑振方面占有优势，而负脉冲整形器产生的时间延迟较小[147]。肖永强根据正负脉冲的性能，考虑残余振动、信号时间延迟、算法鲁棒性等因素，开展了正负脉冲幅值与作用时间的多目标优化研究[148]。

与提高算法本身鲁棒性不同，部分研究提出了自适应输入整形的概念，通过对系统频率的辨识，对其进行实时更新，进而降低了模型偏差与参数变化对算法的影响。Tzes 通过对时变传递函数进行估计，实现了对系统频域范围内的参数辨识。然而频域辨识计算量较大，对于系统响应要求较高的场合，该方法难以保证实时性[149]。针对该问题，Pao 将学习规则与最小二乘法相结合，对残余振动幅值与相位进行实时计算，实现了整形器参数的自适应调整[150]。Pereira 对系统输入输出特性进行实时测量，并引入参数估计器，实现了对模型偏差较大时杆件参数的自适应调整，并开展了单杆柔性机器人及两杆柔性机器人的振动控制研究[151]。

因此可以看出，经过几十年的发展，针对含柔性环节机器人的控制研究仍在不断完善，主要针对单杆或两杆件串联机器人，而关于并联机器人的控制研究基本是针对运动解耦或仅含被动杆件的并联机器人。本书将在现有研究成果基础上，针对具有一般形式的运动耦合并联机器人进行控制研究，并对现有算法进行完善。

1.7 关键技术问题

在高速运行工况下，并联机器人呈现出显著的非线性动力学特性，以至于产生明显的柔性，本书将讨论并联机器人的刚体动力学建模、考虑杆件柔性时的刚柔耦合建模与设计、振动抑制与轨迹跟踪控制等方面存在的共性问题。选择结构上具有代表性的 3RRR 与 2PUR-PSR并联机器人为研究对象，本书关注摄动理论，并开展以下几个方面的研究：

（1）高速并联机器人刚体动力学建模

为实现高效、高精度的并联机器人刚体动力学建模方法，首先采用具有递推形式的牛顿-欧拉方程建立3RRR 并联机器人动力学模型。以上述建模过程为基础，以 2PUR-PSR 过约束并联机构为例，使用牛顿-欧拉方程和 NOC 方法同时建立具有与不具有约束力与力矩的动力学模型，并推导由过约束力与力矩引起的变形，同时使用描述无伴随运动并联机构动力学性能的动力学操作椭球指标，来评估有伴随并联机构的动力学性能；并以 2PUR-PSR 并联机构为例，进行动力学建模和性能分析。

（2）高速并联机器人刚柔耦合动力学建模

面向设计与控制的动力学模型，对模型精度与计算效率都有较高的要求。从欧拉梁基本假设入手，考虑杆件端部的刚性特征，基于曲率有限元方法推导悬臂梁与简支梁模型。基于小变形假设，对杆件弹性位移与机器人刚体耦合运动进行建模。结合凯恩方程，建立用于集成优化设计与控制的高速并联机器人刚柔耦合方程，并进行模态分析与加速度响应分析对模型进行简化及验证。

（3）高速并联机器人集成优化设计

为提高机器人的综合性能，将机构性能优化、驱动与传动部件参数匹配及控制系统参数调节相结合，以机器人几何参数、驱动与传动部件参数及控制系统参数为优化变量，建立优化模型，并采用多目标遗传算法对优化问题求解，最终完成高速并联机器人的集成优化设计。

（4）高速并联机器人运动规划与优化

为实现并联机器人运动轨迹足够光滑及对柔性环节的振动抑制，采用三次样条曲线对常用运动轨迹进行规划；为对高速并联机器人进行弹性位移限制与残余振动抑制，从轨迹规划角度出发，考虑杆件柔性，对多模态输入整形器整形位置进行离线优化，研究在给定轨迹时的残余振动抑制。之后，将时间最优规划与输入整形相结合，开展两步优化方法，研究点到点快速定位时的弹性位移限制与残余振动抑制。

（5）高速并联机器人轨迹跟踪控制

为实现在高速运行时的轨迹跟踪控制，分别针对刚性及考虑杆件柔性时动力学模型进行控制算法设计，对于刚性动力学模型将研究考虑模型不确定及外部扰动条件下采用反馈线性化及不确定性与扰动估计器（UDE）方法进行算法设计与仿真；考虑杆件柔性，对机器人末端进行精确的轨迹跟踪，采用积分流形对刚柔耦合动力学模型进行降阶，得到快速与慢速两个子系统，并采用滑模控制与反演控制分别设计控制律。考虑杆件弹性位移对末端轨迹的影响，设计校正力矩，实现对弹性位移的补偿。同时，采用高增益观测器对曲率变化率进行估计，避免对其进行实时测量。

（6）性能测试与实验验证

为对提出的相关算法进行验证，参考集成优化设计结果对并联机器人进行机械本体设计及驱动与传动部件选型，并搭建控制系统。先对机器人进行性能测试，之后将对刚柔耦合动力学模型及轨迹优化方法分别测试与验证。

第2章 高速并联机器人刚体动力学建模

2.1 引言

动力学模型，是进行基于模型的优化设计、运动规划与控制算法的基础。刚体动力学又是刚柔耦合动力学的基础。由于运动学约束闭链使得并联机构建模过程及模型本身都非常复杂，本章将以3RRR与2PUR-PSR并联机器人为对象，提出一种系统高效的建模方法。首先，采用牛顿-欧拉方程建立3RRR并联机构动力学方程，给出牛顿-欧拉方程的一般建模过程；在此基础上，提出针对具有空间运动机器人的高效建模方法，给出过约束力与力矩的推导过程；考虑过约束的力与力矩因素，采用牛顿-欧拉方程和自然正交补法建立了有和无约束力与力矩的两种动力学模型，并采用衡量机械手位置和方向变化的均匀性的动态操作椭球（DME）指标评估该并联机构的动态性能；最后，为了验证该方法，采用数值分析方法研究2PUR-PSR并联机构的动力学模型和性能，并对驱动力、约束力与力矩和动态协调变形进行计算，同时获得DME指标的分布情况。

2.2 3RRR并联机器人刚体运动学与动力学

运动学与刚体动力学模型，是开展刚柔耦合动力学建模、优化设计及控制算法设计的基础。本节将对并联机器人进行运动学分析，求取逆解及速度映射关系，并利用牛顿-欧拉法建立刚体动力学模型，为后续研究奠定基础。

2.2.1 3RRR并联机器人运动学

下面以图2-1所示的3RRR并联机器人为研究对象。如图2-2所示，该机构由底座、三个支链及动平台组成，每个支链包含主动杆与被动杆，主动杆、被动杆及动平台之间分别通过转动副相连，主动杆末端与被动杆前端相交于$A_i(i=1,2,3)$。三个交流伺服电机安装在主动关节O_i处，$O_1O_2O_3$为等边三角形的三个顶点，三角形形心为$\overline{O}$，其边长为R。被动杆末端在B_i处与动平台相连，三个连接点组成等边三角形，边长为h。图中所有杆件长度均为l_1。坐标系$O-XY$与$G-x_Gy_G$分别固结在基座与动平台，O与G分别为两个坐标系的坐标原点。其中，O与O_1重合，G位于动平台上$B_1B_2B_3$组成的等边三角形形心处，X轴与O_1O_2共线，x_G轴与B_1B_2平行。点B_i在动坐标系$G-x_Gy_G$下的位置矢量被定义为$\boldsymbol{q}_i$，其相对于x_G轴的夹角为γ_i。动平台具有两个平动及一个转动自由度，在基坐标系下可表示为$\boldsymbol{\eta}=[x \quad y \quad \phi]^{\mathrm{T}}$。其中，$x$与$y$为平动分量，$\phi$为转动分量。同时，主动关节相对于基坐标系$X$轴的夹角可表示为$\boldsymbol{\theta}=$

$[\theta_1 \quad \theta_2 \quad \theta_3]^{\mathrm{T}}$，被动杆相对于基坐标系 X 轴的夹角为 $\boldsymbol{\beta}=[\beta_1 \quad \beta_2 \quad \beta_3]^{\mathrm{T}}$。

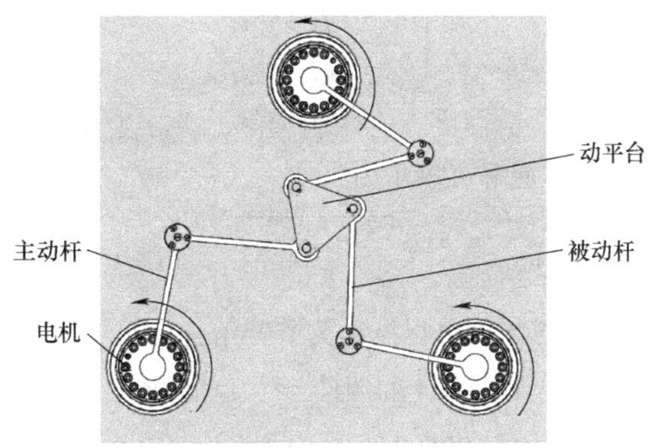

图 2-1　3RRR 并联机器人平面结构

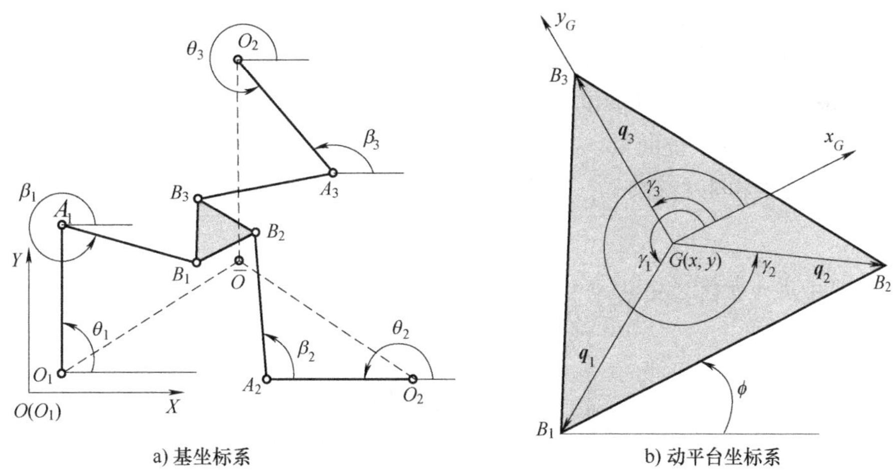

图 2-2　高速并联机器人坐标系

如图 2-2 所示，第 i 个支链的位置方程可以表示为

$$l_1\boldsymbol{v}_i=\boldsymbol{G}+\boldsymbol{q}_i-\boldsymbol{O}_i-l_1\boldsymbol{u}_i \qquad (i=1,2,3) \tag{2-1}$$

式中　$\boldsymbol{O}_i$——O 至 O_i的位置矢量，$\boldsymbol{O}_i=[O_{xi} \quad O_{yi}]^{\mathrm{T}}$；

$\boldsymbol{u}_i$、$\boldsymbol{v}_i$——沿 O_iA_i及 A_iB_i方向的单位矢量；

$\boldsymbol{G}$——动平台中心在基坐标系下的位置矢量，$\boldsymbol{G}=[x \quad y]^{\mathrm{T}}$。

式（2-1）两端同时叉乘 $l_1\boldsymbol{v}_i$，可计算出各主动关节的逆解：

$$2l_1\boldsymbol{u}_i^{\mathrm{T}}(\boldsymbol{G}+\boldsymbol{q}_i-\boldsymbol{O}_i)=[l_1^2-(\boldsymbol{G}+\boldsymbol{q}_i-\boldsymbol{O}_i)^{\mathrm{T}}(\boldsymbol{G}+\boldsymbol{q}_i-\boldsymbol{O}_i)-l_1^2] \tag{2-2}$$

将机构参数代入式（2-2），可以得到

$$e_i\sin\theta_i+f_i\cos\theta_i=g_i \tag{2-3}$$

式中

$$\begin{cases} e_i=2l_1(O_{yi}-b_{xi}\sin\phi-b_{yi}\cos\phi-x) \\ f_i=2l_1(O_{xi}+b_{yi}\sin\phi-b_{xi}\cos\phi-y) \\ g_i=-[l_1^2-2yO_{yi}-2xO_{xi}+b_{xi}^2+b_{yi}^2+O_{xi}^2+O_{yi}^2+x^2+y^2-l_1^2 \\ \qquad +2\cos\phi(xb_{xi}+yb_{yi}-b_{xi}O_{xi}-b_{yi}O_{yi})+2\sin\phi(yb_{xi}-xb_{yi}-b_{xi}O_{yi}+b_{yi}O_{xi})] \end{cases} \tag{2-4}$$

其中

$$\begin{cases} b_{xi} = |\boldsymbol{q}_i|\cos\gamma_i \\ b_{yi} = |\boldsymbol{q}_i|\sin\gamma_i \end{cases} \tag{2-5}$$

由于3RRR并联机构有三个自由度，有八组逆解，关于逆解的选取问题这里不做讨论，根据图2-2a所示的装配模式，逆解可表示为

$$\theta_i = 2\arctan\frac{e_i + \sqrt{e_i^2 + f_i^2 - g_i^2}}{g_i + f_i} \quad (i=1,2,3) \tag{2-6}$$

根据式（2-1）与式（2-3），可求得被动关节转角：

$$\begin{aligned}\beta_i = \operatorname{atan2}^{\ominus}(&y + b_{xi}\sin\phi + b_{yi}\cos\phi - O_{yi} - l_1\sin\theta_i, \\ &x + b_{xi}\cos\phi - b_{yi}\sin\phi - O_{xi} - l_1\cos\theta_i)\end{aligned} \quad (i=1,2,3) \tag{2-7}$$

对式（2-1）两边求导可得

$$\boldsymbol{v} + |\boldsymbol{q}_i|\boldsymbol{\omega}\times\boldsymbol{j}_i - \boldsymbol{\omega}_{1i}\times l_1\boldsymbol{u}_i = \boldsymbol{\omega}_{2i}\times l_1\boldsymbol{v}_i \quad (i=1,2,3) \tag{2-8}$$

式中　$\boldsymbol{\omega}_{1i}$、$\boldsymbol{\omega}_{2i}$——第 i 个主动杆与被动杆的关节角速度；

$\boldsymbol{v}$、$\boldsymbol{\omega}$——动平台平动速度与角速度；

$\boldsymbol{j}_i$——$\boldsymbol{q}_i$的单位向量。

对式（2-8）两端同时点乘 $\boldsymbol{v}_i$，基坐标系下从动平台到主动关节的速度映射关系如下：

$$\dot{\boldsymbol{\theta}} = \boldsymbol{J}_{\mathrm{p}\theta}\dot{\boldsymbol{\eta}} \tag{2-9}$$

式中　$\boldsymbol{J}_{\mathrm{p}\theta}$——雅可比矩阵，可表示为

$$\boldsymbol{J}_{\mathrm{p}\theta} = \begin{bmatrix} d_1 & & \\ & d_2 & \\ & & d_3 \end{bmatrix}^{-1} \begin{bmatrix} a_1 & b_1 & c_1 \\ a_2 & b_2 & c_2 \\ a_3 & b_3 & c_3 \end{bmatrix} \tag{2-10}$$

其中

$$\begin{cases} a_i = -2(x - O_{xi} + b_{xi}\cos\phi - l_1\cos\theta_i - b_{yi}\sin\phi) \\ b_i = -2(y - O_{yi} + b_{yi}\cos\phi - l_1\sin\theta_i + b_{xi}\sin\phi) \\ c_i = -2[l_1 b_{yi}\cos(\phi - \theta_i) + l_1 b_{xi}\sin(\phi - \theta_i) + \\ \qquad \cos\phi(y b_{xi} - x b_{yi} - b_{xi}O_{yi} + b_{yi}O_{xi}) + \\ \qquad \sin\phi(b_{xi}O_{xi} + b_{yi}O_{yi} - x b_{xi} - y b_{yi})] \\ d_i = 2[l_1\cos\theta_i(O_{yi} - y) + l_1\sin\theta_i(x - O_{xi}) - \\ \qquad l_1 b_{yi}\cos(\phi - \theta_i) - l_1 b_{xi}\sin(\phi - \theta_i)] \end{cases} \tag{2-11}$$

对式（2-8）两端同时点乘 $\boldsymbol{u}_i$，求得在基坐标系下从动平台到被动关节的速度映射关系如下：

$$\dot{\boldsymbol{\beta}} = \boldsymbol{J}_{\mathrm{p}\beta}\dot{\boldsymbol{\eta}} \tag{2-12}$$

式中　$\boldsymbol{J}_{\mathrm{p}\beta}$——从动平台末端点 G 到被动关节的速度映射矩阵，可表示为

⊖ atan2 代表四象限反正切运算。

$$\begin{cases} \boldsymbol{J}_{\mathrm{p\beta}} = [\boldsymbol{J}_{\mathrm{p\beta}}^1 \quad \boldsymbol{J}_{\mathrm{p\beta}}^2 \quad \boldsymbol{J}_{\mathrm{p\beta}}^3]^{\mathrm{T}} \\ \boldsymbol{J}_{\mathrm{p\beta}}^i = \left[-\dfrac{\sin\beta_i}{l_1} \quad \dfrac{\cos\beta_i}{l_1} \right] \left(\begin{bmatrix} 1 & 0 & -b_{xi}\sin\phi - b_{yi}\cos\phi \\ 0 & 1 & b_{xi}\cos\phi - b_{yi}\sin\phi \end{bmatrix} - \begin{bmatrix} -l_1\sin\theta_i \\ l_1\cos\theta_i \end{bmatrix} \begin{bmatrix} \dfrac{a_i}{d_i} & \dfrac{b_i}{d_i} & \dfrac{c_i}{d_i} \end{bmatrix} \right) \end{cases} \tag{2-13}$$

2.2.2　基于牛顿-欧拉法的 3RRR 并联机器人动力学建模

图 2-3a 所示的受力图为第 i($i=1$, 2, 3) 个支链的受力图，F_{Aix} 及 F_{Aiy} 分别与 F'_{Aix} 及 F'_{Aiy} 为作用力与反作用力关系。F_{Bix}、F_{Biy}、F'_{Bix} 及 F'_{Biy} 为 B_i 点处受力。以被动杆为研究对象，其两端均为铰接结构，均只受平动方向的作用力。为便于分析，端部受力均分解为沿杆件方向及垂直于杆件方向，D_i 为被动杆质心位置，其距被动杆前端 A_i 的距离为 r_2，因此质心在基坐标系下的位置可表示为

$$\begin{cases} x_{Di} = l_1\cos\theta_i + r_2\cos\beta_i \\ y_{Di} = l_1\sin\theta_i + r_2\sin\beta_i \end{cases} \tag{2-14}$$

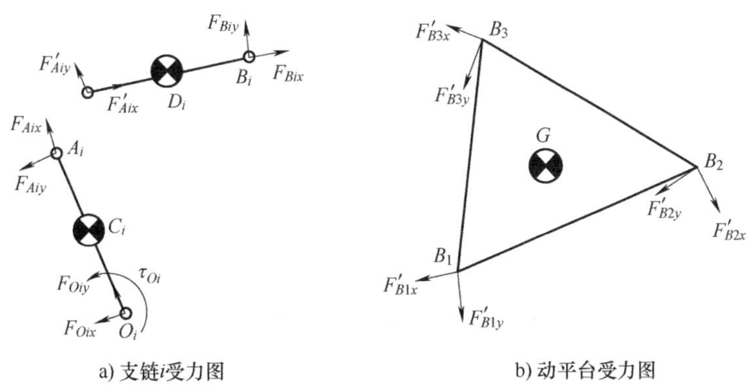

图 2-3　3RRR 并联机器人受力图

对式（2-14）两次微分，可得被动杆质心的加速度为

$$\begin{cases} \ddot{x}_{Di} = -l_1\sin\theta_i\ddot{\theta}_i - l_1\cos\theta_i\dot{\theta}_i^2 - r_2\sin\beta_i\ddot{\beta}_i - r_2\cos\beta_i\dot{\beta}_i^2 \\ \ddot{y}_{Di} = l_1\cos\theta_i\ddot{\theta}_i - l_1\sin\theta_i\dot{\theta}_i^2 + r_2\cos\beta_i\ddot{\beta}_i - r_2\sin\beta_i\dot{\beta}_i^2 \end{cases} \tag{2-15}$$

根据上式可知，被动杆 i 受到的惯性力和惯性力矩可表示为

$$\begin{cases} F_{Dix} = m_{\mathrm{p}}(-l_1\sin\theta_i\ddot{\theta}_i - l_1\cos\theta_i\dot{\theta}_i^2 - r_2\sin\beta_i\ddot{\beta}_i - r_2\cos\beta_i\dot{\beta}_i^2) \\ F_{Diy} = m_{\mathrm{p}}(l_1\cos\theta_i\ddot{\theta}_i - l_1\sin\theta_i\dot{\theta}_i^2 + r_2\cos\beta_i\ddot{\beta}_i - r_2\sin\beta_i\dot{\beta}_i^2) \\ T_{2i} = I_{\mathrm{p}}\ddot{\beta}_i \end{cases} \tag{2-16}$$

式中　m_{p}——被动杆质量；

I_{p}——被动杆在质心处沿垂直于 XY 平面方向的转动惯量。

对被动杆前端 A_i 取矩，可求得 F_{Biy}，即

$$F_{Biy}=(T_{2i}+r_2F_{Diy}\cos\beta+r_2F_{Dix}\sin\beta)/l_1 \tag{2-17}$$

动平台受力如图 2-3a 所示，根据力平衡条件，对动平台中心 G 取矩可得

$$\boldsymbol{F}'_{Bx}=-\boldsymbol{A}\boldsymbol{b} \tag{2-18}$$

式中

$$\boldsymbol{F}'_{Bx}=[F'_{B1x}\quad F'_{B2x}\quad F'_{B3x}]^{\mathrm{T}} \tag{2-19}$$

$$\boldsymbol{A}=\begin{bmatrix}\cos\beta_1 & \cos\beta_2 & \cos\beta_3\\ \sin\beta_1 & \sin\beta_2 & \sin\beta_3\\ \dfrac{h}{\sqrt{3}}\sin\left(\dfrac{\pi}{6}+\phi-\beta_1\right) & \dfrac{h}{\sqrt{3}}\sin\left(\dfrac{5\pi}{6}+\phi-\beta_2\right) & \dfrac{h}{\sqrt{3}}\sin\left(\dfrac{3\pi}{2}+\phi-\beta_3\right)\end{bmatrix} \tag{2-20}$$

$$\boldsymbol{b}=\begin{bmatrix}m_G\ddot{x}+F_{B1y}\cos\left(\beta_1+\dfrac{\pi}{2}\right)+F_{B2y}\cos\left(\beta_2+\dfrac{\pi}{2}\right)+F_{B3y}\cos\left(\beta_3+\dfrac{\pi}{2}\right)\\ m_G\ddot{y}+F_{B1y}\sin\left(\beta_1+\dfrac{\pi}{2}\right)+F_{B2y}\sin\left(\beta_2+\dfrac{\pi}{2}\right)+F_{B3y}\sin\left(\beta_3+\dfrac{\pi}{2}\right)\\ I_G\ddot{\phi}-\dfrac{h}{\sqrt{3}}\left(-F_{B1y}\sin\left(\dfrac{5\pi}{3}+\phi-\beta_1\right)-F_{B2y}\sin\left(\dfrac{\pi}{3}+\phi-\beta_2\right)-F_{B3y}\sin(\pi+\phi-\beta_3)\right)\end{bmatrix} \tag{2-21}$$

式中　m_G——动平台质量；

I_G——动平台中心点 G 处沿垂直于 XY 平面方向的转动惯量。

根据力平衡条件，被动杆前端的受力可表示为

$$\begin{cases}F'_{Aix}=F'_{Dix}\cos\beta_i+F'_{Diy}\sin\beta_i-F_{Bix}\\ F'_{Aiy}=-F'_{Dix}\sin\beta_i+F'_{Diy}\cos\beta_i-F_{Biy}\end{cases} \tag{2-22}$$

根据力平衡关系，主动杆末端 A_i 的受力可表示为

$$\begin{cases}F_{Aix}=(F'_{Dix}+F_{Bix}\cos\beta_i-F_{Biy}\sin\beta_i)\cos\theta+(F'_{Diy}-F_{Bix}\sin\beta_i-F_{Biy}\sin\beta_i)\sin\theta\\ F_{Aiy}=-(F'_{Dix}+F_{Bix}\cos\beta_i-F_{Biy}\sin\beta_i)\sin\theta+(F'_{Diy}-F_{Bix}\sin\beta_i-F_{Biy}\sin\beta_i)\cos\theta\end{cases} \tag{2-23}$$

如图 2-3 所示，主动杆质心 C_i 距主动杆前端 O_i 的距离为 r_1，其在基坐标系下的位置可表示为

$$\begin{cases}x_{Ci}=r_1\cos\theta_i\\ y_{Ci}=r_1\sin\theta_i\end{cases} \tag{2-24}$$

对式（2-24）取两次微分，可得主动杆 i 质心的加速度，根据力平衡条件，并对主动杆 i 前端 O_i 取矩，可得点 O_i 所受的力及力矩为

$$\begin{cases}F_{Oix}=m_ar_1(-\sin\theta_i\ddot{\theta}_i-\cos\theta_i\dot{\theta}_i^2)\cos\theta_i+m_ar_1(\cos\theta_i\ddot{\theta}_i-\sin\theta_i\dot{\theta}_i^2)\sin\theta_i-F_{Aix}\\ F_{Oiy}=-m_ar_1(-\sin\theta_i\ddot{\theta}_i-\cos\theta_i\dot{\theta}_i^2)\sin\theta_i+m_ar_1(\cos\theta_i\ddot{\theta}_i-\sin\theta_i\dot{\theta}_i^2)\cos\theta_i-F_{Aiy}\\ \tau_{Oi}=I_a\ddot{\theta}_i-F_{Aiy}l_1-m_ar_1^2(-\sin\theta_i\ddot{\theta}_i-\cos\theta_i\dot{\theta}_i^2)\cos\theta_i+m_ar_1^2(\cos\theta_i\ddot{\theta}_i-\sin\theta_i\dot{\theta}_i^2)\sin\theta_i\end{cases} \tag{2-25}$$

式中　m_a——主动杆质量；

I_a——主动杆在质心处沿垂直于 XY 平面方向的转动惯量。

2.3　2PUR-PSR 并联机构运动学与动力学建模

2.3.1　2PUR-PSR 并联机构运动学建模

如图 2-4 所示，本书研究的 2PUR-PSR 并联机构由基座和动平台组成，两者通过两个相同结构的 PUR 分支和一个 PSR 分支进行连接。如图 2-5 所示，A_1 及 A_2 代表万向节的交点，A_3 为球形关节的中心。P_i（$i=1,2,3$）表示每支链上移动关节和驱动电机位置，前两个移动关节的运动在一条直线上且垂直于第三个关节的运动。B_i（$i=1,2,3$）代表动平台上的旋转关节与每个支链相连的位置点，C_i（$i=1,2,3$）代表第 i 个杆件的重心。参考坐标系 O—XYZ 和移动坐标系 P—uvw 分别与基座和动平台固结，且以 O 和 P 为坐标系原点，且位于 A_1A_2 和 B_1B_2 的中点，X 和 u 轴分别与 A_1A_2 和 B_1B_2 平行，而 Z 和 w 轴与基座和动平台垂直。Y 和 v 轴可以通过右手法则进行确定。此外，支链 1 和支链 2 的几何参数相同，l_1 与 l_3 为 PB_1 及 A_1B_1 之间距离，支链 3 对应的参数分别为 l_2 与 l_4。

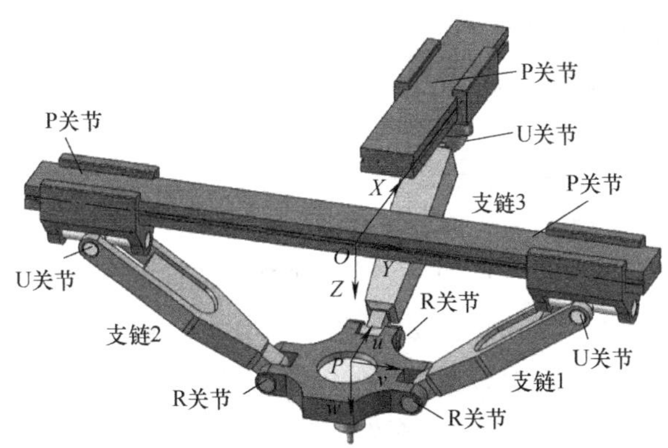

图 2-4　机构原理图

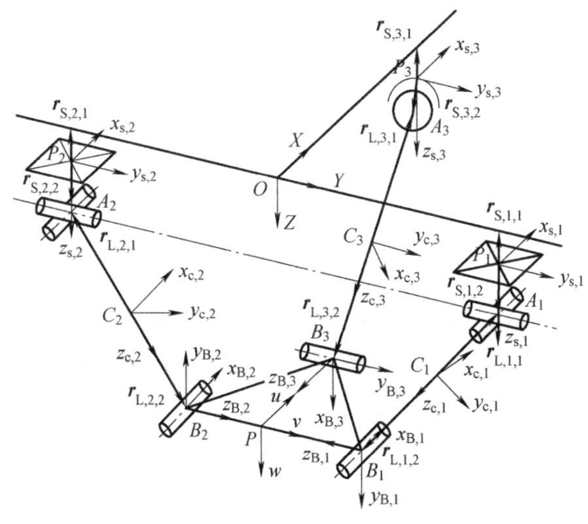

图 2-5　机构坐标系

1. 2PUR-PSR 并联机构逆运动学分析

2PUR-PSR 并联机构的逆运动学为根据动平台的位置与姿态确定各支链位置与姿态，移动坐标系 P—uvw 相对于参考坐标系 O—XYZ 的姿态矩阵可以根据三个转动角 φ、θ 及 ϕ 按照 Z-Y-X 的次序在参考坐标系变化下得到，可以表示为

$$\boldsymbol{R}_P=\boldsymbol{R}_{Z,\varphi}\boldsymbol{R}_{Y,\theta}\boldsymbol{R}_{X,\phi}=\begin{pmatrix}\cos\varphi & -\sin\varphi & 0\\ \sin\varphi & \cos\varphi & 0\\ 0 & 0 & 1\end{pmatrix}\begin{pmatrix}\cos\theta & 0 & \sin\theta\\ 0 & 1 & 0\\ -\sin\theta & 0 & \cos\theta\end{pmatrix}\begin{pmatrix}1 & 0 & 0\\ 0 & \cos\phi & -\sin\phi\\ 0 & \sin\phi & \cos\phi\end{pmatrix}$$

$$=\begin{pmatrix}c_\varphi c_\theta & c_\varphi s_\phi s_\theta - c_\phi s_\varphi & c_\varphi s_\phi s_\theta - c_\phi s_\varphi\\ s_\varphi c_\theta & c_\varphi c_\phi + s_\phi s_\varphi s_\theta & s_\varphi c_\phi s_\theta - s_\phi c_\varphi\\ -s_\theta & s_\phi c_\theta & c_\phi c_\theta\end{pmatrix} \tag{2-26}$$

式中　c、s——cos、sin 的简写。

如图 2-5 所示，动平台相对于参考坐标系的位置向量表示为 $\boldsymbol{P}_\mathrm{m}=(x\quad y\quad z)^\mathrm{T}$，整个闭链的运动方程可表示为

$$\boldsymbol{P}_\mathrm{m}+\boldsymbol{b}_i-\boldsymbol{q}_i-\boldsymbol{L}_i-\boldsymbol{R}_{\mathrm{S},i}\boldsymbol{r}_{\mathrm{S},i,1}-\boldsymbol{R}_{\mathrm{S},i}\boldsymbol{r}_{\mathrm{S},i,2}=\boldsymbol{0}_{3\times1}\quad(i=1,2,3) \tag{2-27}$$

式中　$\boldsymbol{L}_i$——杆件 i 的位置矢量；

$\boldsymbol{R}_{\mathrm{S},i}=\boldsymbol{E}_3$——3×3 单位矩阵，表示滑块 i 的物体坐标系相对于基坐标系的转动变换矩阵；

$\boldsymbol{r}_{\mathrm{S},i,1}$、$\boldsymbol{r}_{\mathrm{S},i,2}$——物体坐标系 P_i—$\boldsymbol{x}_{\mathrm{S},i}\boldsymbol{y}_{\mathrm{S},i}z_{\mathrm{S},i}$ 下 A_1 与 B_1 的位置矢量；

$\boldsymbol{q}_i$ 与 $\boldsymbol{b}_i$——电机 i 及转动关节 B_i 相对于基坐标系的位置矢量 $\boldsymbol{q}_i=q_i\boldsymbol{e}_i(i=1,2,3)$，$\boldsymbol{b}_i=(-1)^{i+1}l_1\boldsymbol{R}_\mathrm{p}\boldsymbol{e}_i(i=1,2)$ 及 $b_3=l_2\boldsymbol{R}_\mathrm{p}\boldsymbol{e}_3$，且 $\boldsymbol{e}_i$ 可表示为

$$\boldsymbol{e}_1=\boldsymbol{e}_2=(0\quad 1\quad 0)^\mathrm{T},\quad \boldsymbol{e}_3=(1\quad 0\quad 0)^\mathrm{T},\quad \boldsymbol{e}_4=(0\quad 0\quad 1)^\mathrm{T} \tag{2-28}$$

根据动平台特性，每个支链上转动关节的轴线矢量 c_i 与法向量为 $q_i-\boldsymbol{P}_\mathrm{m}$ 的平面垂直，进而几何约束关系可表示为

$$\boldsymbol{c}_i^\mathrm{T}(q_i-\boldsymbol{P}_\mathrm{m})=0 \tag{2-29}$$

式中　$\boldsymbol{c}_i=\boldsymbol{R}_\mathrm{p}c_{i0}$。$c_{i0}$ 表示支链 i 中的转动关节转轴向量，分别为

$$c_{10}=c_{20}=\boldsymbol{e}_3,\quad c_{30}=\boldsymbol{e}_1 \tag{2-30}$$

根据式（2-26）~式（2-29），运动约束关系可表示为

$$xc_\theta c_\varphi-(q_1-y)c_\theta s_\varphi-zs_\theta=0 \tag{2-31}$$

$$xc_\theta c_\varphi+(q_2+y)c_\theta s_\varphi-zs_\theta=0 \tag{2-32}$$

$$y(c_\phi c_\varphi+s_\phi s_\theta s_\varphi)+(q_3-x)(c_\phi s_\varphi-s_\phi s_\theta c_\varphi)+zs_\phi c_\theta=0 \tag{2-33}$$

式（2-31）减式（2-32），运动关系可进一步表示为

$$(q_1+q_2)c_\theta s_\varphi=0 \tag{2-34}$$

在式（2-34）中，q_1+q_2 不恒为 0，因此 $c_\theta s_\varphi=0$ 恒成立。将 $c_\theta s_\varphi=0$ 代入式（2-31），如果 $c_\theta=0$，则 $z=0$，这明显未反映机构的真实运动，因此 $s_\varphi=0$，这意味着 $\varphi=0$ 或 π。根据并联机构特点，设置 $\varphi=0$。因此，式（2-29）表示的约束关系可以表示为

$$\begin{cases}\varphi=0\\ x=z\tan\theta\\ y=(q_3-z\tan\theta)\tan\phi s_\theta-z\tan\phi c_\theta\end{cases} \tag{2-35}$$

根据式（2-35），机构的独立广义坐标为 3，系统存在两个伴随运动。在实际生产中，具有 2 个转动自由度和 1 个移动自由度的并联机构具有广泛的应用，因此选择 $\boldsymbol{\eta}_{\mathrm{S}}=(z\quad\phi\quad\theta)^{\mathrm{T}}$ 为系统独立坐标。根据式（2-26）与式（2-34），滑块位置坐标可表示为

$$\begin{cases}q_1=(-z\mathrm{c}_\theta+\mathrm{s}_\theta\sqrt{l_4^2-l_2^2\sec^2\phi\mathrm{s}_\theta^2+l_4^2\tan^2\phi\mathrm{s}_\theta^2-z^2\sec^2\phi+2l_2z\sec^2\phi\mathrm{s}_\theta}+l_2\mathrm{c}_\theta\mathrm{s}_\theta)\tan\phi/(\tan^2\phi\mathrm{s}_\theta^2+1)\\ \qquad+\sqrt{l_3^2-z^2\sec^2\theta-l_1^2\mathrm{s}_\phi^2-2l_1z\sec\theta\,\mathrm{s}_\phi}+l_1\mathrm{c}_\phi\\ q_2=-(z\mathrm{c}_\theta-\mathrm{s}_\theta\sqrt{l_4^2-l_2^2\sec^2\phi\mathrm{s}_\theta^2+l_4^2\tan^2\phi\mathrm{s}_\theta^2-z^2\sec^2\phi+2l_2z\sec^2\phi\mathrm{s}_\theta}-l_2\mathrm{c}_\theta\mathrm{s}_\theta)\tan\phi/(\tan^2\phi\mathrm{s}_\theta^2+1)\\ \qquad-\sqrt{l_3^2-z^2\sec^2\theta-l_1^2\mathrm{s}_\phi^2-2l_1z\sec\theta\,\mathrm{s}_\phi}-l_1\mathrm{c}_\phi\\ q_3=(l_2\mathrm{c}_\theta+z\sec^2\phi\tan\theta+\sqrt{l_4^2+l_4^2\tan^2\phi\mathrm{s}_\theta^2-z^2\sec^2\phi-l_2^2\sec^2\phi\mathrm{s}_\theta^2+2l_2z\sec^2\phi\mathrm{s}_\theta})/(\tan^2\phi\mathrm{s}_\theta^2+1)\end{cases}\tag{2-36}$$

为描述系统惯性特性，建立图 2-5 所示各支链的局部坐标系，物体坐标系 $P_i—x_{\mathrm{S},i}y_{\mathrm{S},i}z_{\mathrm{S},i}$ 与 $C_i—x_{\mathrm{C},i}y_{\mathrm{C},i}z_{\mathrm{C},i}$ 分别固结在滑块 i 及杆件 i 质心处，且 $P_i—x_{\mathrm{S},i}y_{\mathrm{S},i}z_{\mathrm{S},i}$ 的各对应坐标轴与基坐标系平行，且 $z_{\mathrm{C},i}$ 轴与直线 A_iB_i 平行，$x_{\mathrm{C},i}(i=1,\ 2)$ 及 $y_{\mathrm{C},3}$ 与对应的转动轴线平行。此外，$B_i—x_{\mathrm{B},i}y_{\mathrm{B},i}z_{\mathrm{B},i}$ 固结在动平台上，且 $z_{\mathrm{B},i}$ 垂直于动平台上平面，$x_{\mathrm{B},i}(i=1,\ 2)$ 及 $y_{\mathrm{B},3}$ 与坐标系 $B_i—x_{\mathrm{B},i}y_{\mathrm{B},i}z_{\mathrm{B},i}$ 对应的坐标轴平行。因此，支链 i 上从坐标系 $P—uvw$ 到 $O—XYZ$ 的转动矩阵 $\boldsymbol{R}_i$ 可表示为

$$\begin{aligned}\boldsymbol{R}_i&=\boldsymbol{R}_{y_{\mathrm{C},i},\theta_i}\boldsymbol{R}_{x_{\mathrm{C},i},\phi_i}\boldsymbol{R}_{x_{\mathrm{B},i},\psi_i}\boldsymbol{R}_{i,\mathrm{p}}=\boldsymbol{R}_{\mathrm{L},i}\boldsymbol{R}_{x_{\mathrm{B},i},\psi_i}\boldsymbol{R}_{i,\mathrm{p}}\\&=\begin{pmatrix}\mathrm{c}_{\theta_i}&0&\mathrm{s}_{\theta_i}\\0&1&0\\-\mathrm{s}_{\theta_i}&0&\mathrm{c}_{\theta_i}\end{pmatrix}\begin{pmatrix}1&0&0\\0&\mathrm{c}_{\phi_i}&-\mathrm{s}_{\phi_i}\\0&\mathrm{s}_{\phi_i}&\mathrm{c}_{\phi_i}\end{pmatrix}\begin{pmatrix}1&0&0\\0&\mathrm{c}_{\psi_i}&-\mathrm{s}_{\psi_i}\\0&\mathrm{s}_{\psi_i}&\mathrm{c}_{\psi_i}\end{pmatrix}\begin{pmatrix}1&0&0\\0&0&(-1)^{i+1}\\0&(-1)^i&0\end{pmatrix}\\&=\begin{pmatrix}\mathrm{c}_{\theta_i}&(-1)^i\mathrm{s}_{\phi_i+\psi_i}\mathrm{s}_{\theta_i}&(-1)^{i+1}\mathrm{s}_{\phi_i+\psi_i}\mathrm{s}_{\theta_i}\\0&(-1)^{i+1}\mathrm{s}_{\phi_i+\psi_i}&(-1)^{i+1}\mathrm{c}_{\phi_i+\psi_i}\\-\mathrm{s}_{\theta_i}&(-1)^i\mathrm{c}_{\phi_i+\psi_i}\mathrm{c}_{\theta_i}&(-1)^{i+1}\mathrm{s}_{\theta_i}\mathrm{c}_{\phi_i+\psi_i}\end{pmatrix}\quad(i=1,2)\end{aligned}\tag{2-37}$$

$$\begin{aligned}\boldsymbol{R}_3&=\boldsymbol{R}_{z_{\mathrm{C},3},\varphi_3}\boldsymbol{R}_{y_{\mathrm{C},3},\theta_3}\boldsymbol{R}_{x_{\mathrm{C},3},\phi_3}\boldsymbol{R}_{y_{\mathrm{B},3},\psi_3}\boldsymbol{R}_{3,\mathrm{p}}=\boldsymbol{R}_{\mathrm{L},3}\boldsymbol{R}_{y_{\mathrm{B},3},\psi_3}\boldsymbol{R}_{3,\mathrm{p}}\\&=\begin{pmatrix}\mathrm{c}_{\varphi_3}&-\mathrm{s}_{\varphi_3}&0\\\mathrm{s}_{\varphi_3}&\mathrm{c}_{\varphi_3}&0\\0&0&1\end{pmatrix}\begin{pmatrix}\mathrm{c}_{\theta_3}&0&\mathrm{s}_{\theta_3}\\0&1&0\\-\mathrm{s}_{\theta_3}&0&\mathrm{c}_{\theta_3}\end{pmatrix}\begin{pmatrix}1&0&0\\0&\mathrm{c}_{\phi_3}&-\mathrm{s}_{\phi_3}\\0&\mathrm{s}_{\phi_3}&\mathrm{c}_{\phi_3}\end{pmatrix}\begin{pmatrix}\mathrm{c}_{\psi_3}&0&\mathrm{s}_{\psi_3}\\0&1&0\\-\mathrm{s}_{\psi_3}&0&\mathrm{c}_{\psi_3}\end{pmatrix}\begin{pmatrix}0&0&1\\0&1&0\\-1&0&0\end{pmatrix}\\&=\begin{pmatrix}-\mathrm{c}_{\varphi_3}(\mathrm{s}_{\psi_3}\mathrm{c}_{\theta_3}+\mathrm{c}_{\phi_3}\mathrm{c}_{\psi_3}\mathrm{s}_{\theta_3})-\mathrm{c}_{\psi_3}\mathrm{s}_{\phi_3}\mathrm{s}_{\varphi_3}&\mathrm{c}_{\varphi_3}\mathrm{s}_{\phi_3}\mathrm{s}_{\theta_3}-\mathrm{s}_{\varphi_3}\mathrm{c}_{\phi_3}&\mathrm{c}_{\varphi_3}(\mathrm{c}_{\psi_3}\mathrm{c}_{\theta_3}-\mathrm{c}_{\phi_3}\mathrm{s}_{\psi_3}\mathrm{s}_{\theta_3})-\mathrm{s}_{\psi_3}\mathrm{s}_{\phi_3}\mathrm{s}_{\varphi_3}\\-\mathrm{s}_{\varphi_3}(\mathrm{s}_{\psi_3}\mathrm{c}_{\theta_3}+\mathrm{c}_{\phi_3}\mathrm{c}_{\psi_3}\mathrm{s}_{\theta_3})+\mathrm{c}_{\psi_3}\mathrm{s}_{\phi_3}\mathrm{c}_{\varphi_3}&\mathrm{s}_{\varphi_3}\mathrm{s}_{\phi_3}\mathrm{s}_{\theta_3}+\mathrm{c}_{\varphi_3}\mathrm{c}_{\phi_3}&\mathrm{s}_{\varphi_3}(\mathrm{c}_{\psi_3}\mathrm{c}_{\theta_3}-\mathrm{c}_{\phi_3}\mathrm{s}_{\psi_3}\mathrm{s}_{\theta_3})+\mathrm{c}_{\psi_3}\mathrm{s}_{\phi_3}\mathrm{s}_{\varphi_3}\\-\mathrm{c}_{\varphi_3}\mathrm{s}_{\theta_3}&\mathrm{c}_{\theta_3}\mathrm{s}_{\phi_3}&-\mathrm{s}_{\theta_3}\mathrm{c}_{\psi_3}-\mathrm{c}_{\theta_3}\mathrm{c}_{\phi_3}\mathrm{s}_{\psi_3}\end{pmatrix}\end{aligned}\tag{2-38}$$

式中　$\boldsymbol{R}_{\mathrm{L},i}$、$\boldsymbol{R}_{\mathrm{L},3}$——各杆件的局部坐标系到基坐标系的变换矩阵，$\boldsymbol{R}_{\mathrm{L},i}=\boldsymbol{R}_{y_{\mathrm{C},i},\theta_i}\boldsymbol{R}_{x_{\mathrm{C},i},\phi_i}(i=1,2)$、$\boldsymbol{R}_{\mathrm{L},3}=\boldsymbol{R}_{z_{\mathrm{A},3},\varphi_3}\boldsymbol{R}_{y_{\mathrm{A},3},\theta_3}\boldsymbol{R}_{x_{\mathrm{A},3},\phi_3}$；

$\boldsymbol{R}_{i,\mathrm{p}}$——坐标系 $P—uvw$ 到 $B_i—\boldsymbol{x}_{\mathrm{B},i}\boldsymbol{y}_{\mathrm{B},i}\boldsymbol{z}_{\mathrm{B},i}$ 的变换矩阵（$i=1,\ 2,\ 3$）。

根据式（2-26）、式（2-27）、式（2-37）及式（2-38），各支链相关三角函数变换可表示为

$$c_{\theta_1}=c_\theta,s_{\theta_1}=s_\theta,c_{\phi_1}=(z/c_\theta+l_1s_{\phi_1})/l_3,s_{\phi_1}=\sqrt{1-c_{\phi_1}^2} \tag{2-39}$$

$$c_{\theta_2}=c_\theta,s_{\theta_2}=s_\theta,c_{\phi_2}=(z/c_\theta+l_1s_{\phi_1})/l_3,s_{\phi_2}=\sqrt{1-c_{\phi_2}^2} \tag{2-40}$$

$$\begin{cases} c_{\varphi_3}=-(zc_\phi-l_2c_\phi s_\theta-s_\phi^2c_\theta s_\theta\sqrt{l_4^2c_\phi^2-l_2^2s_\theta^2-z^2+2l_2zs_\theta+l_4^2s_\phi^2s_\theta^2})/ \\ \quad [(s_\phi^2s_\theta^2-c_\phi^2)\sqrt{l_4^2s_\phi^2c_\theta^2+l_2^2s_\theta^2-2l_2zs_\theta+z^2}] \\ s_{\varphi_3}=s_\phi(l_2c_\theta^3+zs_{2\theta}/2-l_2c_\theta+c_\phi c_\theta^2\sqrt{l_4^2c_\phi^2-l_2^2s_\theta^2-z^2+2l_2zs_\theta+l_4^2s_\phi^2s_\theta^2})/ \\ \quad [c_\theta(c_\phi^2c_\theta^2+s_\theta^2)\sqrt{l_4^2s_\phi^2c_\theta^2+l_2^2s_\theta^2-2l_2zs_\theta+z^2}] \\ c_{\theta_3}=-\sqrt{l_4^2s_\phi^2+l_2^2s_\theta^2+z^2-2l_2zs_\theta-l_4^2s_\phi^2s_\theta^2}/l_4,s_{\theta_3}=-\sqrt{l_2^2s_\theta^2-l_4^2c_\phi^2+z^2-2l_2zs_\theta-l_4^2s_\psi^2s_\theta^2}/l_4 \\ c_{\phi_3}=-(z-l_2s_\theta)/\sqrt{l_4^2s_\phi^2c_\theta^2+l_2^2s_\theta^2-2l_2zs_\theta+z^2},s_{\phi_3}=-l_4c_\theta s_\phi/\sqrt{l_4^2s_\phi^2c_\theta^2+l_2^2s_\theta^2-2l_2zs_\theta+z^2} \end{cases} \tag{2-41}$$

2. 速度与加速度分析

式（2-36）、式（2-39）、式（2-40）及式（2-41）为并联机构的逆运动学方程，其速度与加速度可以通过对上述方程对时间求导得到。式（2-35）对时间求导，动平台伴随运动的线速度与角速度项可表示为

$$\begin{cases} \dot{\varphi}=0 \\ \dot{x}=\tan\theta\dot{z}+z\sec^2\theta\dot{\theta} \\ \dot{y}=\dot{q}_3\tan\phi s_\theta-\tan\phi\sec\theta\dot{z}+(q_3\tan\phi c_\theta-z\tan\phi s_\theta\sec^2\theta)\dot{\theta}+(q_3s_\theta\sec^2\phi-z\sec\theta\sec^2\phi)\dot{\phi} \\ \quad =y_z\dot{z}+y_\theta\dot{\theta}+y_\phi\dot{\phi} \end{cases} \tag{2-42}$$

式中的点代表对变量进行时间求导。y_z，y_θ，y_ϕ分别为

$$y_z=\left(\tan\theta+\frac{-(z-l_2s_\theta)}{\sqrt{l_4^2+l_4^2\tan^2\phi\, s_\theta^2-\sec^2\phi(z-l_2s_\theta)^2}}\right)\sec^2\phi\tan\phi\, s_\theta/(\tan^2\phi\, s_\theta^2+1)-\tan\varphi\sec\theta$$

$$y_\theta=\left(-l_2s_\theta+z\sec^2\phi\sec^2\theta+\frac{l_4^2\tan^2\phi\, s_\theta c_\theta+\sec^2\phi(z-l_2s_\theta)l_2c_\theta}{\sqrt{l_4^2+l_4^2\tan^2\phi\, s_\theta^2-\sec^2\phi(z-l_2s_\theta)^2}}-2q_3\tan^2\phi s_\theta c_\theta\right)\tan\phi s_\theta/$$
$$(\tan^2\phi\, s_\theta^2+1)+\tan\phi(q_3c_\theta-zs_\theta\sec^2\theta)$$

$$y_\phi=\left(2z\tan\theta+\frac{l_4^2s_\theta^2-(z-l_2s_\theta)^2}{\sqrt{l_4^2+l_4^2\tan^2\phi\, s_\theta^2-\sec^2\phi(z-l_2s_\theta)^2}}-2q_3s_\theta^2\right)\tan^2\phi\sec^2\phi s_\theta/$$
$$(\tan^2\phi\, s_\theta^2+1)+\sec^2\phi(q_3s_\theta-z\sec\theta)$$

根据式（2-26）与式（2-42），动平台线速度与角速度的矩阵形式可表示为

$$\boldsymbol{t}_p=\boldsymbol{K}_p\dot{\boldsymbol{\eta}}_s \tag{2-43}$$

式中　$\boldsymbol{t}_p$——动平台各方向速度；

$\boldsymbol{t}_p$、$\boldsymbol{K}_p$——动平台各方向速度 $\boldsymbol{t}_p$与独立变量 $\dot{\boldsymbol{\eta}}_s$之间的映射矩阵，分别表示为

$$\boldsymbol{t}_{\mathrm{p}}=(\dot{\boldsymbol{P}}_{\mathrm{m}}^{\mathrm{T}}\quad \boldsymbol{\omega}^{\mathrm{T}})^{\mathrm{T}},\quad \boldsymbol{K}_{\mathrm{p}}=\begin{pmatrix} \tan\theta & y_z & 1 & 0 & 0 & 0 \\ 0 & y_\phi & 0 & \mathrm{c}_\theta & 0 & -\mathrm{s}_\theta \\ z\sec^2\theta & y_\theta & 0 & 0 & 1 & 0 \end{pmatrix}^{\mathrm{T}}$$

式（2-27）对时间求导可得到

$$\dot{\boldsymbol{P}}_{\mathrm{m}}+\boldsymbol{\omega}\times\boldsymbol{b}_i=\dot{\boldsymbol{q}}_i+\boldsymbol{\omega}_{\mathrm{L},i}\times\boldsymbol{L}_i=\dot{\boldsymbol{q}}_i\boldsymbol{e}_i+\boldsymbol{\omega}_{\mathrm{L},i}\times\boldsymbol{L}_i \tag{2-44}$$

式中　$\boldsymbol{\omega}$——动平台角速度；

$\boldsymbol{\omega}_{\mathrm{L},i}$——支链 i 中杆件角加速度，$i=1$，2，3。

式（2-44）两边同时点乘 $\boldsymbol{L}_i$ 可得到

$$\boldsymbol{L}_i^{\mathrm{T}}\dot{\boldsymbol{P}}_{\mathrm{m}}-\boldsymbol{L}_i^{\mathrm{T}}\tilde{\boldsymbol{b}}_i\boldsymbol{\omega}=\dot{\boldsymbol{q}}_i\boldsymbol{L}_i^{\mathrm{T}}\boldsymbol{e}_i \tag{2-45}$$

式中斜杠代表对应向量的斜矩阵。因此，驱动电机 i 的速度可表示为

$$\dot{\boldsymbol{q}}_i=(\boldsymbol{L}_i^{\mathrm{T}}\boldsymbol{e}_i)^{-1}(\boldsymbol{L}_i^{\mathrm{T}}\quad -\boldsymbol{L}_i^{\mathrm{T}}\tilde{\boldsymbol{b}}_i)\boldsymbol{t}_{\mathrm{p}} \tag{2-46}$$

将式（2-46）写成矩阵形式，直线电机与动平台之间的速度映射关系可表示为

$$\dot{\boldsymbol{q}}=\boldsymbol{K}_{\mathrm{q}}^{-1}\boldsymbol{K}_{\mathrm{t}}\boldsymbol{t}_{\mathrm{p}}=\boldsymbol{J}_{\mathrm{q}}\boldsymbol{t}_{\mathrm{p}} \tag{2-47}$$

式中

$$\boldsymbol{q}=(\dot{q}_1\quad \dot{q}_2\quad \dot{q}_3)^{\mathrm{T}},\quad \boldsymbol{K}_{\mathrm{q}}=\begin{pmatrix} \boldsymbol{L}_1^{\mathrm{T}}\boldsymbol{e}_1 & & \\ & \boldsymbol{L}_2^{\mathrm{T}}\boldsymbol{e}_2 & \\ & & \boldsymbol{L}_3^{\mathrm{T}}\boldsymbol{e}_3 \end{pmatrix},\quad \boldsymbol{K}_{\mathrm{t}}=\begin{pmatrix} \boldsymbol{L}_1^{\mathrm{T}} & -\boldsymbol{L}_1^{\mathrm{T}}\tilde{\boldsymbol{b}}_1 \\ \boldsymbol{L}_2^{\mathrm{T}} & -\boldsymbol{L}_2^{\mathrm{T}}\tilde{\boldsymbol{b}}_2 \\ \boldsymbol{L}_3^{\mathrm{T}} & -\boldsymbol{L}_3^{\mathrm{T}}\tilde{\boldsymbol{b}}_3 \end{pmatrix}$$

将式（2-44）两边同时叉乘 $\boldsymbol{L}_i$，支链 i 中杆件角速度可表示为

$$\boldsymbol{\omega}_{\mathrm{L},i}=\boldsymbol{J}_{\omega i}\boldsymbol{t}_{\mathrm{p}} \tag{2-48}$$

式中 $\boldsymbol{J}_{\omega i}$ 为

$$\begin{cases} \boldsymbol{J}_{\omega i}=\dfrac{(\tilde{\boldsymbol{L}}_i-\boldsymbol{e}_i(\boldsymbol{L}_i^{\mathrm{T}}\boldsymbol{e}_i)^{-1}\boldsymbol{L}_i^{\mathrm{T}}\quad \boldsymbol{L}_i^{\mathrm{T}}\boldsymbol{b}_i\boldsymbol{E}_3-\boldsymbol{b}_i\boldsymbol{L}_i^{\mathrm{T}}+\boldsymbol{e}_i(\boldsymbol{L}_i^{\mathrm{T}}\boldsymbol{e}_i)^{-1}\boldsymbol{L}_i^{\mathrm{T}}\tilde{\boldsymbol{b}}_i)}{\boldsymbol{L}_i^{\mathrm{T}}\boldsymbol{L}_i} & (i=1,2) \\ \boldsymbol{J}_{\omega 3}=\dfrac{(\tilde{\boldsymbol{L}}_3-\boldsymbol{e}_3(\boldsymbol{L}_3^{\mathrm{T}}\boldsymbol{e}_3)^{-1}\boldsymbol{L}_3^{\mathrm{T}}\quad \boldsymbol{L}_3^{\mathrm{T}}\boldsymbol{b}_3\boldsymbol{E}_3-\boldsymbol{b}_3\boldsymbol{L}_3^{\mathrm{T}}+\boldsymbol{e}_3(\boldsymbol{L}_3^{\mathrm{T}}\boldsymbol{e}_3)^{-1}\boldsymbol{L}_3^{\mathrm{T}}\tilde{\boldsymbol{b}}_3+\boldsymbol{L}_3\boldsymbol{L}_3^{\mathrm{T}})}{\boldsymbol{L}_3^{\mathrm{T}}\boldsymbol{L}_3} & \end{cases}$$

式（2-43）对时间求导，动平台的线加速度与角速度可表示为

$$\dot{\boldsymbol{t}}_{\mathrm{p}}=\boldsymbol{K}_{\mathrm{p}}\ddot{\boldsymbol{\eta}}_{\mathrm{s}}+\dot{\boldsymbol{K}}_{\mathrm{p}}\dot{\boldsymbol{\eta}}_{\mathrm{s}} \tag{2-49}$$

式中　$\ddot{\boldsymbol{\eta}}_{\mathrm{s}}$——独立广义坐标的加速度向量；

$\dot{\boldsymbol{K}}_{\mathrm{p}}$——动平台速度与独立运动速度向量映射矩阵的导数，可表示为

$$\dot{\boldsymbol{K}}_{\mathrm{p}}=\begin{pmatrix} \sec^2\theta\dot{\theta} & \dot{y}_z & 0 & 0 & 0 & 0 \\ \dot{z}\sec^2\theta+2z\tan\theta\sec^2\theta\dot{\theta} & \dot{y}_\theta & 0 & -\mathrm{s}_\theta\dot{\theta} & 0 & -\mathrm{c}_\theta\dot{\theta} \\ 0 & \dot{y}_\phi & 0 & 0 & 0 & 0 \end{pmatrix}^{\mathrm{T}}$$

式（2-44）两边同时叉乘 $\boldsymbol{L}_i$ 并对时间求导，支链 i 中杆件角加速度可表示为

$$\dot{\boldsymbol{\omega}}_{\mathrm{L},i}=\boldsymbol{J}_{\omega i}\dot{\boldsymbol{t}}_{\mathrm{p}}+\dot{\boldsymbol{J}}_{\omega i}\boldsymbol{t}_{\mathrm{p}} \tag{2-50}$$

式中　$\boldsymbol{J}_{\omega i}$——动平台线速度及角速度与支链 i 中杆件角速度的映射矩阵，$\dot{\boldsymbol{J}}_{\omega i}$ 为其导数，可表示为

$$\begin{aligned}\dot{\boldsymbol{J}}_{\omega i}=&(\boldsymbol{L}_i\boldsymbol{\omega}_{L_i}^{\mathrm{T}}-\boldsymbol{\omega}_{L_i}\boldsymbol{L}_i^{\mathrm{T}}+\boldsymbol{e}_i((\boldsymbol{L}_i^{\mathrm{T}}\boldsymbol{e}_i)^{-1}\boldsymbol{L}_i^{\mathrm{T}}\tilde{\boldsymbol{\omega}}_i+(\boldsymbol{L}_i^{\mathrm{T}}\tilde{\boldsymbol{\omega}}_{L_i}\boldsymbol{e}_i)^{-1}\boldsymbol{L}_i^{\mathrm{T}})\\&\boldsymbol{L}_i^{\mathrm{T}}(\tilde{\boldsymbol{\omega}}-\tilde{\boldsymbol{\omega}}_i)\boldsymbol{b}_i\boldsymbol{E}_3-\tilde{\boldsymbol{\omega}}\boldsymbol{b}_i\boldsymbol{L}_i^{\mathrm{T}}+\boldsymbol{b}_i\boldsymbol{L}_i^{\mathrm{T}}\tilde{\boldsymbol{\omega}}_i+\boldsymbol{e}_i((-(\boldsymbol{L}_i^{\mathrm{T}}\tilde{\boldsymbol{\omega}}_{L_i}\boldsymbol{e}_i)^{-1}\boldsymbol{L}_i^{\mathrm{T}}-(\boldsymbol{L}_i^{\mathrm{T}}\boldsymbol{e}_i)^{-1}\boldsymbol{L}_i^{\mathrm{T}}\tilde{\boldsymbol{\omega}}_{L_i})\tilde{\boldsymbol{b}}_i+\\&(\boldsymbol{L}_i^{\mathrm{T}}\boldsymbol{e}_i)^{-1}\boldsymbol{L}_i^{\mathrm{T}}(\boldsymbol{b}_i\boldsymbol{\omega}^{\mathrm{T}}-\boldsymbol{\omega}\boldsymbol{b}_i^{\mathrm{T}})))/\boldsymbol{L}_i^{\mathrm{T}}\boldsymbol{L}_i \qquad (i=1,2)\end{aligned}$$

那么有

$$\begin{aligned}\dot{\boldsymbol{J}}_{\omega 3}=&(\boldsymbol{L}_3\boldsymbol{\omega}_{L_3}^{\mathrm{T}}-\boldsymbol{\omega}_{L_3}\boldsymbol{L}_i^{\mathrm{T}}+\boldsymbol{e}_3((\boldsymbol{L}_3^{\mathrm{T}}\boldsymbol{e}_3)^{-1}\boldsymbol{L}_3^{\mathrm{T}}\tilde{\boldsymbol{\omega}}_3+(\boldsymbol{L}_3^{\mathrm{T}}\tilde{\boldsymbol{\omega}}_{L_3}\boldsymbol{e}_3)^{-1}\boldsymbol{L}_3^{\mathrm{T}})\\&\boldsymbol{L}_3^{\mathrm{T}}(\tilde{\boldsymbol{\omega}}-\tilde{\boldsymbol{\omega}}_3)\boldsymbol{b}_3\boldsymbol{E}_3-\tilde{\boldsymbol{\omega}}\boldsymbol{b}_3\boldsymbol{L}_3^{\mathrm{T}}+\boldsymbol{b}_3\boldsymbol{L}_3^{\mathrm{T}}\tilde{\boldsymbol{\omega}}_3+\boldsymbol{e}_3((-(\boldsymbol{L}_3^{\mathrm{T}}\tilde{\boldsymbol{\omega}}_{L_3}\boldsymbol{e}_3)^{-1}\boldsymbol{L}_3^{\mathrm{T}}-(\boldsymbol{L}_3^{\mathrm{T}}\boldsymbol{e}_3)^{-1}\boldsymbol{L}_3^{\mathrm{T}}\tilde{\boldsymbol{\omega}}_{L_3})\\&\tilde{\boldsymbol{b}}_3+(\boldsymbol{L}_3^{\mathrm{T}}\boldsymbol{e}_3)^{-1}\boldsymbol{L}_3^{\mathrm{T}}(\boldsymbol{b}_3\boldsymbol{\omega}^{\mathrm{T}}-\boldsymbol{\omega}\boldsymbol{b}_3^{\mathrm{T}}))+\tilde{\boldsymbol{\omega}}_3\boldsymbol{L}_3\boldsymbol{L}_3^{\mathrm{T}}-\boldsymbol{L}_3\tilde{\boldsymbol{\omega}}_3\boldsymbol{L}_3^{\mathrm{T}})/\boldsymbol{L}_3^{\mathrm{T}}\boldsymbol{L}_3\end{aligned}$$

同理，通过对式（2-47）求微分，可得到各驱动电机的加速度为

$$\ddot{\boldsymbol{q}}=\boldsymbol{J}_{\mathrm{q}}\dot{\boldsymbol{t}}_{\mathrm{p}}+\dot{\boldsymbol{J}}_{\mathrm{q}}\boldsymbol{t}_{\mathrm{p}} \tag{2-51}$$

式中　$\dot{\boldsymbol{J}}_{\mathrm{q}}$——矩阵 $\boldsymbol{J}_{\mathrm{q}}$ 对时间的导数，可表示为

$$\dot{\boldsymbol{J}}_{\mathrm{q}}=-\boldsymbol{K}_{\mathrm{q}}^{-1}\dot{\boldsymbol{K}}_{\mathrm{q}}\boldsymbol{K}_{\mathrm{q}}^{-1}\boldsymbol{K}_{\mathrm{t}}+\boldsymbol{K}_{\mathrm{q}}^{-1}\dot{\boldsymbol{K}}_{\mathrm{t}}=\boldsymbol{K}_{\mathrm{q}}^{-1}(-\dot{\boldsymbol{K}}_{\mathrm{q}}\boldsymbol{K}_{\mathrm{q}}^{-1}\boldsymbol{K}_{\mathrm{t}}+\dot{\boldsymbol{K}}_{\mathrm{t}}) \tag{2-52}$$

其中

$$\dot{\boldsymbol{K}}_{\mathrm{q}}=\begin{pmatrix}(\boldsymbol{\omega}_{L_1}\times\boldsymbol{L}_1)^{\mathrm{T}}\boldsymbol{e}_1 & & \\ & (\boldsymbol{\omega}_{L_2}\times\boldsymbol{L}_2)^{\mathrm{T}}\boldsymbol{e}_2 & \\ & & (\boldsymbol{\omega}_{L_3}\times\boldsymbol{L}_3)^{\mathrm{T}}\boldsymbol{e}_3\end{pmatrix},$$

$$\dot{\boldsymbol{K}}_{\mathrm{t}}=\begin{pmatrix}(\boldsymbol{\omega}_{L_1}\times\boldsymbol{L}_1)^{\mathrm{T}} & -(\boldsymbol{\omega}_{L_1}\times\boldsymbol{L}_1)^{\mathrm{T}}\tilde{\boldsymbol{b}}_1-\boldsymbol{L}_1^{\mathrm{T}}\dot{\tilde{\boldsymbol{b}}}_1\\(\boldsymbol{\omega}_{L_2}\times\boldsymbol{L}_2)^{\mathrm{T}} & -(\boldsymbol{\omega}_{L_2}\times\boldsymbol{L}_2)^{\mathrm{T}}\tilde{\boldsymbol{b}}_2-\boldsymbol{L}_2^{\mathrm{T}}\dot{\tilde{\boldsymbol{b}}}_2\\(\boldsymbol{\omega}_{L_3}\times\boldsymbol{L}_3)^{\mathrm{T}} & -(\boldsymbol{\omega}_{L_3}\times\boldsymbol{L}_3)^{\mathrm{T}}\tilde{\boldsymbol{b}}_3-\boldsymbol{L}_3^{\mathrm{T}}\dot{\tilde{\boldsymbol{b}}}_3\end{pmatrix}$$

$$\dot{\tilde{\boldsymbol{b}}}_i=(-1)^{i+1}l_1(\dot{\boldsymbol{R}}_{\mathrm{p}}\tilde{\boldsymbol{e}}_i\boldsymbol{R}_{\mathrm{p}}^{\mathrm{T}}+\boldsymbol{R}_{\mathrm{p}}\tilde{\boldsymbol{e}}_i\dot{\boldsymbol{R}}_{\mathrm{p}}^{\mathrm{T}})=(-1)^{i+1}l_1(\tilde{\boldsymbol{\omega}}\boldsymbol{R}_{\mathrm{p}}\tilde{\boldsymbol{e}}_i\boldsymbol{R}_{\mathrm{p}}^{\mathrm{T}}+\boldsymbol{R}_{\mathrm{p}}\tilde{\boldsymbol{e}}_i\boldsymbol{R}_{\mathrm{p}}^{\mathrm{T}}\tilde{\boldsymbol{\omega}}^{\mathrm{T}}) \quad (i=1,2)$$

$$\dot{\tilde{\boldsymbol{b}}}_3=l_2(\tilde{\boldsymbol{\omega}}\boldsymbol{R}_{\mathrm{p}}\tilde{\boldsymbol{e}}_3\boldsymbol{R}_{\mathrm{p}}^{\mathrm{T}}+\boldsymbol{R}_{\mathrm{p}}\tilde{\boldsymbol{e}}_3\boldsymbol{R}_{\mathrm{p}}^{\mathrm{T}}\tilde{\boldsymbol{\omega}}^{\mathrm{T}})$$

2.3.2　2PUR-PSR 并联机构动力学建模

本节将对 2PUR-PSR 并联机构开展动力学建模。首先，计算各物体、支链及系统速度表

达式，从而获得自然正交补矩阵，然后采用牛顿-欧拉方程建立各物体的动力学模型，在此基础上，采用自然正交补矩阵和变形协调关系来建立考虑约束力及考虑约束力与力矩的系统动力学模型。

根据图 2-5 所示，支链 i 中的滑块与杆件质心向量可表示为

$$\begin{cases}\boldsymbol{p}_{\mathrm{S},i}=\boldsymbol{q}_i+\boldsymbol{R}_{\mathrm{S},i}\boldsymbol{r}_{\mathrm{S},i,1}\\ \boldsymbol{p}_{\mathrm{L},i}=\boldsymbol{p}_{\mathrm{S},i}+\boldsymbol{R}_{\mathrm{S},i}\boldsymbol{r}_{\mathrm{S},i,2}+\boldsymbol{R}_{\mathrm{L},i}\boldsymbol{r}_{\mathrm{L},i,1}\end{cases}\tag{2-53}$$

式中　$\boldsymbol{R}_{\mathrm{S},i}$——物体坐标系 $\boldsymbol{P}_i$—$\boldsymbol{x}_{\mathrm{S},i}\boldsymbol{y}_{\mathrm{S},i}\boldsymbol{z}_{\mathrm{S},i}$相对于基坐标系的旋转变换矩阵；

$\boldsymbol{R}_{\mathrm{L},i}$——物体坐标系 $\boldsymbol{C}_i$—$\boldsymbol{x}_{\mathrm{C},i}\boldsymbol{y}_{\mathrm{C},i}\boldsymbol{z}_{\mathrm{C},i}$相对于基坐标系的旋转变换矩阵；

$\boldsymbol{r}_{\mathrm{S},i,1}$——物体坐标系 $\boldsymbol{P}_i$—$\boldsymbol{x}_{\mathrm{S},i}\boldsymbol{y}_{\mathrm{S},i}\boldsymbol{z}_{\mathrm{S},i}$滑块质心的位置向量；

$\boldsymbol{r}_{\mathrm{L},i,1}$——物体坐标系 $\boldsymbol{C}_i$—$\boldsymbol{x}_{\mathrm{C},i}\boldsymbol{y}_{\mathrm{C},i}\boldsymbol{z}_{\mathrm{C},i}$下点 A_i的位置向量。

式（2-53）对时间求导，可得到滑块及杆件 i 的速度表达式为

$$\begin{cases}\dot{\boldsymbol{p}}_{\mathrm{S},i}=\dot{\boldsymbol{q}}_i+\boldsymbol{\omega}_{\mathrm{S},i}\times\boldsymbol{R}_{\mathrm{S},i}\boldsymbol{r}_{\mathrm{S},i,1}=(\boldsymbol{E}_3\quad -\boldsymbol{R}_{\mathrm{S},i}\tilde{\boldsymbol{r}}_{\mathrm{S},i,1}\boldsymbol{R}_{\mathrm{S},i}^{\mathrm{T}})(\dot{\boldsymbol{q}}_i^{\mathrm{T}}\quad \boldsymbol{\omega}_{\mathrm{S},i}^{\mathrm{T}})^{\mathrm{T}}\\ \dot{\boldsymbol{p}}_{\mathrm{L},i}=\dot{\boldsymbol{q}}_i+\boldsymbol{\omega}_{\mathrm{L},i}\times\boldsymbol{R}_{\mathrm{L},i}\boldsymbol{r}_{\mathrm{L},i,1}=\dot{\boldsymbol{q}}_i-\boldsymbol{R}_{\mathrm{L},i}\tilde{\boldsymbol{r}}_{\mathrm{L},i,1}\boldsymbol{R}_{\mathrm{L},i}^{\mathrm{T}}\boldsymbol{\omega}_{\mathrm{L},i}=(\boldsymbol{E}_3\quad -\boldsymbol{R}_{\mathrm{L},i}\tilde{\boldsymbol{r}}_{\mathrm{L},i,1}\boldsymbol{R}_{\mathrm{L},i}^{\mathrm{T}})(\dot{\boldsymbol{q}}_i^{\mathrm{T}}\quad \boldsymbol{\omega}_{\mathrm{L},i}^{\mathrm{T}})^{\mathrm{T}}\end{cases}\tag{2-54}$$

式中　$\boldsymbol{\omega}_{\mathrm{S},i}$——直线电机 i 的角速度，且 $\boldsymbol{\omega}_{\mathrm{S},i}=\boldsymbol{0}_{3\times1}$成立。

自然正交补法采用速度螺旋的概念描述各物体的速度场，且支链 i 中电机与杆件的速度螺旋 $\boldsymbol{t}_{\mathrm{S},i}$与 $\boldsymbol{t}_{\mathrm{L},i}$分别表示为

$$\boldsymbol{t}_{\mathrm{S},i}=(\dot{\boldsymbol{p}}_{\mathrm{S},i}^{\mathrm{T}}\quad \boldsymbol{\omega}_{\mathrm{S},i}^{\mathrm{T}})^{\mathrm{T}},\quad \boldsymbol{t}_{\mathrm{L},i}=(\dot{\boldsymbol{p}}_{\mathrm{L},i}^{\mathrm{T}}\quad \boldsymbol{\omega}_{\mathrm{L},i}^{\mathrm{T}})^{\mathrm{T}}\tag{2-55}$$

根据式（2-54）与式（2-55），支链 i 的速度螺旋可表示为

$$\tilde{\boldsymbol{t}}_i=(\boldsymbol{t}_{\mathrm{S},i}^{\mathrm{T}}\quad \boldsymbol{t}_{\mathrm{L},i}^{\mathrm{T}})^{\mathrm{T}}=\boldsymbol{K}_i\boldsymbol{\chi}_i\tag{2-56}$$

式中　$\boldsymbol{\chi}_i=(\dot{\boldsymbol{q}}_i^{\mathrm{T}}\quad \boldsymbol{\omega}_{\mathrm{L},i}^{\mathrm{T}})^{\mathrm{T}}$——支链 i 的独立运动变量；

$\boldsymbol{K}_i$——速度映射矩阵，可表示为

$$\boldsymbol{K}_i=\begin{pmatrix}\boldsymbol{E}_3 & \boldsymbol{0}_3 & \boldsymbol{E}_3 & \boldsymbol{0}_3\\ \boldsymbol{0}_3 & \boldsymbol{0}_3 & \boldsymbol{R}_{\mathrm{L},i}^{\mathrm{T}}\tilde{\boldsymbol{r}}_{\mathrm{L},i,1}\boldsymbol{R}_{\mathrm{L},i} & \boldsymbol{E}_3\end{pmatrix}^{\mathrm{T}}$$

因此，并联机构各支链与动平台广义速度螺旋可表示为

$$\boldsymbol{t}=(\tilde{\boldsymbol{t}}_1^{\mathrm{T}}\quad \tilde{\boldsymbol{t}}_2^{\mathrm{T}}\quad \tilde{\boldsymbol{t}}_3^{\mathrm{T}}\quad \boldsymbol{t}_{\mathrm{p}}^{\mathrm{T}})^{\mathrm{T}}=\boldsymbol{K}\dot{\boldsymbol{\chi}}=\boldsymbol{T}\dot{\boldsymbol{\eta}}_{\mathrm{s}}\tag{2-57}$$

式中　$\boldsymbol{\chi}=(\boldsymbol{\chi}_1^{\mathrm{T}}\quad \boldsymbol{\chi}_2^{\mathrm{T}}\quad \boldsymbol{\chi}_3^{\mathrm{T}}\quad \boldsymbol{t}_{\mathrm{p}}^{\mathrm{T}})^{\mathrm{T}}$——支链与动平台的速度参数，

$\boldsymbol{T}$——自然正交补矩阵，$\boldsymbol{T}=\boldsymbol{KLK}_{\mathrm{p}}$为各物体速度与描述系统运动独立变量的变换矩阵，且 $\boldsymbol{L}$ 与 $\boldsymbol{K}$ 分别表示为

$$\boldsymbol{L}=\begin{pmatrix}\boldsymbol{E}_3&\boldsymbol{0}_3&\boldsymbol{0}_3&\boldsymbol{0}_3&\boldsymbol{0}_3&\boldsymbol{0}_3&\boldsymbol{0}_6\\\boldsymbol{0}_3&\boldsymbol{0}_3&\boldsymbol{0}_3&\boldsymbol{E}_3&\boldsymbol{0}_3&\boldsymbol{0}_3&\boldsymbol{0}_6\\\boldsymbol{0}_3&\boldsymbol{E}_3&\boldsymbol{0}_3&\boldsymbol{0}_3&\boldsymbol{0}_3&\boldsymbol{0}_3&\boldsymbol{0}_6\\\boldsymbol{0}_3&\boldsymbol{0}_3&\boldsymbol{0}_3&\boldsymbol{0}_3&\boldsymbol{E}_3&\boldsymbol{0}_3&\boldsymbol{0}_6\\\boldsymbol{0}_3&\boldsymbol{0}_3&\boldsymbol{E}_3&\boldsymbol{0}_3&\boldsymbol{0}_3&\boldsymbol{0}_3&\boldsymbol{0}_6\\\boldsymbol{0}_3&\boldsymbol{0}_3&\boldsymbol{0}_3&\boldsymbol{0}_3&\boldsymbol{0}_3&\boldsymbol{E}_3&\boldsymbol{0}_6\\\boldsymbol{0}_3&\boldsymbol{0}_3&\boldsymbol{0}_3&\boldsymbol{0}_3&\boldsymbol{0}_3&\boldsymbol{0}_3&\boldsymbol{E}_6\end{pmatrix}\begin{pmatrix}\boldsymbol{e}_3&\boldsymbol{0}_{3\times1}&\boldsymbol{0}_{3\times1}&0_{3\times15}\\\boldsymbol{0}_{3\times1}&\boldsymbol{e}_1&\boldsymbol{0}_{3\times1}&0_{3\times15}\\\boldsymbol{0}_{3\times1}&\boldsymbol{0}_{3\times1}&\boldsymbol{e}_4&\boldsymbol{0}_{3\times15}\\\boldsymbol{0}_{15\times1}&\boldsymbol{0}_{15\times1}&\boldsymbol{0}_{15\times1}&\boldsymbol{E}_{15}\end{pmatrix}\begin{pmatrix}\boldsymbol{J}_{\mathrm{q}}\\\boldsymbol{J}_{\omega,1}\\\boldsymbol{J}_{\omega,2}\\\boldsymbol{J}_{\omega,3}\\\boldsymbol{E}_6\end{pmatrix}$$

$$\boldsymbol{K}=\begin{pmatrix}\boldsymbol{K}_1&\boldsymbol{0}_{12\times6}&\boldsymbol{0}_{12\times6}&\boldsymbol{0}_6\\\boldsymbol{0}_{12\times6}&\boldsymbol{K}_2&\boldsymbol{0}_{12\times6}&\boldsymbol{0}_6\\\boldsymbol{0}_{12\times6}&\boldsymbol{0}_{12\times6}&\boldsymbol{K}_3&\boldsymbol{0}_6\\\boldsymbol{0}_6&\boldsymbol{0}_6&\boldsymbol{0}_6&\boldsymbol{E}_6\end{pmatrix}$$

式（2-57）对时间求一次导数，进而可得到各物体与描述系统运动独立变量之间的加速度映射为

$$\dot{\boldsymbol{t}}=\dot{\boldsymbol{T}}\dot{\boldsymbol{\eta}}_{\mathrm{s}}+\boldsymbol{T}\ddot{\boldsymbol{\eta}}_{\mathrm{s}}\tag{2-58}$$

式中 $\dot{\boldsymbol{T}}=\dot{\boldsymbol{K}}\boldsymbol{L}\boldsymbol{K}_{\mathrm{p}}+\boldsymbol{K}\dot{\boldsymbol{L}}\boldsymbol{K}_{\mathrm{p}}+\boldsymbol{K}\boldsymbol{L}\dot{\boldsymbol{K}}_{\mathrm{p}}$，$\dot{\boldsymbol{K}}_i=\begin{pmatrix}\boldsymbol{0}_3&\boldsymbol{0}_3\\\boldsymbol{0}_3&\boldsymbol{0}_3\\\boldsymbol{0}_3&\tilde{\boldsymbol{\omega}}_{\mathrm{L},i}\tilde{r}_{\mathrm{L1},i}-\tilde{\boldsymbol{r}}_{\mathrm{L1},i}\tilde{\boldsymbol{\omega}}_{\mathrm{L},i}\\\boldsymbol{0}_3&\boldsymbol{0}_3\end{pmatrix}$，$\dot{\boldsymbol{K}}=\begin{pmatrix}\dot{\boldsymbol{K}}_1&\boldsymbol{0}_{12\times6}&\boldsymbol{0}_{12\times6}&\boldsymbol{0}_6\\\boldsymbol{0}_{12\times6}&\dot{\boldsymbol{K}}_2&\boldsymbol{0}_{12\times6}&\boldsymbol{0}_6\\\boldsymbol{0}_{12\times6}&\boldsymbol{0}_{12\times6}&\dot{\boldsymbol{K}}_3&\boldsymbol{0}_6\\\boldsymbol{0}_6&\boldsymbol{0}_6&\boldsymbol{0}_6&\boldsymbol{0}_6\end{pmatrix}$，

$$\dot{\boldsymbol{L}}=\begin{pmatrix}\boldsymbol{E}_3&\boldsymbol{0}_3&\boldsymbol{0}_3&\boldsymbol{0}_3&\boldsymbol{0}_3&\boldsymbol{0}_3&\boldsymbol{0}_6\\\boldsymbol{0}_3&\boldsymbol{0}_3&\boldsymbol{0}_3&\boldsymbol{E}_3&\boldsymbol{0}_3&\boldsymbol{0}_3&\boldsymbol{0}_6\\\boldsymbol{0}_3&\boldsymbol{E}_3&\boldsymbol{0}_3&\boldsymbol{0}_3&\boldsymbol{0}_3&\boldsymbol{0}_3&\boldsymbol{0}_6\\\boldsymbol{0}_3&\boldsymbol{0}_3&\boldsymbol{0}_3&\boldsymbol{0}_3&\boldsymbol{E}_3&\boldsymbol{0}_3&\boldsymbol{0}_6\\\boldsymbol{0}_3&\boldsymbol{0}_3&\boldsymbol{E}_3&\boldsymbol{0}_3&\boldsymbol{0}_3&\boldsymbol{0}_3&\boldsymbol{0}_6\\\boldsymbol{0}_3&\boldsymbol{0}_3&\boldsymbol{0}_3&\boldsymbol{0}_3&\boldsymbol{0}_3&\boldsymbol{E}_3&\boldsymbol{0}_6\\\boldsymbol{0}_3&\boldsymbol{0}_3&\boldsymbol{0}_3&\boldsymbol{0}_3&\boldsymbol{0}_3&\boldsymbol{0}_3&\boldsymbol{E}_6\end{pmatrix}\begin{pmatrix}\boldsymbol{e}_3&\boldsymbol{0}_{3\times1}&\boldsymbol{0}_{3\times1}&\boldsymbol{0}_{3\times15}\\\boldsymbol{0}_{3\times1}&\boldsymbol{e}_1&\boldsymbol{0}_{3\times1}&\boldsymbol{0}_{3\times15}\\\boldsymbol{0}_{3\times1}&\boldsymbol{0}_{3\times1}&\boldsymbol{e}_4&\boldsymbol{0}_{3\times15}\\\boldsymbol{0}_{15\times1}&\boldsymbol{0}_{15\times1}&\boldsymbol{0}_{15\times1}&\boldsymbol{E}_{15}\end{pmatrix}\begin{pmatrix}\dot{\boldsymbol{J}}_{\mathrm{p}}\\\dot{\boldsymbol{J}}_{\omega,1}\\\dot{\boldsymbol{J}}_{\omega,2}\\\dot{\boldsymbol{J}}_{\omega,3}\\\boldsymbol{0}_6\end{pmatrix}$$

在基坐标系下，采用牛顿-欧拉方程可得到杆件 i 的动力学方程为

$$\begin{cases}\dfrac{\mathrm{d}m_{\mathrm{L},i}\dot{\boldsymbol{p}}_{\mathrm{L},i}}{\mathrm{d}t}=m_{\mathrm{L},i}\ddot{\boldsymbol{p}}_{\mathrm{L},i}=\boldsymbol{f}_{\mathrm{L},i}+m_{\mathrm{L},i}\boldsymbol{g}\\\dfrac{\mathrm{d}(\boldsymbol{R}_{\mathrm{L},i}\boldsymbol{I}^{\mathrm{l}}_{\mathrm{L},i}\boldsymbol{R}^{\mathrm{T}}_{\mathrm{L},i}\boldsymbol{\omega}_{\mathrm{L},i})}{\mathrm{d}t}=\dot{\boldsymbol{R}}_{\mathrm{L},i}\boldsymbol{I}^{\mathrm{l}}_{\mathrm{L},i}\boldsymbol{R}^{\mathrm{T}}_{\mathrm{L},i}\boldsymbol{\omega}_{\mathrm{L},i}+\boldsymbol{R}_{\mathrm{L},i}\boldsymbol{I}^{\mathrm{l}}_{\mathrm{L},i}\dot{\boldsymbol{R}}^{\mathrm{T}}_{\mathrm{L},i}\boldsymbol{\omega}_{\mathrm{L},i}+\boldsymbol{R}_{\mathrm{L},i}\boldsymbol{I}^{\mathrm{l}}_{\mathrm{L},i}\boldsymbol{R}^{\mathrm{T}}_{\mathrm{L},i}\dot{\boldsymbol{\omega}}_{\mathrm{L},i}\\\qquad=\tilde{\boldsymbol{\omega}}_{\mathrm{L},i}\boldsymbol{R}_{\mathrm{L},i}\boldsymbol{I}^{\mathrm{l}}_{\mathrm{L},i}\boldsymbol{R}^{\mathrm{T}}_{\mathrm{L},i}\boldsymbol{\omega}_{\mathrm{L},i}+\boldsymbol{R}_{\mathrm{L},i}\boldsymbol{I}^{\mathrm{l}}_{\mathrm{L},i}\boldsymbol{R}^{\mathrm{T}}_{\mathrm{L},i}\tilde{\boldsymbol{\omega}}^{\mathrm{T}}_{\mathrm{L},i}\boldsymbol{\omega}_{\mathrm{L},i}+\boldsymbol{R}_{\mathrm{L},i}\boldsymbol{I}^{\mathrm{l}}_{\mathrm{L},i}\boldsymbol{R}^{\mathrm{T}}_{\mathrm{L},i}\dot{\boldsymbol{\omega}}_{\mathrm{L},i}\\\qquad=\boldsymbol{R}_{\mathrm{L},i}\boldsymbol{I}^{\mathrm{l}}_{\mathrm{L},i}\boldsymbol{R}^{\mathrm{T}}_{\mathrm{L},i}\dot{\boldsymbol{\omega}}_{\mathrm{L},i}+\tilde{\boldsymbol{\omega}}_{\mathrm{L},i}\boldsymbol{R}_{\mathrm{L},i}\boldsymbol{I}^{\mathrm{l}}_{\mathrm{L},i}\boldsymbol{R}^{\mathrm{T}}_{\mathrm{L},i}\boldsymbol{\omega}_{\mathrm{L},i}=\boldsymbol{n}_{\mathrm{L},i}\end{cases}\tag{2-59}$$

式中　$m_{\mathrm{L},i}$——杆件 i 在物体坐标系下的质量；

$\boldsymbol{I}_{\mathrm{L},i}^{\mathrm{l}}$——杆件 i 在物体坐标系下的转动惯量；

$\boldsymbol{g}$——重力加速度。

基坐标系下的力螺旋为 $\boldsymbol{w}_{\mathrm{L},i}=(\boldsymbol{f}_{\mathrm{L},i}^{\mathrm{T}}\quad \boldsymbol{n}_{\mathrm{L},i}^{\mathrm{T}})^{\mathrm{T}}$，可以被分解为做功力螺旋 $\boldsymbol{w}_{\mathrm{L},i}^{\mathrm{a}}=(\boldsymbol{f}_{\mathrm{L},i}^{\mathrm{aT}}\quad \boldsymbol{n}_{\mathrm{L},i}^{\mathrm{aT}})^{\mathrm{T}}$与非做功力螺旋 $\boldsymbol{w}_{\mathrm{L},i}^{\mathrm{c}}=(\boldsymbol{f}_{\mathrm{L},i}^{\mathrm{cT}}\quad \boldsymbol{n}_{\mathrm{L},i}^{\mathrm{cT}})^{\mathrm{T}}$，做功力螺旋 $\boldsymbol{w}_{\mathrm{L},i}^{\mathrm{a}}$由电机驱动力、外力与力矩、重力等产生，非做功力螺旋由约束力与力矩产生，可表示为

$$\begin{cases}\boldsymbol{f}_{\mathrm{L},i}^{\mathrm{c}}=\boldsymbol{L}_{\mathrm{A},i,\mathrm{T}}^{\mathrm{c}}\boldsymbol{\lambda}_{\mathrm{A},i}+\boldsymbol{L}_{\mathrm{B},i,\mathrm{T}}^{\mathrm{c}}\boldsymbol{\lambda}_{\mathrm{B},i}\\ \boldsymbol{n}_{\mathrm{L},i}^{\mathrm{c}}=\boldsymbol{L}_{\mathrm{A},i,\mathrm{R}}^{\mathrm{c}}\boldsymbol{\lambda}_{\mathrm{A},i}+\boldsymbol{L}_{\mathrm{B},i,\mathrm{R}}^{\mathrm{c}}\boldsymbol{\lambda}_{\mathrm{B},i}\end{cases}\tag{2-60}$$

式中　$\boldsymbol{\lambda}_{\mathrm{A},i}\in\mathbb{R}^{4\times1}(i=1,\ 2)$、$\boldsymbol{\lambda}_{\mathrm{A},3}\in\mathbb{R}^{3\times1}$、$\boldsymbol{\lambda}_{\mathrm{B},i}\in\mathbb{R}^{5\times1}$——万向关节、球关节及旋转关节处的理想约束力与力矩；

$\boldsymbol{L}_{\mathrm{A},i,\mathrm{T}}^{\mathrm{c}}\in\mathbb{R}^{3\times4}(i=1,\ 2)$，$\boldsymbol{L}_{\mathrm{A},i,\mathrm{R}}^{\mathrm{c}}\in\mathbb{R}^{3\times4}(i=1,\ 2)$，$\boldsymbol{L}_{\mathrm{A},3,\mathrm{T}}^{\mathrm{c}}\in\mathbb{R}^{3\times3}$，$\boldsymbol{L}_{\mathrm{A},3,\mathrm{R}}^{\mathrm{c}}\in\mathbb{R}^{3\times3}$，$\boldsymbol{L}_{\mathrm{B},i,\mathrm{T}}^{\mathrm{c}}\in\mathbb{R}^{3\times5}$及 $\boldsymbol{L}_{\mathrm{B},i,\mathrm{R}}^{\mathrm{c}}\in\mathbb{R}^{3\times5}$——与约束力和力矩相关的变换矩阵，可表示为

$$\begin{cases}\boldsymbol{L}_{\mathrm{A},1,\mathrm{T}}^{\mathrm{c}}=\boldsymbol{L}_{\mathrm{A},2,\mathrm{T}}^{\mathrm{c}}=[\boldsymbol{E}_3,\boldsymbol{0}_{3\times1}],\boldsymbol{L}_{\mathrm{A},3,\mathrm{T}}^{\mathrm{c}}=\boldsymbol{E}_3\\ \boldsymbol{L}_{\mathrm{A},1,\mathrm{R}}^{\mathrm{c}}=[\boldsymbol{R}_{\mathrm{L},1}\tilde{\boldsymbol{r}}_{\mathrm{L},1,1}\boldsymbol{R}_{\mathrm{L},1}^{\mathrm{T}},\boldsymbol{z}_{\mathrm{c},1}],\boldsymbol{L}_{\mathrm{A},3,\mathrm{R}}^{\mathrm{c}}=-\boldsymbol{R}_{\mathrm{L},3}\tilde{\boldsymbol{r}}_{\mathrm{L},3,1}\boldsymbol{R}_{\mathrm{L},3}^{\mathrm{T}},\boldsymbol{L}_{\mathrm{A},2,\mathrm{R}}^{\mathrm{c}}=[\boldsymbol{R}_{\mathrm{L},2}\tilde{\boldsymbol{r}}_{\mathrm{L},2,1}\boldsymbol{R}_{\mathrm{L},2}^{\mathrm{T}},\boldsymbol{z}_{\mathrm{c},2}]\\ \boldsymbol{L}_{\mathrm{B},1,\mathrm{T}}^{\mathrm{c}}=\boldsymbol{L}_{\mathrm{B},2,\mathrm{T}}^{\mathrm{c}}=\boldsymbol{L}_{\mathrm{B},3,\mathrm{T}}^{\mathrm{c}}=-[\boldsymbol{E}_3,\boldsymbol{0}_{3\times2}]\\ \boldsymbol{L}_{\mathrm{B},1,\mathrm{R}}^{\mathrm{c}}=-[\boldsymbol{R}_{\mathrm{L},1}\tilde{\boldsymbol{r}}_{\mathrm{L},1,2}\boldsymbol{R}_{\mathrm{L},1}^{\mathrm{T}},\boldsymbol{v},\boldsymbol{w}],\boldsymbol{L}_{\mathrm{B},2,\mathrm{R}}^{\mathrm{c}}=-[\boldsymbol{R}_{\mathrm{L},2}\tilde{\boldsymbol{r}}_{\mathrm{L},2,2}\boldsymbol{R}_{\mathrm{L},2}^{\mathrm{T}},\boldsymbol{v},\boldsymbol{w}],\boldsymbol{L}_{\mathrm{B},3,\mathrm{R}}^{\mathrm{c}}=-[\boldsymbol{R}_{\mathrm{L},3}\tilde{\boldsymbol{r}}_{\mathrm{L},3,2}\boldsymbol{R}_{\mathrm{L},3}^{\mathrm{T}},\boldsymbol{u},\boldsymbol{w}]\end{cases}$$

式（2-59）的矩阵形式可表示为

$$\begin{aligned}\boldsymbol{w}_{\mathrm{L},i}^{\mathrm{a}}=&\begin{pmatrix}m_{\mathrm{L},i}\boldsymbol{E}_3 & \boldsymbol{0}_3\\ \boldsymbol{0}_3 & \boldsymbol{R}_{\mathrm{L},i}\boldsymbol{I}_{\mathrm{L},i}^{\mathrm{l}}\boldsymbol{R}_{\mathrm{L},i}^{\mathrm{T}}\end{pmatrix}\begin{pmatrix}\ddot{\boldsymbol{p}}_{\mathrm{L},i}\\ \dot{\boldsymbol{\omega}}_{\mathrm{L},i}\end{pmatrix}+\begin{pmatrix}\boldsymbol{0}_3 & \boldsymbol{0}_3\\ \boldsymbol{0}_3 & \tilde{\boldsymbol{\omega}}_{\mathrm{L},i}\boldsymbol{R}_{\mathrm{L},i}\boldsymbol{I}_{\mathrm{L},i}^{\mathrm{l}}\boldsymbol{R}_{\mathrm{L},i}^{\mathrm{T}}\end{pmatrix}\begin{pmatrix}\dot{p}_{\mathrm{L},i}\\ \omega_{\mathrm{L},i}\end{pmatrix}-\begin{pmatrix}\boldsymbol{L}_{\mathrm{A},i,\mathrm{T}}^{\mathrm{c}} & \boldsymbol{L}_{\mathrm{B},i,\mathrm{T}}^{\mathrm{c}}\\ \boldsymbol{L}_{\mathrm{A},i,\mathrm{R}}^{\mathrm{c}} & \boldsymbol{L}_{\mathrm{B},i,\mathrm{R}}^{\mathrm{c}}\end{pmatrix}\begin{pmatrix}\boldsymbol{\lambda}_{\mathrm{A},i}\\ \boldsymbol{\lambda}_{\mathrm{B},i}\end{pmatrix}-\\ &\begin{pmatrix}m_{\mathrm{L},i}\boldsymbol{E}_3\\ \boldsymbol{0}_3\end{pmatrix}\boldsymbol{g}=\boldsymbol{M}_{\mathrm{L},i}\dot{\boldsymbol{t}}_{\mathrm{L},i}+\boldsymbol{W}_{\mathrm{L},i}\boldsymbol{t}_{\mathrm{L},i}-\boldsymbol{C}_{\mathrm{L},i}\boldsymbol{\lambda}_{\mathrm{L},i}-\boldsymbol{G}_{\mathrm{L},i}\boldsymbol{g}\end{aligned}\tag{2-61}$$

根据式（2-61），采用牛顿-欧拉方程可建立滑块如下形式的动力学模型：

$$\begin{aligned}\boldsymbol{w}_{\mathrm{S},i}^{\mathrm{a}}=&\begin{pmatrix}m_{\mathrm{S},i}\boldsymbol{E}_3 & \boldsymbol{0}_3\\ \boldsymbol{0}_3 & \boldsymbol{R}_{\mathrm{S},i}\boldsymbol{I}_{\mathrm{S},i}^{\mathrm{S}}\boldsymbol{R}_{\mathrm{S},i}^{\mathrm{T}}\end{pmatrix}\begin{pmatrix}\ddot{\boldsymbol{p}}_{\mathrm{S},i}\\ \dot{\boldsymbol{\omega}}_{\mathrm{S},i}\end{pmatrix}+\begin{pmatrix}\boldsymbol{0}_3 & \boldsymbol{0}_3\\ \boldsymbol{0}_3 & \tilde{\boldsymbol{\omega}}_{\mathrm{S},i}\boldsymbol{R}_{\mathrm{S},i}\boldsymbol{I}_{\mathrm{S},i}^{\mathrm{p}}\boldsymbol{R}_{\mathrm{S},i}^{\mathrm{T}}\end{pmatrix}\begin{pmatrix}\dot{\boldsymbol{p}}_{\mathrm{S},i}\\ \boldsymbol{\omega}_{\mathrm{S},i}\end{pmatrix}-\begin{pmatrix}\boldsymbol{S}_{\mathrm{P},i,\mathrm{T}}^{\mathrm{c}} & \boldsymbol{S}_{\mathrm{A},i,\mathrm{T}}^{\mathrm{c}}\\ \boldsymbol{S}_{\mathrm{P},i,\mathrm{R}}^{\mathrm{c}} & \boldsymbol{S}_{\mathrm{A},i,\mathrm{R}}^{\mathrm{c}}\end{pmatrix}\begin{pmatrix}\boldsymbol{\lambda}_{\mathrm{p},i}\\ \boldsymbol{\lambda}_{\mathrm{A},i}\end{pmatrix}-\\ &\begin{pmatrix}m_{\mathrm{S},i}\boldsymbol{E}_3\\ \boldsymbol{0}_3\end{pmatrix}\boldsymbol{g}=\boldsymbol{M}_{\mathrm{S},i}\dot{\boldsymbol{t}}_{\mathrm{S},i}+\boldsymbol{W}_{\mathrm{S},i}\boldsymbol{t}_{\mathrm{S},i}-\boldsymbol{w}_{\mathrm{S},i}^{\mathrm{c}}-\boldsymbol{G}_{\mathrm{S},i}\boldsymbol{g}\end{aligned}\tag{2-62}$$

式中　$m_{\mathrm{S},i}$——滑块在其物体坐标系下的质量；

$\boldsymbol{I}_{\mathrm{S},i}^{\mathrm{S}}$——滑块在其物体坐标系下的转动惯量；

$\boldsymbol{w}_{\mathrm{S},i}^{\mathrm{a}}=(\boldsymbol{E}_3\quad \tilde{\boldsymbol{r}}_{\mathrm{S},i,1}^{\mathrm{T}})^{\mathrm{T}}\boldsymbol{f}_{\mathrm{S},i}^{\mathrm{a}}=(\boldsymbol{e}_i^{\mathrm{T}}\quad \boldsymbol{e}_i^{\mathrm{T}}\tilde{\boldsymbol{r}}_{\mathrm{S},i,1}^{\mathrm{T}})^{\mathrm{T}}\boldsymbol{f}_{\mathrm{S},i}^{\mathrm{a}}=\boldsymbol{f}_{\mathrm{CS},i}^{\mathrm{a}}\boldsymbol{f}_{\mathrm{S},i}^{\mathrm{a}}$——由电机产生力与力矩；

$\boldsymbol{f}_{\mathrm{S},i}^{\mathrm{a}}$——电机驱动力，$\boldsymbol{f}_{\mathrm{S},i}^{\mathrm{a}}=\boldsymbol{f}_{\mathrm{S},i}^{\mathrm{a}}\boldsymbol{e}_i$；

$\boldsymbol{w}_{\mathrm{S},i}^{\mathrm{c}}=(\boldsymbol{f}_{\mathrm{S},i}^{\mathrm{cT}}\quad \boldsymbol{n}_{\mathrm{S},i}^{\mathrm{cT}})^{\mathrm{T}}$——施加在滑块上的理想约束力与约束力矩，可表示为

$$\begin{cases} \boldsymbol{f}^{\mathrm{c}}_{\mathrm{S},i} = \boldsymbol{S}^{\mathrm{c}}_{\mathrm{A},i,\mathrm{T}}\boldsymbol{\lambda}_{\mathrm{A},i} + \boldsymbol{S}^{\mathrm{c}}_{\mathrm{P},i,\mathrm{T}}\boldsymbol{\lambda}_{\mathrm{p},i} \\ \boldsymbol{n}^{\mathrm{c}}_{\mathrm{S},i} = \boldsymbol{S}^{\mathrm{c}}_{\mathrm{A},i,\mathrm{R}}\boldsymbol{\lambda}_{\mathrm{A},i} + \boldsymbol{S}^{\mathrm{c}}_{\mathrm{P},i,\mathrm{R}}\boldsymbol{\lambda}_{\mathrm{p},i} \end{cases}$$

式中 $\boldsymbol{\lambda}_{\mathrm{p},i} \in \mathbb{R}^{3\times5}$——滑动关节处的理想约束力及约束力矩；

$\boldsymbol{S}^{\mathrm{c}}_{\mathrm{P},1,\mathrm{T}}$、$\boldsymbol{S}^{\mathrm{c}}_{\mathrm{P},1,\mathrm{R}}$、$\boldsymbol{S}^{\mathrm{c}}_{\mathrm{A},1,\mathrm{T}}$及$\boldsymbol{S}^{\mathrm{c}}_{\mathrm{A},1,\mathrm{R}}$——变换矩阵，可表示为

$$\begin{cases} \boldsymbol{S}^{\mathrm{c}}_{\mathrm{P},1,\mathrm{T}} = \boldsymbol{S}^{\mathrm{c}}_{\mathrm{P},2,\mathrm{T}} = [\boldsymbol{e}_3, \boldsymbol{e}_4, \boldsymbol{0}_3], \boldsymbol{S}^{\mathrm{c}}_{\mathrm{P},3,\mathrm{T}} = [\boldsymbol{e}_1, \boldsymbol{e}_4, \boldsymbol{0}_3] \\ \boldsymbol{S}^{\mathrm{c}}_{\mathrm{P},1,\mathrm{R}} = [\tilde{\boldsymbol{r}}_{\mathrm{S},1,1}\cdot(\boldsymbol{e}_3, \boldsymbol{e}_4), \boldsymbol{E}_3], \boldsymbol{S}^{\mathrm{c}}_{\mathrm{P},2,\mathrm{R}} = [\tilde{\boldsymbol{r}}_{\mathrm{S},2,1}\cdot(\boldsymbol{e}_3, \boldsymbol{e}_4), \boldsymbol{E}_3], \boldsymbol{S}^{\mathrm{c}}_{\mathrm{P},3,\mathrm{R}} = [\tilde{\boldsymbol{r}}_{\mathrm{S},3,1}\cdot(\boldsymbol{e}_1, \boldsymbol{e}_4), \boldsymbol{E}_3] \\ \boldsymbol{S}^{\mathrm{c}}_{\mathrm{A},1,\mathrm{T}} = \boldsymbol{S}^{\mathrm{c}}_{\mathrm{A},2,\mathrm{T}} = -[\boldsymbol{E}_3, 0_{3\times1}], \boldsymbol{S}^{\mathrm{c}}_{\mathrm{A},3,\mathrm{T}} = -\boldsymbol{E}_3 \\ \boldsymbol{S}^{\mathrm{c}}_{\mathrm{A},1,\mathrm{R}} = -[\tilde{\boldsymbol{r}}_{\mathrm{S},1,2}, \boldsymbol{z}_{\mathrm{c},1}], \boldsymbol{S}^{\mathrm{c}}_{\mathrm{A},2,\mathrm{R}} = -[\tilde{\boldsymbol{r}}_{\mathrm{S},2,2}, \boldsymbol{z}_{\mathrm{c},1}], \boldsymbol{S}^{\mathrm{c}}_{\mathrm{A},3,\mathrm{R}} = -\tilde{\boldsymbol{r}}_{\mathrm{S},3,2} \end{cases}$$

同理，基于牛顿-欧拉的动平台动力学模型可表示为

$$\begin{aligned} \boldsymbol{w}^{\mathrm{a}}_{\mathrm{p}} &= \begin{pmatrix} m_{\mathrm{p}}\boldsymbol{E}_3 & \boldsymbol{0}_3 \\ \boldsymbol{0}_3 & \boldsymbol{R}_{\mathrm{p}}\boldsymbol{I}^{\mathrm{p}}_{\mathrm{p}}\boldsymbol{R}^{\mathrm{T}}_{\mathrm{p}} \end{pmatrix}\begin{pmatrix} \ddot{\boldsymbol{p}}_{\mathrm{m}} \\ \dot{\boldsymbol{\omega}} \end{pmatrix} + \begin{pmatrix} \boldsymbol{0}_3 & \boldsymbol{0}_3 \\ \boldsymbol{0}_3 & \tilde{\boldsymbol{\omega}}\boldsymbol{R}_{\mathrm{p}}\boldsymbol{I}^{\mathrm{p}}_{\mathrm{p}}\boldsymbol{R}^{\mathrm{T}}_{\mathrm{p}} \end{pmatrix}\begin{pmatrix} \dot{\boldsymbol{p}}_{\mathrm{m}} \\ \boldsymbol{\omega} \end{pmatrix} - \begin{pmatrix} \boldsymbol{P}^{\mathrm{c}}_{\mathrm{P},1,\mathrm{T}} & \boldsymbol{P}^{\mathrm{c}}_{\mathrm{P},2,\mathrm{T}} & \boldsymbol{P}^{\mathrm{c}}_{\mathrm{P},3,\mathrm{T}} \\ \boldsymbol{P}^{\mathrm{c}}_{\mathrm{P},1,\mathrm{R}} & \boldsymbol{P}^{\mathrm{c}}_{\mathrm{P},2,\mathrm{R}} & \boldsymbol{P}^{\mathrm{c}}_{\mathrm{P},3,\mathrm{R}} \end{pmatrix}\boldsymbol{\lambda}_{\mathrm{p}} - \begin{pmatrix} m_{\mathrm{p}}\boldsymbol{E}_3 \\ 0_3 \end{pmatrix}\boldsymbol{g} \\ &= \boldsymbol{M}_{\mathrm{p}}\dot{\boldsymbol{t}}_{\mathrm{p}} + \boldsymbol{W}_{\mathrm{p}}\boldsymbol{t}_{\mathrm{p}} - \boldsymbol{w}^{\mathrm{c}}_{\mathrm{p},i} - \boldsymbol{G}_{\mathrm{p}}\boldsymbol{g} \end{aligned} \tag{2-63}$$

式中 m_{p}——物体坐标下动平台的质量；

$\boldsymbol{I}^{\mathrm{p}}_{\mathrm{p}}$——物体坐标下动平台的转动惯量；

$\boldsymbol{w}^{\mathrm{c}}_{\mathrm{p},i}$——动平台上的约束力与约束力矩，$\boldsymbol{w}^{\mathrm{c}}_{\mathrm{p},i} = (\boldsymbol{f}^{\mathrm{cT}}_{\mathrm{p},i} \quad \boldsymbol{n}^{\mathrm{cT}}_{\mathrm{p},i})^{\mathrm{T}}$可表示为

$$\begin{cases} \boldsymbol{f}^{\mathrm{c}}_{\mathrm{P},i} = \boldsymbol{P}^{\mathrm{c}}_{\mathrm{B},1,\mathrm{T}}\boldsymbol{\lambda}_{\mathrm{B},1} + \boldsymbol{P}^{\mathrm{c}}_{\mathrm{B},2,\mathrm{T}}\boldsymbol{\lambda}_{\mathrm{B},2} + \boldsymbol{P}^{\mathrm{c}}_{\mathrm{B},3,\mathrm{T}}\boldsymbol{\lambda}_{\mathrm{B},3} \\ \boldsymbol{n}^{\mathrm{c}}_{\mathrm{P},i} = \boldsymbol{P}^{\mathrm{c}}_{\mathrm{B},1,\mathrm{R}}\boldsymbol{\lambda}_{\mathrm{B},1} + \boldsymbol{P}^{\mathrm{c}}_{\mathrm{B},2,\mathrm{R}}\boldsymbol{\lambda}_{\mathrm{B},2} + P^{\mathrm{c}}_{\mathrm{B},3,\mathrm{R}}\boldsymbol{\lambda}_{\mathrm{B},3} \end{cases}$$

式中 $\boldsymbol{P}^{\mathrm{c}}_{\mathrm{B},i,\mathrm{T}} \in \mathbb{R}^{3\times5}$——变换矩阵，可表示为

$$\begin{cases} \boldsymbol{P}^{\mathrm{c}}_{\mathrm{B},1,\mathrm{T}} = \boldsymbol{P}^{\mathrm{c}}_{\mathrm{B},2,\mathrm{T}} = \boldsymbol{P}^{\mathrm{c}}_{\mathrm{B},3,\mathrm{T}} = [\boldsymbol{E}_3, \boldsymbol{0}_{3\times2}] \\ \boldsymbol{P}^{\mathrm{c}}_{\mathrm{B},1,\mathrm{R}} = [\tilde{\boldsymbol{b}}_1, \boldsymbol{v}, \boldsymbol{w}], \boldsymbol{P}^{\mathrm{c}}_{\mathrm{B},2,\mathrm{R}} = [\tilde{\boldsymbol{b}}_2, \boldsymbol{v}, \boldsymbol{w}], \boldsymbol{P}^{\mathrm{c}}_{\mathrm{B},3,\mathrm{R}} = [\tilde{\boldsymbol{b}}_3, \boldsymbol{u}, \boldsymbol{w}] \end{cases}$$

根据式（2-61）~式（2-63），过约束并联机构的系统动力学方程可表示为

$$\boldsymbol{M}\dot{\boldsymbol{t}} + \boldsymbol{W}\boldsymbol{t} - \boldsymbol{C}_{\lambda}\boldsymbol{\lambda} - \boldsymbol{G}\boldsymbol{g} = \boldsymbol{w}^{\mathrm{a}} \tag{2-64}$$

式中 $\boldsymbol{M}$——独立考虑单个物体时系统惯性矩阵；

$\boldsymbol{W}$——独立考虑单个物体时系统扩展角速度矩阵；

$\boldsymbol{C}_{\lambda}$——独立考虑单个物体时系统扩展约束变换矩阵；

$\boldsymbol{G}$——独立考虑单个物体时系统与重力相关的系数矩阵；

$\boldsymbol{w}^{\mathrm{a}}$——独立考虑单个物体时系统为由驱动力构成的向量。

以上各矩阵和向量分别表示为

$$\begin{cases} \boldsymbol{M} = \mathrm{blkdiag}(\boldsymbol{M}_{\mathrm{S},1}, \boldsymbol{M}_{\mathrm{L},1}, \boldsymbol{M}_{\mathrm{S},2}, \boldsymbol{M}_{\mathrm{L},2}, \boldsymbol{M}_{\mathrm{S},3}, \boldsymbol{M}_{\mathrm{L},3}, \boldsymbol{M}_{\mathrm{p}}) \\ \boldsymbol{W} = \mathrm{blkdiag}(\boldsymbol{W}_{\mathrm{S},1}, \boldsymbol{W}_{\mathrm{L},1}, \boldsymbol{W}_{\mathrm{S},2}, \boldsymbol{W}_{\mathrm{L},2}, \boldsymbol{W}_{\mathrm{S},3}, \boldsymbol{W}_{\mathrm{L},3}, \boldsymbol{W}_{\mathrm{p}}) \\ \boldsymbol{G} = (\boldsymbol{G}^{\mathrm{T}}_{\mathrm{S},1}, \boldsymbol{G}^{\mathrm{T}}_{\mathrm{L},1}, \boldsymbol{G}^{\mathrm{T}}_{\mathrm{S},2}, \boldsymbol{G}^{\mathrm{T}}_{\mathrm{L},1}, \boldsymbol{G}^{\mathrm{T}}_{\mathrm{S},3}, \boldsymbol{G}^{\mathrm{T}}_{\mathrm{L},1}, \boldsymbol{G}^{\mathrm{T}}_{\mathrm{p}})^{\mathrm{T}} \\ \boldsymbol{\lambda} = [\boldsymbol{\lambda}^{\mathrm{T}}_{\mathrm{P},1}, \boldsymbol{\lambda}^{\mathrm{T}}_{\mathrm{A},1}, \boldsymbol{\lambda}^{\mathrm{T}}_{\mathrm{B},1}, \boldsymbol{\lambda}^{\mathrm{T}}_{\mathrm{P},2}, \boldsymbol{\lambda}^{\mathrm{T}}_{\mathrm{A},2}, \boldsymbol{\lambda}^{\mathrm{T}}_{\mathrm{B},2}, \boldsymbol{\lambda}^{\mathrm{T}}_{\mathrm{P},3}, \boldsymbol{\lambda}^{\mathrm{T}}_{\mathrm{A},3}, \boldsymbol{\lambda}^{\mathrm{T}}_{\mathrm{B},3}]^{\mathrm{T}} \\ \boldsymbol{w}^{\mathrm{a}} = (\boldsymbol{w}^{\mathrm{aT}}_{\mathrm{S},1}, \boldsymbol{w}^{\mathrm{aT}}_{\mathrm{L},1}, \boldsymbol{w}^{\mathrm{aT}}_{\mathrm{S},2}, \boldsymbol{w}^{\mathrm{aT}}_{\mathrm{L},2}, \boldsymbol{w}^{\mathrm{aT}}_{\mathrm{S},3}, \boldsymbol{w}^{\mathrm{aT}}_{\mathrm{L},3}, \boldsymbol{w}^{\mathrm{aT}}_{\mathrm{p}})^{\mathrm{T}} = \boldsymbol{w}^{\mathrm{a}}_{\mathrm{CS}}\boldsymbol{f}^{\mathrm{a}}, \boldsymbol{f}^{\mathrm{a}} = [f^{\mathrm{a}}_1 \quad f^{\mathrm{a}}_2 \quad f^{\mathrm{a}}_3]^{\mathrm{T}} \end{cases}$$

及

$$C_{\lambda}=\begin{pmatrix} C_{S,1} & 0_{6\times5} & 0_{6\times9} & 0_{6\times5} & 0_{6\times8} & 0_{6\times5} \\ 0_{6\times5} & C_{L,1} & 0_{6\times9} & 0_{6\times5} & 0_{6\times8} & 0_{6\times5} \\ 0_{6\times5} & 0_{6\times9} & C_{S,2} & 0_{6\times5} & 0_{6\times8} & 0_{6\times5} \\ 0_{6\times5} & 0_{6\times9} & 0_{6\times5} & C_{L,2} & 0_{6\times8} & 0_{6\times5} \\ 0_{6\times5} & 0_{6\times9} & 0_{6\times5} & 0_{6\times9} & C_{S,3} & 0_{6\times5} \\ 0_{6\times5} & 0_{6\times9} & 0_{6\times5} & 0_{6\times9} & 0_{6\times5} & C_{L,3} \\ 0_{6\times9} & P^{c}_{P,1} & 0_{6\times8} & P^{c}_{P,2} & 0_{6\times9} & P^{c}_{P,3} \end{pmatrix},\quad w^{a}_{CS}=\begin{pmatrix} f^{a}_{CS,i} & 0_{6\times1} & 0_{6\times1} \\ 0_{6\times1} & 0_{6\times1} & 0_{6\times1} \\ 0_{6\times1} & f^{a}_{CS,i} & 0_{6\times1} \\ 0_{6\times1} & 0_{6\times1} & 0_{6\times1} \\ 0_{6\times1} & 0_{6\times1} & f^{a}_{CS,i} \\ 0_{6\times1} & 0_{6\times1} & 0_{6\times1} \\ 0_{6\times1} & 0_{6\times1} & 0_{6\times1} \end{pmatrix},\quad f^{a}=\begin{pmatrix} f^{a}_{1} \\ f^{a}_{2} \\ f^{a}_{3} \end{pmatrix}$$

根据虚拟功率原理，各关节处的理想约束力和力矩不会对系统不做功，可以得到如下方程：

$$T^{T}C_{\lambda}=0 \tag{2-65}$$

根据式（2-57）、式（2-58）及式（2-65），无约束力形式的系统动力学方程可表示为

$$T^{T}MT\ddot{\eta}_{s}+T^{T}M\dot{T}\dot{\eta}_{s}+T^{T}WT\dot{\eta}_{s}-T^{T}Gg=T^{T}w^{a}_{CS}f^{a} \tag{2-66}$$

基于螺旋理论，支链 1 与支链 2 同时在 u 轴平移和绕 $z_{c,i}$ 轴的旋转方向存在约束，这意味着 2R1T 并联机构中存在两个过约束运动。因此，支链 1 和支链 2 沿 u 轴的平移变形和绕 w 轴的旋转变形应相等，可以得出

$$\begin{cases} \delta_{i,T,u}=e_{3}^{T}R_{L,i}^{-1}(-m_{L,i}\ddot{p}_{L,i}+m_{L,i}g)\left[\dfrac{(l_{3}-r_{L,2,i})^{3}}{3EI_{y}}+\dfrac{r_{L,2,i}(l_{3}-r_{L,2,i})^{2}}{2EI_{y}}\right]+ \\ \qquad \dfrac{l_{3}^{3}e_{3}^{T}R_{L,i}^{-1}L^{c}_{B,i,T}\lambda_{B,i}}{3EI_{y}}+\dfrac{l_{3}^{2}e_{1}^{T}P_{L,i}^{-1}L^{c}_{B,i,R}\lambda_{B,i}}{2EI_{y}} \\ \delta_{i,R,z_{C,i}}=e_{4}^{T}R_{L,i}^{-1}\left(\dfrac{-R_{L,i}I^{l}_{L,i}R^{T}_{L,i}\dot{\omega}_{L,i}-\tilde{\omega}_{L,i}R_{L,i}I^{l}_{L,i}R^{T}_{L,i}\omega_{L,i}}{GI_{z}}(l_{3}-r_{L,2,i})+\dfrac{l_{3}L^{c}_{B,i,R}\lambda_{B,i}}{GI_{z}}\right) \end{cases}\quad (i=1,2) \tag{2-67}$$

式中　I_{y}、I_{z}——物体坐标系 C_{i}—$x_{C,i}y_{C,i}z_{C,i}$ 下的惯性矩；

E、G——材料杨氏模量与切变模量，因此变形协调条件可表示为

$$\begin{cases} \delta_{1,T,u}=\delta_{2,T,u} \\ \delta_{1,R,z_{C,i}}=\delta_{2,R,z_{C,i}} \end{cases} \tag{2-68}$$

将式（2-68）代入式（2-64），旋转关节 B_{1} 处沿 u 轴方向的约束力与 w 轴方向的约束力矩可被旋转关节 B_{1} 与 B_{2} 处其他的约束力螺旋表示。因此，系统动力学模型可表示为

$$M'T\ddot{\eta}_{s}+M'\dot{T}\dot{\eta}_{s}+W'T\dot{\eta}_{s}-G'g=C'_{\lambda}\lambda' \tag{2-69}$$

式中　M'——考虑约束变形时系统模型的惯性矩阵；

W'——考虑约束变形时系统模型的角速度矩阵；

G'——考虑约束变形时系统模型的重力项系数矩阵；

C'_{λ}——考虑约束变形时系统模型的约束变换矩阵；

λ'——考虑约束变形时系统力螺旋。

以上各矩阵和参数可表示为

$$\begin{cases} \boldsymbol{M}' = \boldsymbol{M} + \Delta\boldsymbol{M},\ \boldsymbol{W}' = \boldsymbol{W} + \Delta\boldsymbol{W},\ \boldsymbol{G}' = \boldsymbol{G} + \Delta\boldsymbol{G},\ \boldsymbol{C}'_\lambda = \boldsymbol{C}_\lambda + \Delta\boldsymbol{C}_\lambda \\ \boldsymbol{\lambda}' = [\boldsymbol{\lambda}_{P,1}^{T},\ \boldsymbol{\lambda}_{A,1}^{T},\ \boldsymbol{\lambda}'^{T}_{B,1},\ \boldsymbol{\lambda}_{P,2}^{T},\ \boldsymbol{\lambda}_{A,2}^{T},\ \boldsymbol{\lambda}_{B,2}^{T},\ \boldsymbol{\lambda}_{P,3}^{T},\ \boldsymbol{\lambda}_{A,3}^{T},\ \boldsymbol{\lambda}_{B,3}^{T},\ \boldsymbol{f}^{aT}]^{T},\ \boldsymbol{\lambda}'_{B,1} = \boldsymbol{\lambda}_{B,1}(2:4) \end{cases}$$

式中 $\Delta\boldsymbol{M}$、$\Delta\boldsymbol{W}$、$\Delta\boldsymbol{G}$ 与 $\Delta\boldsymbol{C}_\lambda$——减去关节 B_1 处沿 u 轴方向约束力与 w 轴方向约束力矩后系统模型对应项的增量。

这样就建立了含约与不包含约束力与力矩的含伴随运动过约束并联机构的动力学模型。由于式（2-66）表示的动力学模型消除了约束力与力矩，因此具有直观与计算效率高的优点，非常适合于动态性能分析以及控制方算法设计。式（2-69）表示的动力学模型可以同时计算驱动力和约束力与力矩，改模型对于结构设计至关重要。此外，本书提出的建模方法具有模块化建模的思想，因此可以方便地将间隙与阻尼集成到动力学模型中，在后续研究中将考虑杆件与关节的刚柔耦合特性建立系统刚柔耦合动力学模型并计算准确的约束力与约束力矩。

2.3.3 2PUR-PSR 并联机构的动力学特性分析

基于式（2-66）建立的动态模型，本节将采用 Yoshikawa 提出的动态操纵椭圆体概念[78]去评估并联机构在给定驱动力矩条件下改变位置和姿态运动一致性的能力，并将其作为机构的动力学特性指标，因此将对给定工作空间中动态操纵椭圆指标的性能及其分布开展研究。式（2-66）可表示为

$$(\boldsymbol{T}^{T}\boldsymbol{w}_{CS}^{a})^{-1}\boldsymbol{T}^{T}\boldsymbol{M}\boldsymbol{T}\boldsymbol{K}_{p}^{+}\dot{\tilde{\boldsymbol{t}}}_{p} = \tilde{\boldsymbol{f}}^{a} \tag{2-70}$$

式中 $\boldsymbol{K}_p^+$——$\boldsymbol{K}_p$的伪逆，$\boldsymbol{K}_p^+ = (\boldsymbol{K}_p^T\boldsymbol{K}_p)^{-1}\boldsymbol{K}_p^T$；

$\tilde{\boldsymbol{f}}^{a}$——系统广义驱动力，$\tilde{\boldsymbol{f}}^{a} = \boldsymbol{f}^{a} - (\boldsymbol{T}^{T}\boldsymbol{w}_{CS}^{a})^{-1}(\boldsymbol{T}^{T}(\boldsymbol{W}\boldsymbol{T} + \boldsymbol{M}\dot{\boldsymbol{T}})\dot{\boldsymbol{\eta}} - \boldsymbol{T}^{T}\boldsymbol{G}\boldsymbol{g})$；

$\dot{\tilde{\boldsymbol{t}}}_{p}$——动平台的广义加速度，$\dot{\tilde{\boldsymbol{t}}}_{p} = \dot{\boldsymbol{t}}_{p} - \dot{\boldsymbol{K}}_{p}\dot{\boldsymbol{\eta}}$ 可被关节驱动力调整使得$\|\tilde{\boldsymbol{f}}^{a}\| \leqslant 1$ 为加速度椭圆，可表示为

$$\dot{\tilde{\boldsymbol{t}}}_{p}^{T}\tilde{\boldsymbol{J}}^{+T}\tilde{\boldsymbol{M}}^{T}\tilde{\boldsymbol{M}}\tilde{\boldsymbol{J}}^{+}\dot{\tilde{\boldsymbol{t}}}_{p} \leqslant 1 \tag{2-71}$$

式中 $\tilde{\boldsymbol{M}} = (\boldsymbol{T}^{T}\boldsymbol{w}_{CS}^{a})^{-T}\boldsymbol{T}^{T}\boldsymbol{M}\boldsymbol{T}(\boldsymbol{T}^{T}\boldsymbol{w}_{CS}^{a})^{-1}$——系统惯性矩阵；

$\tilde{\boldsymbol{J}} = \boldsymbol{K}_{p}(\boldsymbol{T}^{T}\boldsymbol{w}_{CS}^{a})^{-1}$——描述机构驱动关节与动平台之间运动关系的雅可比矩阵。

然而，机器人一般包含平移运动与旋转运动自由度，因此动态操作椭圆应该被分解为平动与转动两部分。系统动态性能可以通过以下平动与转动动态操纵椭圆表示：

$$\begin{cases} \dot{\tilde{\boldsymbol{t}}}_{p,T}^{T}\tilde{\boldsymbol{J}}_{T}^{+T}\tilde{\boldsymbol{M}}^{T}\tilde{\boldsymbol{M}}\tilde{\boldsymbol{J}}_{T}^{+}\dot{\tilde{\boldsymbol{t}}}_{p,T} \leqslant 1 \\ \dot{\tilde{\boldsymbol{t}}}_{p,R}^{T}\tilde{\boldsymbol{J}}_{R}^{+T}\tilde{\boldsymbol{M}}^{T}\tilde{\boldsymbol{M}}\tilde{\boldsymbol{J}}_{R}^{+}\dot{\tilde{\boldsymbol{t}}}_{p,R} \leqslant 1 \end{cases} \tag{2-72}$$

式中 $\dot{\tilde{\boldsymbol{t}}}_{p,T}$、$\dot{\tilde{\boldsymbol{t}}}_{p,R}$——$\dot{\tilde{\boldsymbol{t}}}_{p}$中平动与转动对应项。

根据运动学分析，机构具有一个平动及两个转动自由度，以及两个平移方向的伴随运动。为了评估动力学操作度的一致性，将采用 $\tilde{\boldsymbol{M}}\tilde{\boldsymbol{J}}_{T}^{+}$ 与 $\tilde{\boldsymbol{M}}\tilde{\boldsymbol{J}}_{R}^{+}$ 的条件数与平均条件数作为衡

量机器人的动力学性能指标，可表示为

$$\begin{cases} w_{\mathrm{T}} = \dfrac{\sigma_{\mathrm{T},2}}{\sigma_{\mathrm{T},1}}, w_{\mathrm{R}} = \dfrac{\sigma_{\mathrm{R},2}}{\sigma_{\mathrm{R},1}} \\ w_{\mathrm{GT}} = \dfrac{\int w_{\mathrm{T}} \mathrm{d}S_z}{S_z}, w_{\mathrm{GR}} = \dfrac{\int w_{\mathrm{R}} \mathrm{d}S_z}{S_z} \end{cases} \tag{2-73}$$

式中　w_{T}与w_{R}——$\tilde{\boldsymbol{M}}\tilde{\boldsymbol{J}}_{\mathrm{T}}^{+}$与$\tilde{\boldsymbol{M}}\tilde{\boldsymbol{J}}_{\mathrm{R}}^{+}$的条件数；

$\sigma_{\mathrm{T},2}$与$\sigma_{\mathrm{T},1}$——$\tilde{\boldsymbol{M}}\tilde{\boldsymbol{J}}_{\mathrm{T}}^{+}$的非零奇异值；

$\sigma_{\mathrm{R},2}$与$\sigma_{\mathrm{R},1}$——$\tilde{\boldsymbol{M}}\tilde{\boldsymbol{J}}_{\mathrm{R}}^{+}$的非零奇异值，且满足$\sigma_{\mathrm{T},2} \leqslant \sigma_{\mathrm{T},1}$，$\sigma_{\mathrm{R},2} \leqslant \sigma_{\mathrm{R},1}$；

w_{GR}与w_{GT}——给定高度z时w_{T}与w_{R}的平均值。

2.3.4　机构动态响应与性能的仿真研究

基于式（2-66）和式（2-69）及给定运动轨迹，可以计算电机驱动力和约束力与力矩。同样，基于式（2-73）推导的动态操纵椭圆指标，可以开展机构动态性能研究。本节将验证动态模型的准确性及并联机构的动态性能。在本节开展的数值仿真中，并联机构的运动学参数设置为，动平台运动学参数$l_1 = 30\mathrm{mm}$、$l_2 = 35\mathrm{mm}$，各支链杆件长度$l_3 = 90\mathrm{mm}$、$l_4 = 95\mathrm{mm}$，其他的几何与惯性参数见表 2-1。此外，各部件的惯性张量在其质心处的固连坐标系下测量，用于开展动力学仿真的运行轨迹为

$$\begin{cases} z = 60(6t^5/t_{\mathrm{d}}^5 - 15t^4/t_{\mathrm{d}}^4 + 10t^3/t_{\mathrm{d}}^3) + 20 \\ \theta = 20\pi(6t^5/t_{\mathrm{d}}^5 - 15t^4/t_{\mathrm{d}}^4 + 10t^3/t_{\mathrm{d}}^3)/180 - 10\pi/180 \\ \phi = 20\pi(6t^5/t_{\mathrm{d}}^5 - 15t^4/t_{\mathrm{d}}^4 + 10t^3/t_{\mathrm{d}}^3)/180 - 10\pi/180 \end{cases} \tag{2-74}$$

式中　t_{d}——期望的运行时间，且设置$t_{\mathrm{d}} = 0.5\mathrm{s}$。

表 2-1　并联机构的质量与惯性张量

部件	质量/kg	质心 $r_{S/L,i,1}$，$r_{S/L,i,2}$/mm	惯性张量/(kg·m^2)
滑块	0.05	(0, 0, −5) (0, 0, 5)	blkdiag (5×10^{-10}, 5×10^{-10}, 5×10^{-10})
杆件 1 与 2	0.1025	(0, 0, −48.9) (0, 0, 41.1)	blkdiag (5.9×10^{-7}, 6.4×10^{-8}, 5.9×10^{-9})
杆件 3	0.174	(0, 0, −44.8) (0, 0, 50.2)	blkdiag (1.5×10^{-7}, 1.5×10^{-7}, 6.5×10^{-9})
动平台	10	—	blkdiag (7.2×10^{-7}, 1.5×10^{-7}, 6.5×10^{-9})

根据动平台运行轨迹及机器人逆运动学模型可以计算关节运行轨迹，进而可以根据式（2-66）与式（2-69）分别计算关节驱动力、约束力与约束力矩及协调变形根据关节运行轨迹。将本章提出的动力学模型与商业软件 ADAMS 软件的驱动力矩进行了对比，如图 2-6 所示。可以看到，本章提出模型的驱动力曲线与 ADAMS 软件计算结果一致，进而证明了模型的正确性，将用于机器人的动力学性能评估及基于模型的控制算法设计。

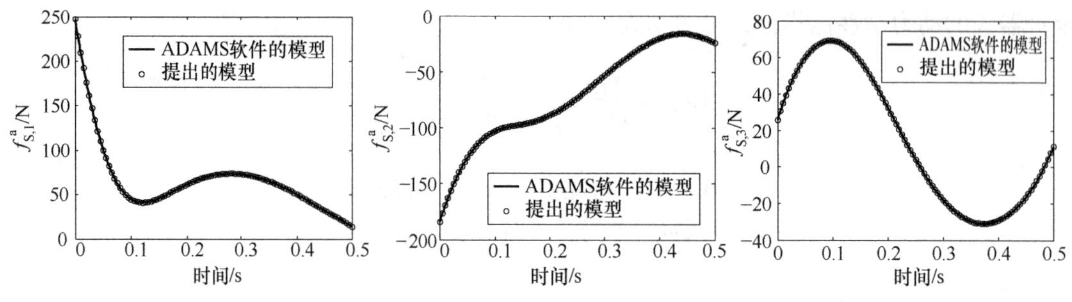

图 2-6 提出的模型与 ADAMS 软件的模型的对比

根据式（2-73）可以计算图 2-7 所示的约束力与约束力矩及驱动力。结果表明，对于移动关节，第一支链与第二支链的峰值驱动力分别接近 250N 和 190N，而第三支链对应值约为 60N。此外，第一支链与第二支链的峰值约束力矩远大于第三支链，这主要因为第三支链的球关节不能承受力矩作用，而第一支链与第二支链的万向节都可以承受绕杆件方向的力矩作用。同样，不同方向的反作用力和力矩也存在显著差异。因此，在开展直线电机选型和关节参数设计时应该考虑上述问题。

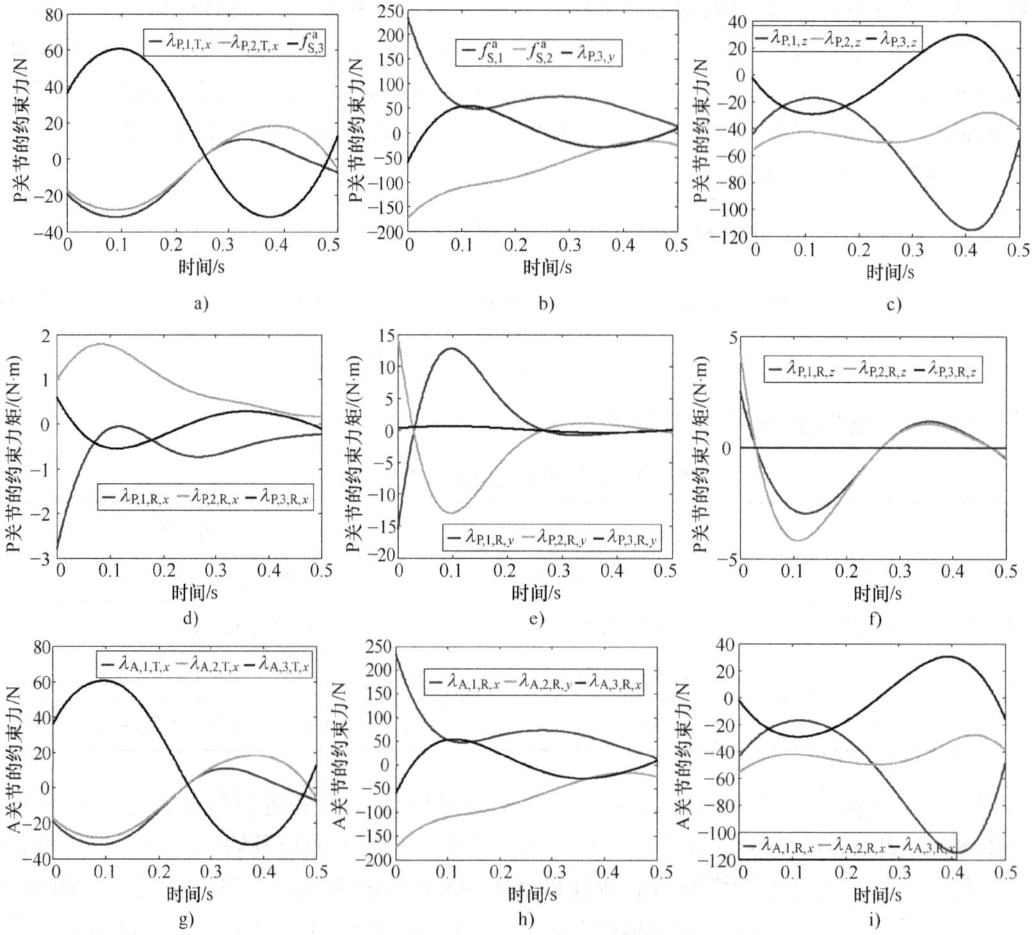

a) b) c)

d) e) f)

g) h) i)

图 2-7 采用本书方法计算的主动和约束与力矩

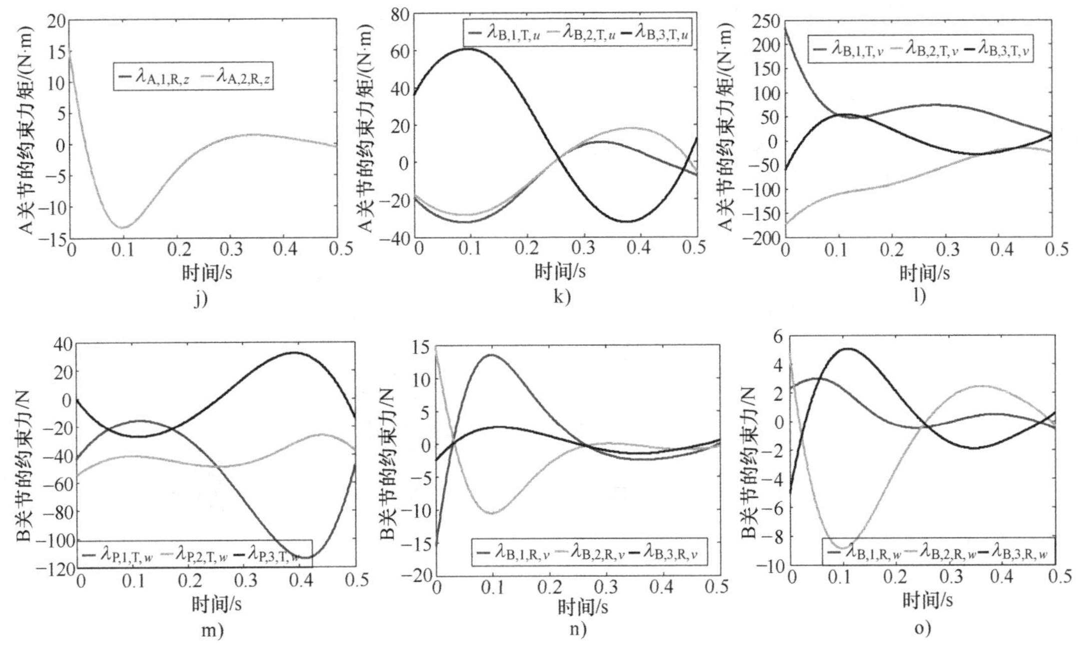

图 2-7　采用本书方法计算的主动和约束与力矩（续）

根据式（2-68）可计算出杆件的协调变形，如图 2-8 所示，平移方向的最大变形沿 u 方向的值约为 0.0148mm，而转动方向的最大变形沿 w 方向约为 0.01rad。因此，对于精密定位和精密加工等高精度应用场合，杆件协调变形不能忽略。

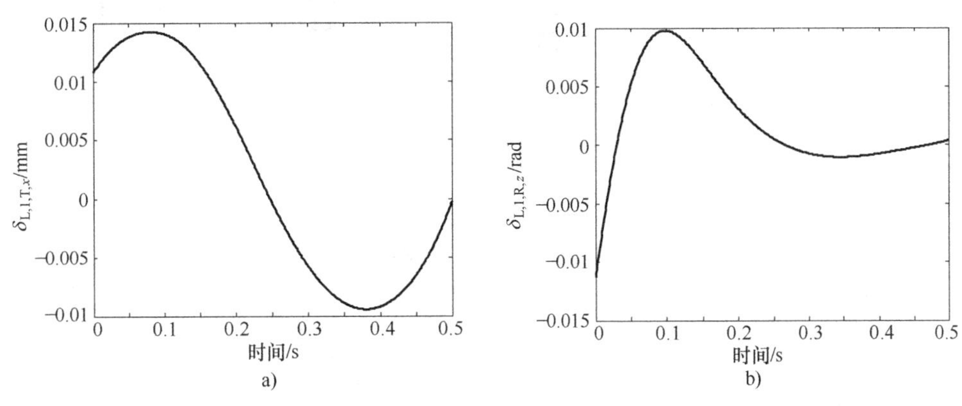

图 2-8　过约束产生的协调变形

如上所述，对于具有 1 个平移与 2 个旋转自由度及 2 个伴随运动自由度的并联机构，沿 z 方向平移运动的范围设置为［20mm，80mm］；对于 2 个旋转运动，θ 与 ϕ 的运动范围设置为［－0.175rad，0.175rad］×［－0.175rad，0.175rad］的矩形区域。同时，2 方向的伴随运动可以根据给定的独立变量计算得到。

如图 2-9 所示，动态指标 w_R 经历了从上升到下降的过程，这是由于当机器人在原始位置（$\theta=0$，$\phi=0$）时，动平台绕 θ 方向的转动由两个支链驱动，而绕 ϕ 方向的转动仅由第三个支链驱动。同时可以看出，随着 q_1 的增加，运动的各向同性特性逐渐提高，这是因为运动的耦合性逐渐增强。而且，与具有类似对称结构但没有伴随运动的 2R1T 并联机构不同[10]，w_R与 w_T的对称线与 ϕ 或 θ 都不平行，而是具有一定的倾斜度。这是由于伴随运动的存在使得平移与旋转运动高度耦合，这也可以通过 w_R与 w_T之间的相似趋势来解释。此外，随着 z 增加到 70mm 左右，动态指标 w_{GT}与 w_{GR}达到最大值，之后两者都开始减小，这表明动态指标与运动学和结构参数具有一定的相关性。

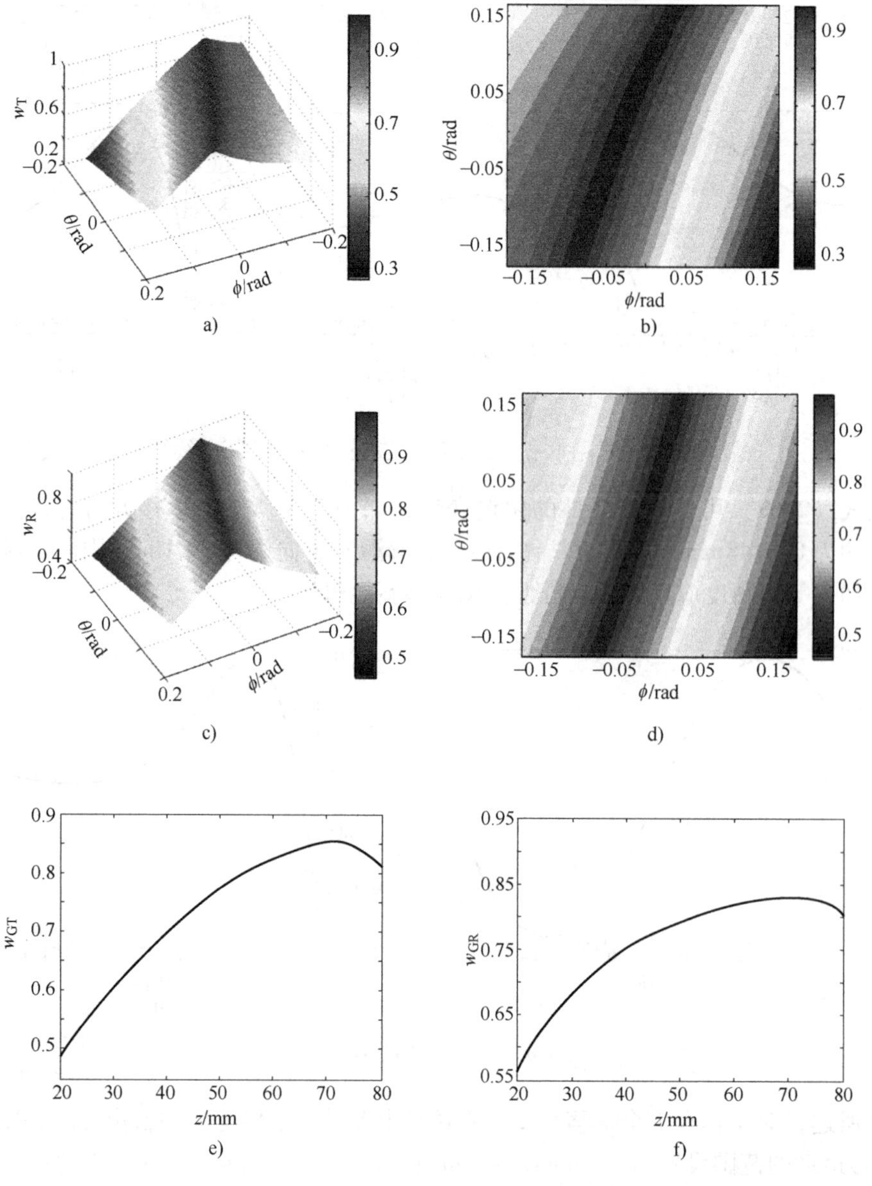

图 2-9　并联机器人动态椭圆指标分布

因此，在后续的工作中，将基于本书提出的建模和分析方法进一步研究机器人的运动学参数和各部件惯性特性对动力性能指标的影响规律，并开展集成优化设计和基于模型的控制算法去提高机构性能。

2.4　本章小结

本章用牛顿-欧拉方程建立 3RRR 并联机器刚体动力学模型，以此为基础，以2PUR-PSR 并联机构为例，对带有伴随运动的过约束并联机器人进行了系统的动力学建模和性能分析。首先，采用代数方法对过约束力与力矩的类型和数量进行了分析。基于牛顿-欧拉公式和自然正交补方法建立了包含和不包含受约束力与力矩的机构动力学模型，并通过数值仿真与商业软件计算结果的对比对本章提出的模型进行了验证；然后，采用动力学操作椭圆的概念来评估 2PUR-PSR 并联机构的动态可操作性性能，并研究了并联机构工作空间内的平移和旋转条件数及其平均值的分布特征，结果表明通过运动学和结构优化可以提高动态性能。本书提出的动力学建模和性能分析方法同样适用于含有伴随运动或过约束的其他并联机构。

第3章 高速并联机器人刚柔耦合动力学建模

3.1 引言

并联机器人以其结构优势被广泛应用于高速度、高加速度的作业场合。由于高速应用要求，轻量化的并联机器人杆件将产生弹性变形及振动，使得原有基于运动学及刚体动力学模型的设计方法与控制策略无法满足性能要求。因此，需要在原有刚体动力学模型基础上，考虑杆件柔性，建立并联机器人的刚柔耦合模型，并在此基础上开展优化设计与控制策略研究。应用于集成优化设计的动力学模型，要求方程结构清晰且计算精度高，由于开展设计时模型一般都是离线计算的，因此对计算量及计算效率要求不高。然而，对于面向控制算法设计的动力学模型，除要求较高的模型精度外，由于需要在线计算，因而计算量及计算效率也是要重点考虑的问题。

本章将以3RRR并联机器人为对象，在刚体运动学与动力学模型基础上，从欧拉梁基本假设出发，考虑杆件刚性端部的影响，对杆件进行离散化建模；同时，将基于小变形假设对刚柔耦合运动关系进行建模，并采用凯恩方程建立系统动力学方程；最后，从计算精度与计算效率两方面对模型进行考察。

3.2 考虑边界效应的柔性杆件曲率有限元建模

图3-1所示的弯曲梁是长度为L的欧拉梁，其两端连接部位为半径为R_1的圆柱（其他形状同样满足要求），因此中间均匀截面段的长度为$L-2R_1$。由于两端截面尺寸较大，被视为刚性；中间段截面尺寸较小，被视为柔性。将n个节点均匀地分配到柔性段，从而将柔性部分离散为$n-1$段长度为l的单元，m_i、v_i、w_i分别为节点i处的曲率、倾角及弹性位移。局部坐标系O_d-xy被定义在杆件左端刚体部分中心处，x轴为未变形状态下沿梁的中轴线方向。在小变形条件下，杆件上任意节点i处的曲率与弹性位移的关系可表示为

$$m_i=\frac{\mathrm{d}^2w_i/\mathrm{d}x^2}{\left[1+(\mathrm{d}w_i/\mathrm{d}x)^2\right]^{\frac{3}{2}}}\approx\frac{\mathrm{d}^2w_i}{\mathrm{d}x^2} \tag{3-1}$$

从而，该节点倾角与弹性位移的关系可表示为

$$v_i=\mathrm{d}w_i/\mathrm{d}x \tag{3-2}$$

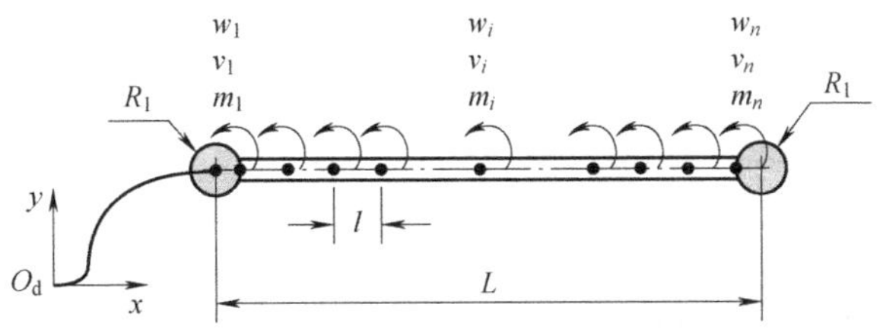

图 3-1　平面弯曲梁模型

从上述关系可知，根据各点曲率，通过插值方式可以对整个杆件的曲率、倾角及弹性位移进行描述。与传统位移有限元相比，曲率有限元避免了对节点处弹性位移及倾角作为独立变量进行描述，从而大幅减少了节点自由度数目，同时由于保证了节点处的应力连续性，因而具有较高的计算精度。

根据拉格朗日插值，图 3-1 所示的欧拉梁曲各段率可表示为

$$\begin{cases} m_{11} = \left(1 - \dfrac{x - R_1}{l}\right) m_1 + \dfrac{x - R_1}{l} m_2 \\ m_{22} = \left(1 - \dfrac{x - R_1 - l}{l}\right) m_2 + \dfrac{x - R_1 - l}{l} m_3 \\ \quad\vdots \\ m_{(n-2)(n-2)} = \left(1 - \dfrac{x - R_1 - (n-3)l}{l}\right) m_{n-2} + \dfrac{x - R_1 - (n-3)l}{l} m_{n-1} \\ m_{(n-1)(n-1)} = \left(1 - \dfrac{x - R_1 - (n-2)l}{l}\right) m_{n-1} + \dfrac{x - R_1 - (n-2)l}{l} m_n \end{cases} \tag{3-3}$$

对式（3-3）积分，各节点处的倾角可表示为

$$\begin{cases} v_{11} = \left[x - \dfrac{(x - R_1)^2}{2l}\right] m_1 + \dfrac{(x - R_1)^2}{2l} m_2 + \alpha_{11} \\ v_{22} = \left[x - \dfrac{(x - R_1 - l)^2}{2l}\right] m_2 + \dfrac{(x - R_1 - l)^2}{2l} m_3 + \alpha_{21} \\ \quad\vdots \\ v_{(n-2)(n-2)} = \left\{x - \dfrac{[x - R_1 - (n-3)l]^2}{2l}\right\} m_{n-2} + \dfrac{[x - R_1 - (n-3)l]^2}{2l} m_{n-1} + \alpha_{(n-2)\times 1} \\ v_{(n-1)(n-1)} = \left\{x - \dfrac{[x - R_1 - (n-2)l]^2}{2l}\right\} m_{n-1} + \dfrac{[x - R_1 - (n-2)l]^2}{2l} m_n + \alpha_{(n-1)\times 1} \end{cases} \tag{3-4}$$

式中　α_{i1}——积分常数（$i = 1, 2, \cdots, n$）。

根据式（3-2）与式（3-4），各节点处弹性位移可表示为

$$
\begin{cases}
w_{11}=\left[\dfrac{x^2}{2}-\dfrac{(x-R_1)^3}{6l}\right]m_1+\dfrac{(x-R_1)^3}{6l}m_2+\alpha_{11}x+\alpha_{12}\\
w_{22}=\left[\dfrac{x^2}{2}-\dfrac{(x-R_1-l)^3}{6l}\right]m_2+\dfrac{(x-R_1-l)^3}{6l}m_3+\alpha_{21}x+\alpha_{22}\\
\qquad\vdots\\
w_{(n-2)(n-2)}=\left\{\dfrac{x^2}{2}-\dfrac{[x-R_1-(n-3)l]^3}{6l}\right\}m_{n-2}+\dfrac{[x-R_1-(n-3)l]^3}{6l}m_{n-1}+\\
\qquad\alpha_{(n-2)\times 1}x+\alpha_{(n-2)\times 2}\\
w_{(n-1)(n-1)}=\left\{\dfrac{x^2}{2}-\dfrac{[x-R_1-(n-2)l]^3}{6l}\right\}m_{n-1}+\dfrac{[x-R_1-(n-2)l]^3}{6l}m_n+\\
\qquad\alpha_{(n-1)\times 1}x+\alpha_{(n-1)\times 2}
\end{cases}
\tag{3-5}
$$

式中　α_{i2}——积分常数($i=1,2,\cdots,n$)。

根据各节点处倾角及弹性位移连续性,可得到以下约束条件:

$$
\begin{cases}
v_{ii}\big|_{x=R_1+(i-1)l}=v_{(i+1)(i+1)}\big|_{x=R_1+(i-1)l}\\
w_{ii}\big|_{x=R_1+(i-1)l}=w_{(i+1)(i+1)}\big|_{x=R_1+(i-1)l}
\end{cases}
\quad(i=1,\cdots,n-2)
\tag{3-6}
$$

将倾角式(3-4)及弹性位移式(3-5)代入约束条件式(3-6),可以得到

$$
\boldsymbol{A}_{\mathrm{g}}\boldsymbol{\alpha}=\boldsymbol{B}_{\mathrm{g}}\boldsymbol{m}
\tag{3-7}
$$

其中

$$
\boldsymbol{\alpha}=[\alpha_{11}\quad\alpha_{12}\quad\cdots\quad\alpha_{(n-1)\times 1}\quad\alpha_{(n-1)\times 2}]^{\mathrm{T}}_{(2n-2)\times 1};\quad \boldsymbol{m}=[m_1\quad m_2\quad\cdots\quad m_{n-1}\quad m_n]^{\mathrm{T}}_{n\times 1}
\tag{3-8}
$$

$$
\boldsymbol{A}_{\mathrm{g}}=\begin{bmatrix}\boldsymbol{A}_{11} & & 0\\ & \vdots & \\ 0 & & \boldsymbol{A}_{(n-2)(n-2)}\end{bmatrix}_{(2n-4)\times(2n-2)}\qquad
\boldsymbol{B}_{\mathrm{g}}=\begin{bmatrix}\boldsymbol{B}_{11} & & 0\\ & \vdots & \\ 0 & & \boldsymbol{B}_{(n-2)(n-2)}\end{bmatrix}_{(2n-4)\times n}
\tag{3-9}
$$

$$
\boldsymbol{A}_{11}=\begin{bmatrix}1 & 0 & -1 & 0\\ R_1+l & 1 & -(R_1+l) & -1\end{bmatrix}
\tag{3-10}
$$

$$
\boldsymbol{A}_{(n-2)(n-2)}=\begin{bmatrix}1 & 0 & -1 & 0\\ R_1+(n-2)l & 1 & -(R_1+(n-2)l) & -1\end{bmatrix}
\tag{3-11}
$$

$$
\boldsymbol{B}_{11}=\begin{bmatrix}-\left(R_1+\dfrac{l}{2}\right) & R_1+\dfrac{l}{2}\\ -\dfrac{3(R_1+l)^2-l^2}{6} & \dfrac{3(R_1+l)^2-l^2}{6}\end{bmatrix}
\tag{3-12}
$$

$$
\boldsymbol{B}_{(n-2)(n-2)}=\begin{bmatrix}-\left(R_1+\left(n-\dfrac{5}{2}\right)l\right) & R_1+\left(n-\dfrac{5}{2}\right)l\\ -\dfrac{3(R_1+(n-2)l)^2-l^2}{6} & \dfrac{3(R_1+(n-2)l)^2-l^2}{6}\end{bmatrix}
\tag{3-13}
$$

根据式（3-8）可知，向量 $\boldsymbol{\alpha}$ 的变量数比方程数多两个，因此需要两个约束条件来确定形函数 $\boldsymbol{\alpha}$。在对考虑杆件柔性的并联机器人建模时，通常根据边界条件将柔性杆等效为图 3-2所示的悬臂梁与简支梁。因此，可以根据悬臂梁与简支梁边界的曲率、倾角及弹性位

移条件来求得相应的形函数。对于图 3-2 所示的悬臂梁，由于端部尺寸较大，假设两端为刚性，边界约束条件为

$$\begin{cases} v_{11}\big|_{x=R_1}=0 \\ w_{11}\big|_{x=R_1}=0 \end{cases} \tag{3-14}$$

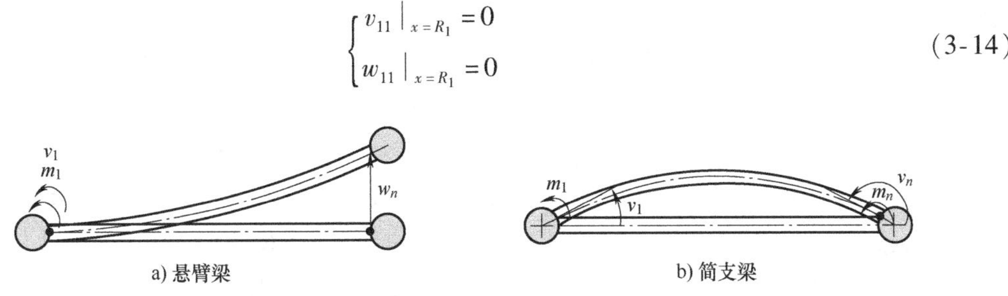

图 3-2　悬臂梁与简支梁结构

根据各节点的斜率方程式（3-4）、弹性位移方程式（3-5）及悬臂梁的约束条件式（3-14），柔性杆件的形函数可表示为

$$\boldsymbol{\alpha}_c=\boldsymbol{A}_c^{-1}\boldsymbol{B}_c\boldsymbol{m} \tag{3-15}$$

其中

$$\boldsymbol{A}_c=\begin{bmatrix}\boldsymbol{A}_{c1} & & 0\\ & \vdots & \\ 0 & & \boldsymbol{A}_{c(n-2)}\end{bmatrix}_{(2n-2)\times(2n-2)}\qquad \boldsymbol{B}_c=\begin{bmatrix}\boldsymbol{B}_{c1} & & 0\\ & \vdots & \\ 0 & & \boldsymbol{B}_{c(n-2)}\end{bmatrix}_{(2n-2)\times n} \tag{3-16}$$

$$\boldsymbol{A}_{c1}=\begin{bmatrix}1 & 0 & 0 & 0\\ R_1 & 1 & 0 & 0\\ 1 & 0 & -1 & 0\\ R_1+l & 1 & -(R_1+l) & -1\end{bmatrix}\quad \boldsymbol{A}_{c2}=\boldsymbol{A}_{(n-2)(n-2)} \tag{3-17}$$

$$\boldsymbol{B}_{c1}=\begin{bmatrix}-R_1 & 0\\ -\dfrac{R_1^2}{2} & 0\\ -\left(R_1+\dfrac{l}{2}\right) & R_1+\dfrac{l}{2}\\ -\dfrac{3(R_1+l)^2-l^2}{6} & \dfrac{3(R_1+l)^2-l^2}{6}\end{bmatrix}\quad \boldsymbol{B}_{c2}=\boldsymbol{B}_{(n-2)(n-2)} \tag{3-18}$$

对于简支梁，其尺寸较大的端部可视为刚性的，同时由于连接点处弹性位移为零，因此，边界约束条件可表示为

$$\begin{cases} w_{11}\big|_{x=R_1}=R_1v_{11}\big|_{x=R_1} \\ w_{(n-1)\times(n-1)}\big|_{x=R_1+(n-1)l}=-R_1v_{(n-1)\times(n-1)}\big|_{x=R_1+(n-1)l} \end{cases} \tag{3-19}$$

根据各点倾角方程式（3-4）、弹性位移方程式（3-5）及边界约束条件式（3-19），简

支梁结构的柔性杆件形函数可表示为

$$\boldsymbol{\alpha}_{s}=\boldsymbol{A}_{s}^{-1}\boldsymbol{B}_{s}\boldsymbol{m} \tag{3-20}$$

其中

$$\boldsymbol{A}_{s}=\begin{bmatrix}\boldsymbol{A}_{s1} & & 0\\ & \vdots & \\ 0 & & \boldsymbol{A}_{s(n-2)}\end{bmatrix}_{(2n-2)\times(2n-2)}\qquad \boldsymbol{B}_{s}=\begin{bmatrix}\boldsymbol{B}_{s1} & & 0\\ & \vdots & \\ 0 & & \boldsymbol{B}_{s(n-2)}\end{bmatrix}_{(2n-2)\times n} \tag{3-21}$$

$$\boldsymbol{A}_{s1}=\begin{bmatrix}0 & 1 & 0 & 0\\ 1 & 0 & -1 & 0\\ R_1+l & 1 & -(R_1+l) & -1\end{bmatrix}\quad \boldsymbol{A}_{s2}=\begin{bmatrix}1 & 0 & -1 & 0\\ & 1 & R_1+(n-2)l & -1\\ & & -2R_1-(n-1)l & -1\end{bmatrix} \tag{3-22}$$

$$\boldsymbol{B}_{s1}=\begin{bmatrix}\dfrac{R_1^2}{2} & R_1+\left(n-\dfrac{7}{2}\right)l\\ -\left(R_1+\dfrac{l}{2}\right) & R_1+\dfrac{l}{2}\\ -\dfrac{3(R_1+l)^2-l^2}{6} & \dfrac{3(R_1+l)^2-l^2}{6}\end{bmatrix} \tag{3-23}$$

$$\boldsymbol{B}_{s(n-2)}=\begin{bmatrix}-\left[R_1+\left(n-\dfrac{5}{2}\right)l\right] & R_1+\left(n-\dfrac{5}{2}\right)l\\ -\dfrac{3[R_1+(n-2)l]^2-l^2}{6} & \dfrac{3[R_1+(n-2)l]^2-l^2}{6}\\ \dfrac{3R_1^2+(3n^2-6n+2)l^2}{6} & \dfrac{l^2}{6}+\dfrac{lR_1}{2}\end{bmatrix} \tag{3-24}$$

至此，基于曲率有限元方法推导出了考虑刚性边界的欧拉梁离散化模型，并将应用于柔性并联机器人的刚柔耦合建模中。

3.3 基于凯恩方程的高速并联机器人刚柔耦合动力学建模

并联机器人高速运行时，杆件弹性变形与振动对动平台及被动杆件运动的影响不可忽略。当考虑杆件柔性时，轴向刚度远大于弯曲刚度，弯曲方向的弹性位移占主导地位。因此，在对含有柔性杆件的并联机器人建模时，特别是面向控制算法设计的动力学建模时，为了提高计算效率，轴向的弹性通常忽略不计，仅考虑杆件弯曲方向的弹性。在小变形范围内，杆件弯曲引起的杆件长度变化量为弯曲方向弹性位移的高阶无穷小，因而可以忽略。如图 3-3 所示，主动杆与被动杆弯曲方向的弹性位移分别为$\boldsymbol{\delta}_{1i}$，$\boldsymbol{\delta}_{2i}(i=1，2，3)$。

3.3.1 刚柔耦合运动关系建模

并联机器人结构中通常存在被动杆与主动杆。对于被动杆弯曲方向弹性位移的建模，实验表明，其振动模态呈现双端铰接特征[153]。即，杆件两端连接点位置保持不变，其弹性位移对动平台位姿及被动杆件位置没有影响。同时，主动杆通常被视为悬臂梁结构，这样杆件弯曲将使得动平台及被动杆件产生弹性运动，因而需要建立其刚柔耦合的运动关系。现有的研究文献中对刚柔耦合运动关系建模方法有几何法[44]与解析法[52]。前者的求解过程较烦

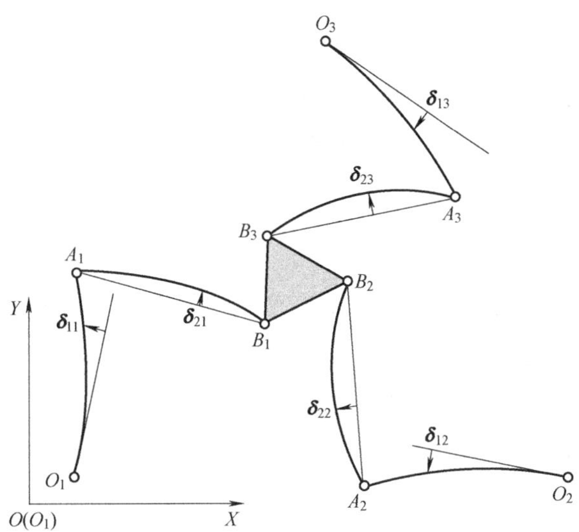

图 3-3　3RRR 平面并联机器人弹性位移示意图

琐，不适用于复杂机构；对于后者，由于需要对约束方程进行迭代，因而计算量较大。

在小变形条件下，将悬臂梁弹性位移对动平台及被动杆运动的影响等效为电机转角的摄动对于整个系统的影响；进而，根据速度映射关系，可以求出动平台及被动杆的弹性位移。至此，可以推导出杆件柔性对刚体运动的影响关系。根据图 3-4 所示的悬臂梁变形图，悬臂梁弯曲方向弹性位移产生的主动关节角度摄动可表示为

$$\mathrm{d}\theta_i = \frac{{}^{l_1}\delta_{1i}}{l_1} = \frac{{}^{l_1-R_1}\delta_{1i} + {}^{l_1-R_1}\delta'_{1i}R_1}{l_1} \tag{3-25}$$

式中　${}^{l_1}\delta_{1i}$——主动杆 i 在其局部坐标系下 $x=l_1$ 处的弹性位移；

${}^{l_1-R_1}\delta_{1i}$——其在 $x=l_1-R_1$ 处的弹性位移；

${}^{l_1-R_1}\delta'_{1i}$——${}^{l_1-R_1}\delta_{1i}$ 关于局部坐标参数的导数，即在 $x=l_1-R_1$ 处的倾角。

根据式（3-15），弹性位移可表示为

$${}^{l_1-R_1}\delta_{1i} = \sum_{k=1}^{n} \alpha_{1i}^{k} m_{1i}^{k} \Big|_{x=l_1-R_1} \tag{3-26}$$

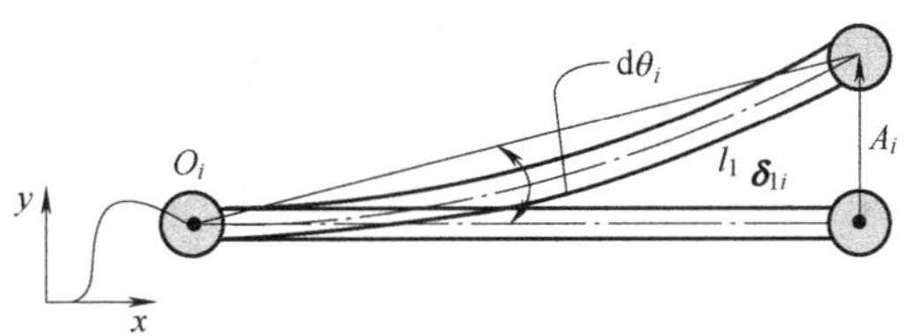

图 3-4　主动杆 i 变形及角度摄动

根据动平台到主动关节与被动关节的速度映射关系，可以计算由于主动关节角度摄动引起的动平台位姿变化量及被动关节角度变化量，分别表示为

$$\mathrm{d}\boldsymbol{\eta} = \boldsymbol{J}_{\mathrm{p}\theta}^{-1}\mathrm{d}\boldsymbol{\theta} \tag{3-27}$$

$$\mathrm{d}\boldsymbol{\beta} = \boldsymbol{J}_{\mathrm{p}\beta}\boldsymbol{J}_{\mathrm{p}\theta}^{-1}\mathrm{d}\boldsymbol{\theta} = \boldsymbol{J}_2\mathrm{d}\boldsymbol{\theta} \tag{3-28}$$

式中　$\mathrm{d}\boldsymbol{\theta}=[\mathrm{d}\theta_1\quad \mathrm{d}\theta_2\quad \mathrm{d}\theta_3]^{\mathrm{T}}$、$\mathrm{d}\boldsymbol{\beta}=[\mathrm{d}\beta_1\quad \mathrm{d}\beta_2\quad \mathrm{d}\beta_3]^{\mathrm{T}}$、$\mathrm{d}\boldsymbol{\eta}=[\mathrm{d}x\quad \mathrm{d}y\quad \mathrm{d}\phi]^{\mathrm{T}}$——主动关节角度、被动关节角度及动平台位姿的摄动量。

因此，考虑刚柔耦合效应影响，动平台位姿及被动关节角度可表示为

$$\boldsymbol{\eta}'=\boldsymbol{\eta}+\mathrm{d}\boldsymbol{\eta} \tag{3-29}$$

$$\boldsymbol{\beta}'=\boldsymbol{\beta}+\mathrm{d}\boldsymbol{\beta} \tag{3-30}$$

3.3.2 广义坐标

一般情况下，对于在基坐标系下自由度为 N_1 的机械系统，其运动可以用 N_1 个广义坐标 $q_j(j=1,\ 2,\ \cdots,\ N_1)$ 或 N_1 个广义速度 $\dot{q}_j(j=1,\ 2,\ \cdots,\ N_1)$ 表示。根据式（2-1）表示的刚体运动、图 3-3 所示的机器人弹性位移参数及式（3-15）与式（3-20）给出的主动杆及被动杆弹性位移的描述，考虑杆件柔性并联机器人的运动，可用以下 $3+6n$ 个广义坐标可表示为

$$\boldsymbol{q}=[x,\ y,\ \phi,\ m_{1i}^1,\ \cdots,\ m_{1i}^n,\ m_{2i}^1,\ \cdots,\ m_{2i}^n]^{\mathrm{T}}\quad (i=1,\ 2,\ 3) \tag{3-31}$$

式中　m_{1i}^j——主动杆 i 上第 j 个节点处的曲率（$i=1,\ 2,\ 3,\ j=1,\ \cdots,\ n$）；

m_{2i}^j——被动杆 i 上第 j 个节点处的曲率（$i=1,\ 2,\ 3,\ j=1,\ \cdots,\ n$）。

对式（3-31）微分，可得该并联机器人的广义速度为

$$\dot{\boldsymbol{q}}=[\dot{x},\dot{y},\dot{\phi},\dot{m}_{1i}^1,\cdots,\dot{m}_{1i}^n,\dot{m}_{2i}^1,\cdots,\dot{m}_{2i}^n]^{\mathrm{T}}\quad (i=1,2,3) \tag{3-32}$$

3.3.3 偏速度与偏角速度

由于主动杆的弹性位移引入了动平台刚体运动的弹性位移，根据式（3-27）及式（3-29），动平台中心 G 的实际运动速度可表示为

$$\dot{\boldsymbol{\eta}}'=\dot{\boldsymbol{\eta}}+\boldsymbol{J}_{\mathrm{p\theta}}^{-1}\mathrm{d}\dot{\boldsymbol{\theta}} \tag{3-33}$$

根据式（3-33），动平台中心 G 的偏速度矩阵可表示为

$$\boldsymbol{\eta}^*=\begin{bmatrix} I_{3\times 3} & \dfrac{\boldsymbol{J}_{\mathrm{p\theta}}^{-1}\boldsymbol{\alpha}_1}{l_1-2R_1} & 0_{3\times 3n}\end{bmatrix}^{\mathrm{T}}_{(3+6n)\times 3} \tag{3-34}$$

式中　$I_{3\times3}$——3×3 的单位阵；

$\boldsymbol{\alpha}_1$——三个主动杆对应的形函数矩阵。

根据式（3-25），主动杆形函数矩阵可定义为

$$\boldsymbol{\alpha}_1=\begin{bmatrix}\boldsymbol{\alpha}_{11} & & \boldsymbol{0}\\ & \boldsymbol{\alpha}_{11} & \\ \boldsymbol{0} & & \boldsymbol{\alpha}_{11}\end{bmatrix}_{3\times 3n}\quad (j=1,\ \cdots,\ n) \tag{3-35}$$

式中　$\boldsymbol{\alpha}_{11}$——主动杆的形函数向量，可表示为 $\boldsymbol{\alpha}_{11}=\{\alpha_{11}^j\}_{1\times n}$。

对式（3-33）两边微分，动平台实际的加速度可表示为

$$\ddot{\boldsymbol{\eta}}'=\ddot{\boldsymbol{\eta}}+\boldsymbol{J}_{\mathrm{p\theta}}^{-1}\mathrm{d}\ddot{\boldsymbol{\theta}}+\dot{\overline{\boldsymbol{J}_{\mathrm{p\theta}}^{-1}}}\mathrm{d}\dot{\boldsymbol{\theta}} \tag{3-36}$$

式中　$\dot{\overline{\boldsymbol{J}_{\mathrm{p\theta}}^{-1}}}$——$\boldsymbol{J}_{\mathrm{p\theta}}^{-1}$ 对时间的一阶导数。

根据如下的正逆矩阵关系：

$$\boldsymbol{J}_{\mathrm{p}\theta}^{-1}\cdot\boldsymbol{J}_{\mathrm{p}\theta}=I_{3\times3} \tag{3-37}$$

对上式求导处理后可得

$$\dot{\overline{\boldsymbol{J}_{\mathrm{p}\theta}^{-1}}}=-\boldsymbol{J}_{\mathrm{p}\theta}^{-1}\dot{\boldsymbol{J}}_{\mathrm{p}\theta}\boldsymbol{J}_{\mathrm{p}\theta}^{-1} \tag{3-38}$$

式中　$\dot{\boldsymbol{J}}_{\mathrm{p}\theta}$——雅可比矩阵对时间的一阶导数。

将上式代入式（3-36）可得

$$\ddot{\boldsymbol{\eta}}'=\ddot{\boldsymbol{\eta}}+\boldsymbol{J}_{\mathrm{p}\theta}^{-1}\mathrm{d}\ddot{\boldsymbol{\theta}}-\boldsymbol{J}_{\mathrm{p}\theta}^{-1}\dot{\boldsymbol{J}}_{\mathrm{p}\theta}\boldsymbol{J}_{\mathrm{p}\theta}^{-1}\mathrm{d}\dot{\boldsymbol{\theta}} \tag{3-39}$$

由于主动关节被假设为刚性，主动杆前端运动并未受弹性变形影响，根据式（2-9），其偏角速度可表示为

$$\boldsymbol{\omega}_1^*=[\boldsymbol{J}_{\mathrm{p}\theta}\quad \boldsymbol{0}_{3\times3n}\quad \boldsymbol{0}_{3\times3n}]_{(3+6n)\times3}^{\mathrm{T}} \tag{3-40}$$

对式（2-9）两边微分，可得到三个主动杆前端的角加速度：

$$\boldsymbol{\varepsilon}_1=\dot{\boldsymbol{J}}_{\mathrm{p}\theta}\dot{\boldsymbol{\eta}}+\boldsymbol{J}_{\mathrm{p}\theta}\ddot{\boldsymbol{\eta}} \tag{3-41}$$

定义${}^{\mathrm{P}}\boldsymbol{r}_{1i}$为主动杆 i 在局部坐标系下任意点 P 的位置向量，该点的速度矢量可表示为

$${}^{\mathrm{P}}\boldsymbol{V}_{1i}=\boldsymbol{\omega}_{1i}\times({}^{\mathrm{P}}\boldsymbol{r}_{1i}+\boldsymbol{\delta}_{1i})+\dot{\boldsymbol{\delta}}_{1i}=[\tilde{\omega}_{1i}]({}^{\mathrm{P}}\boldsymbol{r}_{1i}+\boldsymbol{\delta}_{1i})+\dot{\boldsymbol{\delta}}_{1i}=\tilde{\boldsymbol{I}}({}^{\mathrm{P}}\boldsymbol{r}_{1i}+\boldsymbol{\delta}_{1i})\omega_{1i}+\dot{\boldsymbol{\delta}}_{1i} \tag{3-42}$$

式中　$\boldsymbol{\delta}_{1i}$——主动杆 i 上任意点 P 处弯曲方向的弹性位移向量；

$[\tilde{\omega}_{1i}]$——$\boldsymbol{\omega}_{1i}$的坐标列阵；

$\tilde{\boldsymbol{I}}$——坐标列阵的系数矩阵。

$[\tilde{\omega}_{1i}]$ 与 $\tilde{\boldsymbol{I}}$ 分别表示为

$$[\tilde{\omega}_{1i}]=\begin{bmatrix}0 & -\omega_{1i}\\ \omega_{1i} & 0\end{bmatrix}\quad \tilde{\boldsymbol{I}}=\begin{bmatrix}0 & -1\\ 1 & 0\end{bmatrix} \tag{3-43}$$

根据式（3-42），三个主动杆对应的任意点 P 处的偏速度可表示为

$${}^{\mathrm{P}}\boldsymbol{V}_1^*=[\boldsymbol{J}_{31}\boldsymbol{J}_{\mathrm{p}\theta}\quad \boldsymbol{n}_1\boldsymbol{\alpha}_1\quad \boldsymbol{0}_{6\times3n}]_{(3+6n)\times3}^{\mathrm{T}} \tag{3-44}$$

式中　$\boldsymbol{J}_{31}$——主动杆上任意点在其局部坐标系下的位置矢量组成的对角阵；

$\boldsymbol{n}_1$——主动杆弹性位移在局部坐标系下的单位矢量组成的对角阵。

两对角阵分别表示为

$$\boldsymbol{J}_{31}=\mathrm{diag}([\tilde{\boldsymbol{I}}\,{}^{\mathrm{P}}\boldsymbol{r}_{1i}+\tilde{\boldsymbol{I}}\boldsymbol{\delta}_{1i}]),\quad \boldsymbol{n}_1=\mathrm{diag}([\boldsymbol{n}_{1i}]) \tag{3-45}$$

对式（3-42）两边求导，主动杆 i 上任意点 P 的加速度表示为

$$\begin{aligned}{}^{\mathrm{P}}\boldsymbol{a}_{1i}&=\boldsymbol{\varepsilon}_{1i}\times({}^{\mathrm{P}}\boldsymbol{r}_{1i}+\boldsymbol{\delta}_{1i})+\boldsymbol{\omega}_{1i}\times[\boldsymbol{\omega}_{1i}\times({}^{\mathrm{P}}\boldsymbol{r}_{1i}+\boldsymbol{\delta}_{1i})+\dot{\boldsymbol{\delta}}_{1i}]+\boldsymbol{\omega}_{1i}\times\dot{\boldsymbol{\delta}}_{1i}+\ddot{\boldsymbol{\delta}}_{1i}\\&=\tilde{\boldsymbol{I}}({}^{\mathrm{P}}\boldsymbol{r}_{1i}+\boldsymbol{\delta}_{1i})\varepsilon_{1i}+[\tilde{\boldsymbol{I}}^2({}^{\mathrm{P}}\boldsymbol{r}_{1i}+\boldsymbol{\delta}_{1i})\omega_{1i}+2\tilde{\boldsymbol{I}}\dot{\boldsymbol{\delta}}_{1i}]\omega_{1i}+\ddot{\boldsymbol{\delta}}_{1i}\end{aligned} \tag{3-46}$$

式中　$\ddot{\boldsymbol{\delta}}_{1i}$——主动杆 i 上任意点弹性运动的加速度矢量。

三个主动杆上任意点处的加速度矢量矩阵可定义为

$${}^{\mathrm{P}}\boldsymbol{a}_1=[{}^{\mathrm{P}}\boldsymbol{a}_{11}\quad {}^{\mathrm{P}}\boldsymbol{a}_{12}\quad {}^{\mathrm{P}}\boldsymbol{a}_{13}]=\boldsymbol{J}_{31}\boldsymbol{J}_{\mathrm{p}\theta}\ddot{\boldsymbol{\eta}}+\boldsymbol{J}_{31}\dot{\boldsymbol{J}}_{\mathrm{p}\theta}\dot{\boldsymbol{\eta}}+\boldsymbol{J}_{32}\boldsymbol{\eta}_{V1}+2\boldsymbol{J}_{33}\boldsymbol{J}_{\mathrm{p}\theta}\dot{\boldsymbol{\eta}}+\boldsymbol{n}_1\boldsymbol{\alpha}_1\ddot{\boldsymbol{m}}_1 \tag{3-47}$$

式中　$\ddot{\boldsymbol{m}}_1$——主动杆曲率 $\boldsymbol{m}_1$ 关于时间的二阶导数，$\boldsymbol{m}_1$ 与形函数矩阵 $\boldsymbol{\alpha}_1$ 对应。

$$\boldsymbol{\eta}_{V1}=[\boldsymbol{A}_{\eta ii}],\quad \boldsymbol{A}_{\eta}=\boldsymbol{J}_{p\theta}\ddot{\boldsymbol{\eta}}(\boldsymbol{J}_{p\theta}\ddot{\boldsymbol{\eta}})^{\mathrm{T}},\quad \boldsymbol{J}_{32}=\mathrm{diag}([\tilde{\boldsymbol{I}}^{2}({}^{\mathrm{P}}\boldsymbol{r}_{1i}+\boldsymbol{\delta}_{1i})]),\quad \boldsymbol{J}_{33}=\mathrm{diag}([\tilde{\boldsymbol{I}}\dot{\boldsymbol{\delta}}_{1i}]) \tag{3-48}$$

考虑弹性位移的影响，主动杆 i 末端的角速度矢量可描述为

$$^{l_1}\boldsymbol{\omega}_{1i}=\boldsymbol{\omega}_{1i}+{}^{l_1-R_1}\dot{\boldsymbol{\delta}}'_{1i} \tag{3-49}$$

式中　${}^{l_1-R_1}\dot{\boldsymbol{\delta}}'_{1i}$——主动杆末由于端弯曲产生的倾角对时间的导数。

根据式（3-49），三个主动杆末端的偏角速度可描述为

$$^{l_1}\boldsymbol{\omega}_1^{*}=[\boldsymbol{J}_{p\theta}\quad {}^{l_1-R_1}\boldsymbol{\alpha}'\quad \boldsymbol{0}_{3\times 3n}]^{\mathrm{T}}_{(3+6n)\times 3} \tag{3-50}$$

对式（3-49）两边微分，主动杆 i 末端的角加速度表示为

$$^{l_1}\boldsymbol{\varepsilon}_{1i}=\boldsymbol{\varepsilon}_{1i}+{}^{l_1-R_1}\ddot{\delta}'_{1i}\boldsymbol{k} \tag{3-51}$$

因此，三个主动杆末端的角加速度矩阵定义为

$$^{l_1}\boldsymbol{\varepsilon}_1=[{}^{l_1}\boldsymbol{\varepsilon}_{11}\quad {}^{l_1}\boldsymbol{\varepsilon}_{12}\quad {}^{l_1}\boldsymbol{\varepsilon}_{13}]=\boldsymbol{J}_{p\theta}\ddot{\boldsymbol{\eta}}+\dot{\boldsymbol{J}}_{p\theta}\dot{\boldsymbol{\eta}}+{}^{l_1-R_1}\boldsymbol{\alpha}'_1\ddot{\boldsymbol{m}}_1 \tag{3-52}$$

由于主动杆末端的质心与被动杆前端的质心在同一转动轴线上，因此，主动杆末端与被动杆前端以相同的速度运动，考虑弹性位移，速度为

$$\begin{aligned}^{l_1}\boldsymbol{V}_{1i}&=\boldsymbol{\omega}_{1i}\times(l_1\boldsymbol{u}_{1i}+{}^{l_1-R_1}\boldsymbol{\delta}_{1i}+{}^{l_1-R_1}\delta'_{1i}R_1\boldsymbol{n}_{1i})+{}^{l_1-R_1}\dot{\boldsymbol{\delta}}_{1i}+{}^{l_1-R_1}\dot{\delta}'_{1i}R_1\boldsymbol{n}_{1i}\\&=\tilde{\boldsymbol{I}}(l_1\boldsymbol{u}_{1i}+{}^{l_1-R_1}\boldsymbol{\delta}_{1i}+{}^{l_1-R_1}\delta'_{1i}R_1\boldsymbol{n}_{1i})\omega_{1i}+{}^{l_1-R_1}\dot{\boldsymbol{\delta}}_{1i}+{}^{l_1-R_1}\dot{\delta}'_{1i}R_1\boldsymbol{n}_{1i}\end{aligned} \tag{3-53}$$

根据式（3-53），三个主动杆末端偏速度矩阵有如下形式：

$$^{l_1}\boldsymbol{V}_1^{*}=[\boldsymbol{J}_{41}\boldsymbol{J}_{p\theta}\quad \boldsymbol{n}_1({}^{l_1-R_1}\boldsymbol{\alpha}_1+{}^{l_1-R_1}\boldsymbol{\alpha}'_1R_1)\quad \boldsymbol{0}_{6\times 3n}]^{\mathrm{T}}_{(3+6n)\times 3} \tag{3-54}$$

式中　${}^{l_1-R_1}\boldsymbol{\alpha}'_1$——在局部坐标系下，各主动杆在位置为 l_1-R_1 处的形函数${}^{l_1-R_1}\boldsymbol{\alpha}_1$关于局部坐标变量的导数；

$\boldsymbol{J}_{41}$——主动杆末端在全局坐标系下的位置矢量矩阵，有如下形式：

$$\boldsymbol{J}_{41}=\mathrm{diag}([\tilde{\boldsymbol{I}}(l_1\boldsymbol{u}_{1i}+{}^{l_1-R_1}\boldsymbol{\delta}_{1i}+{}^{l_1-R_1}\delta'_{1i}R_1\boldsymbol{n}_{1i})]) \tag{3-55}$$

对式（3-53）两端求导，主动杆 i 末端的加速度可表示为

$$\begin{aligned}^{l_1}\boldsymbol{a}_{1i}&=\boldsymbol{\varepsilon}_{1i}\times(l_1\boldsymbol{u}_{1i}+{}^{l_1-R_1}\boldsymbol{\delta}_{1i}+{}^{l_1-R_1}\boldsymbol{\delta}'_{1i}R_1)+{}^{l_1-R_1}\ddot{\boldsymbol{\delta}}_{1i}+{}^{l_1-R_1}\ddot{\boldsymbol{\delta}}'_{1i}R_1+\\&\quad\boldsymbol{\omega}_{1i}\times[\boldsymbol{\omega}_{1i}\times(\boldsymbol{u}_{1i}+{}^{l_1-R_1}\boldsymbol{\delta}_{1i}+{}^{l_1-R_1}\boldsymbol{\delta}'_{1i}R_1)+2({}^{l_1-R_1}\dot{\boldsymbol{\delta}}_{1i}+{}^{l_1-R_1}\dot{\boldsymbol{\delta}}'_{1i}R_1)]\\&=\tilde{\boldsymbol{I}}(l_1\boldsymbol{u}_{1i}+{}^{l_1-R_1}\boldsymbol{\delta}_{1i}+{}^{l_1-R_1}\boldsymbol{\delta}'_{1i}R_1)\varepsilon_{1i}+{}^{l_1-R_1}\ddot{\boldsymbol{\delta}}_{1i}+{}^{l_1-R_1}\ddot{\boldsymbol{\delta}}'_{1i}R_1+\\&\quad\omega_{1i}[\tilde{I}^{2}(l_1\boldsymbol{u}_{1i}+{}^{l_1-R_1}\boldsymbol{\delta}_{1i}+{}^{l_1-R_1}\boldsymbol{\delta}'_{1i}R_1)\omega_{1i}+2\tilde{\boldsymbol{I}}({}^{l_1-R_1}\dot{\boldsymbol{\delta}}_{1i}+{}^{l_1-R_1}\dot{\boldsymbol{\delta}}'_{1i}R_1)]\end{aligned} \tag{3-56}$$

同理，三个主动杆末端加速度矢量组成的矩阵可定义为

$$^{l_1}\boldsymbol{a}_1=[{}^{l_1}\boldsymbol{a}_{11}\quad {}^{l_1}\boldsymbol{a}_{12}\quad {}^{l_1}\boldsymbol{a}_{13}]=\boldsymbol{J}_{41}\boldsymbol{J}_{p\theta}\ddot{\boldsymbol{\eta}}+\boldsymbol{J}_{41}\dot{\boldsymbol{J}}_{p\theta}\dot{\boldsymbol{\eta}}+\boldsymbol{n}_1({}^{l_1-R_1}\boldsymbol{\alpha}_1+{}^{l_1-R_1}\boldsymbol{\alpha}'_1R_1)\ddot{\boldsymbol{m}}_1+\boldsymbol{J}_{42}\boldsymbol{\eta}_{V1}+2\boldsymbol{J}_{43}\boldsymbol{J}_{p\theta}\dot{\boldsymbol{\eta}} \tag{3-57}$$

其中

$$\boldsymbol{J}_{42}=\mathrm{diag}([\tilde{\boldsymbol{I}}^{2}(l_1\boldsymbol{u}_{1i}+{}^{l_1-R_1}\boldsymbol{\delta}_{1i}+{}^{l_1-R_1}\boldsymbol{\delta}'_{1i}R_1)]),\quad \boldsymbol{J}_{43}=\tilde{\boldsymbol{I}}({}^{l_1-R_1}\dot{\boldsymbol{\delta}}_{1i}+{}^{l_1-R_1}\dot{\boldsymbol{\delta}}'_{1i}R_1) \tag{3-58}$$

根据式（3-30），被动杆前端的角速度为

$$^{0}\boldsymbol{\omega}'_{2i}=\boldsymbol{\omega}_{2i}+\boldsymbol{J}_2^{i}\mathrm{d}\dot{\boldsymbol{\theta}}\boldsymbol{k}+{}^{R_1}\dot{\delta}'_{2i}\boldsymbol{k} \tag{3-59}$$

式中　$\boldsymbol{J}_2^i$——式（3-28）表示的映射矩阵 $\boldsymbol{J}_2$ 的第 i 行（$i=1, 2, 3$）；

$^{R_1}\dot{\delta}'_{2i}$——在局部坐标系下，被动杆 i 在位置 R_1 处的倾角。

考虑杆件弹性变形，三个被动杆前端对应的偏角速度矩阵为

$$^0\boldsymbol{\omega}_2^* = \begin{bmatrix} \boldsymbol{J}_{\mathrm{p\beta}} & \dfrac{\boldsymbol{J}_2 \cdot {}^{l_1-R_1}\boldsymbol{\alpha}_1}{l_1-2R_1} & {}^{R_1}\boldsymbol{\alpha}'_2 \end{bmatrix}^{\mathrm{T}}_{(3+6n)\times 3} \tag{3-60}$$

式中　$^{R_1}\boldsymbol{\alpha}'_2$——在局部坐标系下，三个被动杆在位置 R_1 处的形函数关于局部坐标变量的导数，被动杆对应的形函数为

$$\boldsymbol{\alpha}_2 = \begin{bmatrix} \boldsymbol{\alpha}_{22} & & \boldsymbol{0} \\ & \boldsymbol{\alpha}_{22} & \\ \boldsymbol{0} & & \boldsymbol{\alpha}_{22} \end{bmatrix}_{3\times 3n} \tag{3-61}$$

式中　$\boldsymbol{\alpha}_{22}$——被动杆的形函数向量，可表示为 $\boldsymbol{\alpha}_{22} = \{\alpha_{22}^j\}_{1\times n}$。

对式（3-59）两边求导，被动杆 i 前端的角加速度矩阵可表示为

$$^0\boldsymbol{\varepsilon}'_{2i} = \boldsymbol{\varepsilon}_{2i} + \boldsymbol{J}_2^i \mathrm{d}\ddot{\boldsymbol{\theta}}\,\boldsymbol{k} + {}^{R_1}\ddot{\delta}'_{2i}\boldsymbol{k} \tag{3-62}$$

定义三个被动杆前端的角加速度向量组成的矩阵为

$$^0\boldsymbol{\varepsilon}'_2 = [\,^0\boldsymbol{\varepsilon}'_{21} \quad ^0\boldsymbol{\varepsilon}'_{22} \quad ^0\boldsymbol{\varepsilon}'_{23}\,] = \boldsymbol{J}_{\mathrm{p\beta}}\ddot{\boldsymbol{\eta}} + \dot{\boldsymbol{J}}_{\mathrm{p\beta}}\dot{\boldsymbol{\eta}} + \frac{\boldsymbol{J}_2 \cdot {}^{l_1-R_1}\boldsymbol{\alpha}_1}{l_1-2R_1}\ddot{\boldsymbol{m}}_1 + {}^{R_1}\boldsymbol{\alpha}'_2\ddot{\boldsymbol{m}}_2 \tag{3-63}$$

式中　$\ddot{\boldsymbol{m}}_2$——被动杆曲率 $\boldsymbol{m}_2$ 关于时间的二阶导数，$\boldsymbol{m}_2$ 与形函数矩阵 $\boldsymbol{\alpha}_2$ 对应。

被动杆 i 上任意点 P 在杆件局部坐标系下未变形时的位置矢量记为 $^{\mathrm{P}}\boldsymbol{r}_{2i}$，在考虑弹性变形时该点的实际速度可表示为

$$^{\mathrm{P}}\boldsymbol{V}_{2i} = \boldsymbol{\omega}'_{2i} \times (^{\mathrm{P}}\boldsymbol{r}_{2i} + \boldsymbol{\delta}_{2i}) + \dot{\boldsymbol{\delta}}_{2i} = \tilde{\boldsymbol{I}}\,(^{\mathrm{P}}\boldsymbol{r}_{2i} + \boldsymbol{\delta}_{2i})\,\omega'_{2i} + \dot{\boldsymbol{\delta}}_{2i} \tag{3-64}$$

式中　$\boldsymbol{\omega}'_{2i}$——被动杆弹性部分的角速度，根据式（3-30）可表示为

$$\boldsymbol{\omega}'_{2i} = \boldsymbol{\omega}_{2i} + \boldsymbol{J}_2^i \mathrm{d}\dot{\boldsymbol{\theta}}\boldsymbol{k} \tag{3-65}$$

由上式可知，被动杆弹性部分对应的任意点偏速度组成的矩阵可描述为

$$^{\mathrm{P}}\boldsymbol{V}_2^* = \begin{bmatrix} \boldsymbol{J}_{51}\boldsymbol{J}_{\mathrm{p\beta}} & \dfrac{\boldsymbol{J}_{51}\boldsymbol{J}_2 \cdot {}^{l_1-R_1}\boldsymbol{\alpha}_1}{l_1-2R_1} & \boldsymbol{n}_2\boldsymbol{\alpha}_2 \end{bmatrix}^{\mathrm{T}}_{(3+6n)\times 3} \tag{3-66}$$

式中　$^{R_1}\boldsymbol{\alpha}'_2$——$^{R_1}\boldsymbol{\alpha}_2$ 关于局部坐标变量的导数；

$\boldsymbol{J}_{51}$——被动杆弹性部分任意点在其局部坐标系下的位置矢量矩阵；

$\boldsymbol{n}_2$——被动杆弹性位移在局部坐标系下的单位矢量组成的对角阵，其表达式如下：

$$\boldsymbol{J}_{51} = \mathrm{diag}([\,\tilde{\boldsymbol{I}}\,(^{\mathrm{P}}\boldsymbol{r}_{2i} + \boldsymbol{\delta}_{2i})\,]), \quad \boldsymbol{n}_2 = \mathrm{diag}([\,\boldsymbol{n}_{2i}\,]) \tag{3-67}$$

对式（3-64）两边关于时间微分，被动杆 i 的弹性部分任意点 P 在全局坐标系下的加速度可表示为

$$\begin{aligned} ^{\mathrm{P}}\boldsymbol{a}_{2i} &= \boldsymbol{\varepsilon}'_{2i} \times (^{\mathrm{P}}\boldsymbol{r}_{2i} + \boldsymbol{\delta}_{2i}) + \boldsymbol{\omega}'_{2i} \times (\boldsymbol{\omega}'_{2i} \times (^{\mathrm{P}}\boldsymbol{r}_{2i} + \boldsymbol{\delta}_{2i}) + \dot{\boldsymbol{\delta}}_{2i}) + \boldsymbol{\omega}'_{2i} \times \dot{\boldsymbol{\delta}}_{2i} + \ddot{\boldsymbol{\delta}}_{2i} \\ &= \tilde{\boldsymbol{I}}\,(^{\mathrm{P}}\boldsymbol{r}_{2i} + \boldsymbol{\delta}_{2i})\,\varepsilon'_{2i} + \tilde{\boldsymbol{I}}^2(^{\mathrm{P}}\boldsymbol{r}_{2i} + \boldsymbol{\delta}_{2i})\,\omega'^2_{2i} + 2\tilde{\boldsymbol{I}}\dot{\boldsymbol{\delta}}_{2i}\omega'_{2i} + \ddot{\boldsymbol{\delta}}_{2i} \end{aligned} \tag{3-68}$$

定义被动杆弹性部分任意点 P 处的加速度矢量组成的矩阵为

$$\begin{aligned} ^{\mathrm{P}}\boldsymbol{a}_2 = [\,^{\mathrm{P}}\boldsymbol{a}_{21} \quad ^{\mathrm{P}}\boldsymbol{a}_{22} \quad ^{\mathrm{P}}\boldsymbol{a}_{23}\,] &= \boldsymbol{J}_{51}\boldsymbol{J}_{\mathrm{p\beta}}\ddot{\boldsymbol{\eta}} + (\boldsymbol{J}_{51}\dot{\boldsymbol{J}}_{\mathrm{p\beta}} + 2\boldsymbol{J}_{53}\boldsymbol{J}_{\mathrm{p\beta}})\dot{\boldsymbol{\eta}} + \boldsymbol{n}_2\ddot{\boldsymbol{m}}_2 + \\ &\quad \boldsymbol{J}_{51}\frac{\boldsymbol{J}_2 \cdot {}^{l_1-R_1}\boldsymbol{\alpha}_1}{l_1-2R_1}\ddot{\boldsymbol{m}}_1 + \boldsymbol{J}_{52}\boldsymbol{\eta}_{\mathrm{V2}} + 2\boldsymbol{J}_{53}\frac{\boldsymbol{J}_2 \cdot {}^{l_1-R_1}\boldsymbol{\alpha}_1}{l_1-2R_1}\dot{\boldsymbol{m}}_1 \end{aligned} \tag{3-69}$$

其中

$$\boldsymbol{J}_{52}=\mathrm{diag}([\tilde{\boldsymbol{I}}^{2}({}^{\mathrm{P}}\boldsymbol{r}_{2i}+\boldsymbol{\delta}_{2i})]),\boldsymbol{\eta}_{\mathrm{V}2}=[\boldsymbol{\omega}_{2i}'^{2}],\boldsymbol{J}_{53}=\mathrm{diag}([\tilde{\boldsymbol{I}}\dot{\boldsymbol{\delta}}_{2i}]) \tag{3-70}$$

根据式（3-30），考虑弹性时被动杆 i 末端的角加速度矢量可表示为

$$^{l_1}\boldsymbol{\omega}_{2i}'=\boldsymbol{\omega}_{2i}+\boldsymbol{J}_2^i\mathrm{d}\boldsymbol{\theta}\boldsymbol{k}+{}^{l_1-R_1}\dot{\delta}_{2i}'\boldsymbol{k} \tag{3-71}$$

式中 ${}^{l_1-R_1}\dot{\boldsymbol{\delta}}_{2i}'$——被动杆在位置为 l_1-R_1 处的倾角对时间的导数。

因此，根据上式可得，被动杆末端的偏角速度矩阵可描述为

$$^{l_1}\boldsymbol{\omega}_2^*=\begin{bmatrix}\boldsymbol{J}_{\mathrm{p}\beta} & \dfrac{\boldsymbol{J}_2\cdot{}^{l_1-R_1}\boldsymbol{\alpha}_1}{l_1-2R_1} & {}^{l_1-R_1}\boldsymbol{\alpha}_2'\end{bmatrix}_{(3+6n)\times 3}^{\mathrm{T}} \tag{3-72}$$

对式（3-71）两端求导，考虑弹性时被动杆末端的角加速度矩阵为

$$^{l_1}\boldsymbol{\varepsilon}_{2i}'=\boldsymbol{\varepsilon}_{2i}^{l_1}+\boldsymbol{J}_2^i\mathrm{d}\ddot{\boldsymbol{\theta}}\boldsymbol{k}+{}^{l_1-R_1}\ddot{\delta}_{2i}'\boldsymbol{k} \tag{3-73}$$

定义被动杆末端角加速度矢量组成的矩阵为

$$^{l_1}\boldsymbol{\varepsilon}_2'=[{}^{l_1}\boldsymbol{\varepsilon}_{21}'\quad{}^{l_1}\boldsymbol{\varepsilon}_{22}'\quad{}^{l_1}\boldsymbol{\varepsilon}_{23}']=\boldsymbol{J}_{\mathrm{p}\beta}\ddot{\boldsymbol{\eta}}+\dot{\boldsymbol{J}}_{\mathrm{p}\beta}\dot{\boldsymbol{\eta}}+\frac{\boldsymbol{J}_2\cdot{}^{l_1-R_1}\boldsymbol{\alpha}_1}{l_1-2R_1}\ddot{\boldsymbol{m}}_1+{}^{l_1-R_1}\boldsymbol{\alpha}_2'\ddot{\boldsymbol{m}}_2 \tag{3-74}$$

根据式（3-19）及式（3-30），考虑弹性时，被动杆 i 末端的速度可表示为

$$^{l_1}\boldsymbol{V}_{2i}=\boldsymbol{\omega}_{2i}'\times(l_1\boldsymbol{v}_{2i}+{}^{l_1-R_1}\boldsymbol{\delta}_{2i}+{}^{l_1-R_1}\boldsymbol{\delta}_{2i}'R_1)+{}^{l_1-R_1}\dot{\boldsymbol{\delta}}_{2i}+{}^{l_1-R_1}\dot{\delta}_{2i}'R_1\boldsymbol{k}=\tilde{\boldsymbol{I}}l_1\boldsymbol{v}_{2i}\boldsymbol{\omega}_{2i}' \tag{3-75}$$

根据上式可得，被动杆末端的偏速度矩阵可表示为

$$^{l_1}\boldsymbol{V}_2^*=\begin{bmatrix}\boldsymbol{J}_{61}\boldsymbol{J}_{\mathrm{p}\beta} & \boldsymbol{J}_{61}\dfrac{\boldsymbol{J}_2\cdot{}^{l_1-R_1}\boldsymbol{\alpha}_1}{l_1-2R_1} & \boldsymbol{0}_{(3+6n)\times 3}\end{bmatrix}_{(3+6n)\times 3}^{\mathrm{T}} \tag{3-76}$$

式中 $\boldsymbol{J}_{61}$——被动杆末端在全局坐标系下的位置矢量矩阵，有如下形式：

$$\boldsymbol{J}_{61}=\mathrm{diag}([\tilde{\boldsymbol{I}}l_1\boldsymbol{v}_{2i}]) \tag{3-77}$$

对式（3-75）两端求导，被动杆 i 末端在全局坐标系下的加速度可表示为

$$^{l_1}\boldsymbol{a}_{2i}=\boldsymbol{\varepsilon}_{2i}'\times l_1\boldsymbol{v}_{2i}+\boldsymbol{\omega}_{2i}'\times(\boldsymbol{\omega}_{2i}'\times l_1\boldsymbol{v}_{2i})=\tilde{\boldsymbol{I}}l_1\boldsymbol{v}_{2i}\boldsymbol{\varepsilon}_{2i}'+\tilde{\boldsymbol{I}}^2l_1\boldsymbol{v}_{2i}\boldsymbol{\omega}_{2i}'^{2} \tag{3-78}$$

定义被动杆末端的加速度组成的矩阵为

$$^{l_1}\boldsymbol{a}_2=[{}^{l_1}\boldsymbol{a}_{21}\quad{}^{l_1}\boldsymbol{a}_{22}\quad{}^{l_1}\boldsymbol{a}_{23}]^{\mathrm{T}}=\boldsymbol{J}_{61}\boldsymbol{J}_{\mathrm{p}\beta}\ddot{\boldsymbol{\eta}}+\boldsymbol{J}_{61}\dot{\boldsymbol{J}}_{\mathrm{p}\beta}\dot{\boldsymbol{\eta}}+\frac{\boldsymbol{J}_{61}\boldsymbol{J}_2\cdot{}^{l_1-R_1}\boldsymbol{\alpha}_1}{l_1-2R_1}\ddot{\boldsymbol{m}}_1+\tilde{\boldsymbol{I}}\boldsymbol{J}_{61}\boldsymbol{\eta}_{\mathrm{V}2} \tag{3-79}$$

3.3.4 广义惯性力

如式（3-32）所示，分析的含柔性连杆并联机器人的广义速度有 $3+6n$ 项。为便于表达，广义惯性力分为三部分：第一部分对应动平台的刚体运动分量，有三项；后两部分别对应主动杆与被动杆的弹性位移分量，分别有 $3n$ 项组成。根据式（3-34）及式（3-36），动平台的广义惯性力可以表示为

$$\boldsymbol{F}_1^*=\begin{cases}-\boldsymbol{M}_{\mathrm{G}}\ddot{\boldsymbol{\eta}}-\dfrac{\boldsymbol{M}_{\mathrm{G}}\boldsymbol{J}_1\boldsymbol{\alpha}_1}{l_1-2R_1}\ddot{\boldsymbol{m}}_1\\[2ex]-\dfrac{\boldsymbol{\alpha}_1^{\mathrm{T}}\boldsymbol{J}_1^{\mathrm{T}}\boldsymbol{M}_{\mathrm{G}}}{l_1-2R_1}\ddot{\boldsymbol{\eta}}-\dfrac{\boldsymbol{\alpha}_1^{\mathrm{T}}\boldsymbol{J}_1^{\mathrm{T}}\boldsymbol{M}_{\mathrm{G}}\boldsymbol{J}_1\boldsymbol{\alpha}_1}{(l_1-2R_1)^2}\ddot{\boldsymbol{m}}_1\\[2ex]\boldsymbol{0}\end{cases} \tag{3-80}$$

式中　$\boldsymbol{M}_G$——动平台的惯性矩阵，$\boldsymbol{M}_G=\mathrm{diag}([m_G,\ m_G,\ I_G])$。

主动杆的广义惯性力由主动杆前端、中间柔性部分及末端组成。主动杆前端的广义惯性力仅由转动部分组成，根据式（3-40）与式（3-41），前端对应的广义惯性力可表示为

$$\boldsymbol{F}_2^*=\begin{cases}-\boldsymbol{J}_{\mathrm{p}\theta}^{\mathrm{T}}I_{1\mathrm{b}}(\boldsymbol{J}_{\mathrm{p}\theta}\ddot{\boldsymbol{\eta}}+\dot{\boldsymbol{J}}_{\mathrm{p}\theta}\dot{\boldsymbol{\eta}})\\ \boldsymbol{0}\\ \boldsymbol{0}\end{cases}\tag{3-81}$$

式中　$\boldsymbol{I}_{1\mathrm{b}}$——主动杆前端的绕其中心的转动惯量。

根据式（3-44）及式（3-47），主动杆柔性部分对应的广义惯性力可表示为

$$\boldsymbol{F}_3^*=\begin{cases}-\rho_1\oint\boldsymbol{J}_{\mathrm{p}\theta}^{\mathrm{T}}\boldsymbol{J}_{31}^{\mathrm{T}}(\boldsymbol{J}_{31}\boldsymbol{J}_{\mathrm{p}\theta}\ddot{\boldsymbol{\eta}}+\boldsymbol{J}_{31}\dot{\boldsymbol{J}}_{\mathrm{p}\theta}\dot{\boldsymbol{\eta}}+\boldsymbol{J}_{32}\boldsymbol{\eta}_{V1}+2\boldsymbol{J}_{33}\boldsymbol{J}_{\mathrm{p}\theta}\dot{\boldsymbol{\eta}}+\boldsymbol{n}_1\alpha_1\ddot{\boldsymbol{m}}_1)\,\mathrm{d}x\\ -\rho_1\oint\boldsymbol{\alpha}_1^{\mathrm{T}}\boldsymbol{n}_1^{\mathrm{T}}(\boldsymbol{J}_{31}\boldsymbol{J}_{\mathrm{p}\theta}\ddot{\boldsymbol{\eta}}+\boldsymbol{J}_{31}\dot{\boldsymbol{J}}_{\mathrm{p}\theta}\dot{\boldsymbol{\eta}}+\boldsymbol{J}_{32}\boldsymbol{\eta}_{V1}+2\boldsymbol{J}_{33}\boldsymbol{J}_{\mathrm{p}\theta}\dot{\boldsymbol{\eta}}+\boldsymbol{n}_1\boldsymbol{\alpha}_1\ddot{\boldsymbol{m}}_1)\,\mathrm{d}x\\ \boldsymbol{0}\end{cases}\tag{3-82}$$

式中　ρ_1——主动杆弹性部分的线密度。

由上述分析可知，主动杆末端运动分为平动与转动。根据式（3-50）及式（3-51），转动部分对应的广义惯性力可表示为

$$\boldsymbol{F}_4^*=\begin{cases}-\boldsymbol{J}_{\mathrm{p}\theta}^{\mathrm{T}}I_{\mathrm{a}2}(\boldsymbol{J}_{\mathrm{p}\theta}\ddot{\boldsymbol{\eta}}+\dot{\boldsymbol{J}}_{\mathrm{p}\theta}\dot{\boldsymbol{\eta}}+{}^{l_1-R_1}\boldsymbol{\alpha}_1'\ddot{\boldsymbol{m}}_1)\\ -{}^{l_1-R_1}\boldsymbol{\alpha}'^{\mathrm{T}}I_{\mathrm{a}2}(\boldsymbol{J}_{\mathrm{p}\theta}\ddot{\boldsymbol{\eta}}+\dot{\boldsymbol{J}}_{\mathrm{p}\theta}\dot{\boldsymbol{\eta}}+{}^{l_1-R_1}\boldsymbol{\alpha}_1'\ddot{\boldsymbol{m}}_1)\\ \boldsymbol{0}\end{cases}\tag{3-83}$$

式中　$I_{\mathrm{a}2}$——主动杆末端转动惯量。

由于主动杆末端与被动杆前端具有相同的平动速度，根据式（3-54）及式（3-57），两部分的惯性力可表示为

$$\boldsymbol{F}_5^*=\begin{cases}-\boldsymbol{J}_{\mathrm{p}\theta}^{\mathrm{T}}\boldsymbol{J}_{41}^{\mathrm{T}}(m_{\mathrm{a}}+m_{\mathrm{p}1})(\boldsymbol{J}_{41}\boldsymbol{J}_{\mathrm{p}\theta}\ddot{\boldsymbol{\eta}}+\boldsymbol{J}_{41}\dot{\boldsymbol{J}}_{\mathrm{p}\theta}\dot{\boldsymbol{\eta}}+\boldsymbol{n}_1({}^{l_1-R_1}\boldsymbol{\alpha}_1+{}^{l_1-R_1}\boldsymbol{\alpha}_1'R_1)\ddot{\boldsymbol{m}}_1+\boldsymbol{J}_{42}\boldsymbol{\eta}_{V1}+2\boldsymbol{J}_{43}\boldsymbol{J}_{\mathrm{p}\theta}\dot{\boldsymbol{\eta}})\\ -\boldsymbol{n}_1^{\mathrm{T}}({}^{l_1-R_1}\boldsymbol{\alpha}_1^{\mathrm{T}}+{}^{l_1-R_1}\boldsymbol{\alpha}_1'^{\mathrm{T}}R)(m_{\mathrm{a}}+m_{\mathrm{p}1})[\boldsymbol{J}_{41}\boldsymbol{J}_{\mathrm{p}\theta}\ddot{\boldsymbol{\eta}}+\boldsymbol{J}_{41}\dot{\boldsymbol{J}}_{\mathrm{p}\theta}\dot{\boldsymbol{\eta}}+n_1({}^{l_1-R_1}\boldsymbol{\alpha}_1+{}^{l_1-R_1}\boldsymbol{\alpha}_1'R)\ddot{\boldsymbol{m}}_1+\\ \quad\boldsymbol{J}_{42}\boldsymbol{\eta}_{V1}+2\boldsymbol{J}_{43}\boldsymbol{J}_{\mathrm{p}\theta}\dot{\boldsymbol{\eta}}]\\ \boldsymbol{0}\end{cases}\tag{3-84}$$

式中　m_{a}——主动杆末端质量；

$m_{\mathrm{p}1}$——被动杆前端质量。

分析可知，被动杆同样由前端、中间及末端组成。根据式（3-60）及式（3-63），被动杆前端转动部分广义惯性力可表示为

$$\boldsymbol{F}_6^*=\begin{cases}-\boldsymbol{J}_{\mathrm{p}\beta}^{\mathrm{T}}I_{\mathrm{p}1}\left(\boldsymbol{J}_{\mathrm{p}\beta}\ddot{\boldsymbol{\eta}}+\dot{\boldsymbol{J}}_{\mathrm{p}\beta}\dot{\boldsymbol{\eta}}+\dfrac{\boldsymbol{J}_2\cdot{}^{l_1-R_1}\boldsymbol{\alpha}_1}{l_1-2R_1}\ddot{\boldsymbol{m}}_1+{}^{R_1}\boldsymbol{\alpha}_2'\ddot{\boldsymbol{m}}_2\right)\\ -\dfrac{{}^{l_1-R_1}\boldsymbol{\alpha}_1^{\mathrm{T}}\boldsymbol{J}_2^{\mathrm{T}}I_{\mathrm{p}1}}{l_1-2R_1}\left(\boldsymbol{J}_{\mathrm{p}\beta}\ddot{\boldsymbol{\eta}}+\dot{\boldsymbol{J}}_{\mathrm{p}\beta}\dot{\boldsymbol{\eta}}+\dfrac{\boldsymbol{J}_2\cdot{}^{l_1-R_1}\boldsymbol{\alpha}_1}{l_1-2R_1}\ddot{\boldsymbol{m}}_1+{}^{R_1}\boldsymbol{\alpha}_2'\ddot{\boldsymbol{m}}_2\right)\\ -{}^{R_1}\boldsymbol{\alpha}_2'^{\mathrm{T}}I_{\mathrm{p}1}\left(\boldsymbol{J}_{\mathrm{p}\beta}\ddot{\boldsymbol{\eta}}+\dot{\boldsymbol{J}}_{\mathrm{p}\beta}\dot{\boldsymbol{\eta}}+\dfrac{\boldsymbol{J}_2\cdot{}^{l_1-R_1}\boldsymbol{\alpha}_1}{l_1-2R_1}\ddot{\boldsymbol{m}}_1+{}^{R_1}\boldsymbol{\alpha}_2'\ddot{\boldsymbol{m}}_2\right)\end{cases}\tag{3-85}$$

式中　I_{p1}——被动杆前端的转动惯量。

根据式（3-66）及式（3-69），被动杆弹性部分对应的广义惯性力可表示为

$$\boldsymbol{F}_7^* = \begin{cases} -\rho_1\oint \boldsymbol{J}_{p\beta}^{T}\boldsymbol{J}_{51}^{T}\Big[\boldsymbol{J}_{51}\boldsymbol{J}_{p\beta}\ddot{\boldsymbol{\eta}} + (\boldsymbol{J}_{51}\dot{\boldsymbol{J}}_{p\beta} + 2\boldsymbol{J}_{53}\boldsymbol{J}_{p\beta})\dot{\boldsymbol{\eta}} + \boldsymbol{J}_{51}\dfrac{\boldsymbol{J}_2 \cdot {}^{l_1-R_1}\boldsymbol{\alpha}_1}{l_1-2R_1}\ddot{\boldsymbol{m}}_1 + \\ \quad \boldsymbol{n}_2\ddot{\boldsymbol{m}}_2 + \boldsymbol{J}_{52}\boldsymbol{\eta}_{V2} + 2\boldsymbol{J}_{53}\dfrac{\boldsymbol{J}_2 \cdot {}^{l_1-R_1}\boldsymbol{\alpha}_1}{l_1-2R_1}\dot{\boldsymbol{m}}_1\Big]\mathrm{d}x \\ -\rho_1\oint \dfrac{{}^{l_1-R_1}\boldsymbol{\alpha}_1^{T}\boldsymbol{J}_2^{T}\boldsymbol{J}_{51}^{T}}{l_1-2R_1}\Big[\boldsymbol{J}_{51}\boldsymbol{J}_{p\beta}\ddot{\boldsymbol{\eta}} + (\boldsymbol{J}_{51}\dot{\boldsymbol{J}}_{p\beta} + 2\boldsymbol{J}_{53}\boldsymbol{J}_{p\beta})\dot{\boldsymbol{\eta}} + \boldsymbol{J}_{51}\dfrac{\boldsymbol{J}_2 \cdot {}^{l_1-R_1}\boldsymbol{\alpha}_1}{l_1-2R_1}\ddot{\boldsymbol{m}}_1 + \\ \quad \boldsymbol{n}_2\ddot{\boldsymbol{m}}_2 + \boldsymbol{J}_{52}\boldsymbol{\eta}_{V2} + 2\boldsymbol{J}_{53}\dfrac{\boldsymbol{J}_2 \cdot {}^{l_1-R_1}\boldsymbol{\alpha}_1}{l_1-2R_1}\dot{\boldsymbol{m}}_1\Big]\mathrm{d}x \\ -\rho_1\oint \boldsymbol{\alpha}_2^{T}\boldsymbol{n}_2^{T}\Big[\boldsymbol{J}_{51}\boldsymbol{J}_{p\beta}\ddot{\boldsymbol{\eta}} + (\boldsymbol{J}_{51}\dot{\boldsymbol{J}}_{p\beta} + 2\boldsymbol{J}_{53}\boldsymbol{J}_{p\beta})\dot{\boldsymbol{\eta}} + \boldsymbol{J}_{51}\dfrac{\boldsymbol{J}_2 \cdot {}^{l_1-R_1}\boldsymbol{\alpha}_1}{l_1-2R_1}\ddot{\boldsymbol{m}}_1 + \\ \quad \boldsymbol{n}_2\ddot{\boldsymbol{m}}_2 + \boldsymbol{J}_{52}\boldsymbol{\eta}_{V2} + 2\boldsymbol{J}_{53}\dfrac{\boldsymbol{J}_2 \cdot {}^{l_1-R_1}\boldsymbol{\alpha}_1}{l_1-2R_1}\dot{\boldsymbol{m}}_1\Big]\mathrm{d}x \end{cases} \tag{3-86}$$

根据式（3-72）及式（3-74），被动杆末端转动部分对应的广义惯性力可表示为

$$\boldsymbol{F}_8^* = \begin{cases} -\boldsymbol{J}_{p\beta}^{T}I_{p2}\left(\boldsymbol{J}_{p\beta}\ddot{\boldsymbol{\eta}} + \dot{\boldsymbol{J}}_{p\beta}\dot{\boldsymbol{\eta}} + \dfrac{\boldsymbol{J}_2 \cdot {}^{l_1-R_1}\boldsymbol{\alpha}_1}{l_1-2R_1}\ddot{\boldsymbol{m}}_1 + {}^{l_1-R_1}\boldsymbol{\alpha}_2'\ddot{\boldsymbol{m}}_2\right) \\ -\dfrac{{}^{l_1-R}\boldsymbol{\alpha}_1^{T}\boldsymbol{J}_2^{T}I_{p2}}{l_1-2R_1}\left(\boldsymbol{J}_{p\beta}\ddot{\boldsymbol{\eta}} + \dot{\boldsymbol{J}}_{p\beta}\dot{\boldsymbol{\eta}} + \dfrac{\boldsymbol{J}_2 \cdot {}^{l_1-R_1}\boldsymbol{\alpha}_1}{l_1-2R_1}\ddot{\boldsymbol{m}}_1 + {}^{l_1-R_1}\boldsymbol{\alpha}_2'\ddot{\boldsymbol{m}}_2\right) \\ -{}^{l_1-R}\boldsymbol{\alpha}_2'^{T}I_{p2}\left(\boldsymbol{J}_{p\beta}\ddot{\boldsymbol{\eta}} + \dot{\boldsymbol{J}}_{p\beta}\dot{\boldsymbol{\eta}} + \dfrac{\boldsymbol{J}_2 \cdot {}^{l_1-R_1}\boldsymbol{\alpha}_1}{l_1-2R_1}\ddot{\boldsymbol{m}}_1 + {}^{l_1-R_1}\boldsymbol{\alpha}_2'\ddot{\boldsymbol{m}}_2\right) \end{cases} \tag{3-87}$$

式中　I_{p2}——被动杆末端的转动惯量。

根据式（3-76）及式（3-79），被动杆末端平动部分对应的广义惯性力可表示为

$$\boldsymbol{F}_9^* = \begin{cases} -\boldsymbol{J}_{p\beta}^{T}\boldsymbol{J}_{61}^{T}m_{p2}\left(\boldsymbol{J}_{61}\boldsymbol{J}_{p\beta}\ddot{\boldsymbol{\eta}} + \boldsymbol{J}_{61}\dot{\boldsymbol{J}}_{p\beta}\dot{\boldsymbol{\eta}} + \boldsymbol{J}_{61}\dfrac{\boldsymbol{J}_2 \cdot {}^{l_1-R_1}\boldsymbol{\alpha}_1}{l_1-2R_1}\ddot{\boldsymbol{m}}_1 + \boldsymbol{J}_{62}\boldsymbol{\eta}_{V2}\right) \\ -\dfrac{{}^{l_1-R_1}\boldsymbol{\alpha}_1^{T}\boldsymbol{J}_2^{T}\boldsymbol{J}_{61}^{T}}{l_1-2R_1}m_{p2}\left(\boldsymbol{J}_{61}\boldsymbol{J}_{p\beta}\ddot{\boldsymbol{\eta}} + \boldsymbol{J}_{61}\dot{\boldsymbol{J}}_{p\beta}\dot{\boldsymbol{\eta}} + \boldsymbol{J}_{61}\dfrac{\boldsymbol{J}_2 \cdot {}^{l_1-R_1}\boldsymbol{\alpha}_1}{l_1-2R_1}\ddot{\boldsymbol{m}}_1 + \boldsymbol{J}_{62}\boldsymbol{\eta}_{V2}\right) \\ \boldsymbol{0} \end{cases} \tag{3-88}$$

式中　m_{p2}——被动杆末端的质量。

3.3.5　广义主动力

广义主动力由电机驱动力矩及杆件弹性势能产生。如上所述，广义速度共有 $3+6n$ 项，与其对应的广义主动力也有 $3+6n$ 项。根据式（2-10），由电机驱动力引起的广义主动力为

$$\boldsymbol{F}_1 = \begin{cases} \boldsymbol{J}_{p\theta}^{T}\boldsymbol{\tau} \\ \boldsymbol{0} \\ \boldsymbol{0} \end{cases} \tag{3-89}$$

式中　$\boldsymbol{\tau}$——电机驱动力矩。

由杆件弹性位移引起的广义主动力由主动杆与被动杆构成，由主动杆产生的广义惯性力

可表示为

$$\boldsymbol{F}_{21} = -\int_{R_1}^{l_1-R_1} EI\frac{\partial^2\boldsymbol{\alpha}_1^{\mathrm{T}}}{\partial x^2}\frac{\partial^2\boldsymbol{\delta}_1}{\partial x^2}\mathrm{d}x = -\int_{R_1}^{l_1-R_1} EI\frac{\partial^2\boldsymbol{\alpha}_1^{\mathrm{T}}}{\partial x^2}\frac{\partial^2\boldsymbol{\alpha}_1}{\partial x^2}\mathrm{d}x\boldsymbol{m}_1 \tag{3-90}$$

式中 EI——杆件弯曲刚度，是弹性模量 E 和截面关于中性轴的惯性矩 I 的乘积。

由于所有杆件具有相同的截面尺寸，被动杆的弯曲变形内力引起的广义主动力可表示为

$$\boldsymbol{F}_{22} = -\int_{R_1}^{l_1-R_1} EI\frac{\partial^2\boldsymbol{\alpha}_2^{\mathrm{T}}}{\partial x^2}\frac{\partial^2\boldsymbol{\delta}_2}{\partial x^2}\mathrm{d}x = -\int_{R_1}^{l_1-R_1} EI\frac{\partial^2\boldsymbol{\alpha}_2^{\mathrm{T}}}{\partial x^2}\frac{\partial^2\boldsymbol{\alpha}_2}{\partial x^2}\mathrm{d}x\boldsymbol{m}_2 \tag{3-91}$$

为与广义速度一一对应，主动杆与被动杆弯曲引起的广义主动力可统一表示为

$$\boldsymbol{F}_2 = [\boldsymbol{0}_{3\times 3} \quad \boldsymbol{F}_{21}^{\mathrm{T}} \quad \boldsymbol{F}_{22}^{\mathrm{T}}]^{\mathrm{T}}_{(3+6n)\times 3} \tag{3-92}$$

3.3.6 动力学方程的建立

根据凯恩方程，广义速度所对应的广义主动力与广义惯性力之和为零。因此系统动力学方程可表示为

$$\boldsymbol{F}_1 + \boldsymbol{F}_2 + \sum_{j=1}^{9}\boldsymbol{F}_j^* = \boldsymbol{0} \tag{3-93}$$

将式（3-80）至式（3-89）及式（3-92）代入上式展开后可得

$$\begin{bmatrix}\boldsymbol{M}_{11} & \boldsymbol{M}_{12} & \boldsymbol{M}_{13}\\ \boldsymbol{M}_{21} & \boldsymbol{M}_{22} & \boldsymbol{M}_{23}\\ \boldsymbol{M}_{31} & \boldsymbol{M}_{32} & \boldsymbol{M}_{33}\end{bmatrix}\begin{bmatrix}\ddot{\boldsymbol{\eta}}\\ \ddot{\boldsymbol{m}}_1\\ \ddot{\boldsymbol{m}}_2\end{bmatrix} + \boldsymbol{f} + \boldsymbol{K}\begin{bmatrix}\boldsymbol{\eta}\\ \boldsymbol{m}_1\\ \boldsymbol{m}_2\end{bmatrix} = \begin{bmatrix}\boldsymbol{J}_{\mathrm{p}\theta}^{\mathrm{T}}\boldsymbol{\tau}\\ \boldsymbol{0}\\ \boldsymbol{0}\end{bmatrix} \tag{3-94}$$

式中，$\boldsymbol{M} = \begin{bmatrix}\boldsymbol{M}_{11} & \boldsymbol{M}_{12} & \boldsymbol{M}_{13}\\ \boldsymbol{M}_{21} & \boldsymbol{M}_{22} & \boldsymbol{M}_{23}\\ \boldsymbol{M}_{31} & \boldsymbol{M}_{32} & \boldsymbol{M}_{33}\end{bmatrix}$为惯性矩阵，其各分量为

$$\begin{aligned}\boldsymbol{M}_{11} =\ & \boldsymbol{M}_G + \boldsymbol{J}_{\mathrm{p}\theta}^{\mathrm{T}}\boldsymbol{I}_{1\mathrm{b}}\boldsymbol{J}_{\mathrm{p}\theta} + \rho_1\oint\boldsymbol{J}_{\mathrm{p}\theta}^{\mathrm{T}}\boldsymbol{J}_{31}^{\mathrm{T}}\boldsymbol{J}_{31}\boldsymbol{J}_{\mathrm{p}\theta}\mathrm{d}x + \boldsymbol{J}_{\mathrm{p}\theta}^{\mathrm{T}}\boldsymbol{I}_{\mathrm{a}2}\boldsymbol{J}_{\mathrm{p}\theta} + \boldsymbol{J}_{\mathrm{p}\theta}^{\mathrm{T}}\boldsymbol{J}_{41}^{\mathrm{T}}(m_{\mathrm{a}} + m_{\mathrm{p}1})\boldsymbol{J}_{41}\boldsymbol{J}_{\mathrm{p}\theta}\boldsymbol{J}_{41}\boldsymbol{J}_{\mathrm{p}\theta} +\\ & \boldsymbol{J}_{\mathrm{p}\beta}^{\mathrm{T}}\boldsymbol{I}_{\mathrm{p}1}\boldsymbol{J}_{\mathrm{p}\beta} + \boldsymbol{J}_{\mathrm{p}\beta}^{\mathrm{T}}\rho_1\oint\boldsymbol{J}_{51}^{\mathrm{T}}\boldsymbol{J}_{51}\boldsymbol{J}_{\mathrm{p}\beta}\mathrm{d}x + \boldsymbol{J}_{\mathrm{p}\beta}^{\mathrm{T}}\boldsymbol{I}_{\mathrm{p}2}\boldsymbol{J}_{\mathrm{p}\beta} + \boldsymbol{J}_{\mathrm{p}\beta}^{\mathrm{T}}\boldsymbol{J}_{61}^{\mathrm{T}}m_{\mathrm{p}2}\boldsymbol{J}_{61}\boldsymbol{J}_{\mathrm{p}\beta}\end{aligned}$$

$$\begin{aligned}\boldsymbol{M}_{12} =\ & \frac{\boldsymbol{M}_{\mathrm{G}}\boldsymbol{J}_1\boldsymbol{\alpha}_1}{l_1 - 2R_1} + \rho_1\oint\boldsymbol{J}_{\mathrm{p}\theta}^{\mathrm{T}}\boldsymbol{J}_{31}^{\mathrm{T}}\boldsymbol{n}_1\boldsymbol{\alpha}_1\mathrm{d}x + \boldsymbol{J}_{\mathrm{p}\theta}^{\mathrm{T}}\boldsymbol{I}_{\mathrm{a}2}\,{}^{l_1-R_1}\boldsymbol{\alpha}_1' + \boldsymbol{J}_{\mathrm{p}\theta}^{\mathrm{T}}\boldsymbol{J}_{41}^{\mathrm{T}}(m_{\mathrm{a}} + m_{\mathrm{p}1})\boldsymbol{n}_1({}^{l_1-R_1}\boldsymbol{\alpha}_1 + {}^{l_1-R_1}\boldsymbol{\alpha}_1'R_1) +\\ & \boldsymbol{J}_{\mathrm{p}\beta}^{\mathrm{T}}\boldsymbol{I}_{\mathrm{p}1}\frac{\boldsymbol{J}_2\cdot{}^{l_1-R_1}\boldsymbol{\alpha}_1}{l_1 - 2R_1} + \boldsymbol{J}_{\mathrm{p}\beta}^{\mathrm{T}}\rho_1\oint\boldsymbol{J}_{51}^{\mathrm{T}}\boldsymbol{J}_{51}\frac{\boldsymbol{J}_2\cdot{}^{l_1-R_1}\boldsymbol{\alpha}_1}{l_1 - 2R_1}\mathrm{d}x + \boldsymbol{J}_{\mathrm{p}\beta}^{\mathrm{T}}\boldsymbol{I}_{\mathrm{p}2}\frac{\boldsymbol{J}_2\cdot{}^{l_1-R_1}\boldsymbol{\alpha}_1}{l_1 - 2R_1} + \boldsymbol{J}_{\mathrm{p}\beta}^{\mathrm{T}}\boldsymbol{J}_{61}^{\mathrm{T}}m_{\mathrm{p}2}\boldsymbol{J}_{61}\frac{\boldsymbol{J}_2\cdot{}^{l_1-R_1}\boldsymbol{\alpha}_1}{l_1 - 2R_1}\end{aligned}$$

$$\boldsymbol{M}_{13} = \boldsymbol{J}_{\mathrm{p}\beta}^{\mathrm{T}}\boldsymbol{I}_{\mathrm{p}1}\,{}^{R_1}\boldsymbol{\alpha}_2' + \boldsymbol{J}_{\mathrm{p}\beta}^{\mathrm{T}}\rho_1\oint\boldsymbol{J}_{51}^{\mathrm{T}}\boldsymbol{n}_2\mathrm{d}x + \boldsymbol{J}_{\mathrm{p}\beta}^{\mathrm{T}}\boldsymbol{I}_{\mathrm{p}2}\,{}^{l_1-R_1}\boldsymbol{\alpha}_2'$$

$$\boldsymbol{M}_{21} = \boldsymbol{M}_{12}^{\mathrm{T}}$$

$$\begin{aligned}\boldsymbol{M}_{22} =\ & \frac{\boldsymbol{\alpha}_1^{\mathrm{T}}\boldsymbol{J}_1^{\mathrm{T}}\boldsymbol{M}_G\boldsymbol{J}_1\boldsymbol{\alpha}_1}{(l_1 - 2R_1)^2} + \boldsymbol{n}_1^{\mathrm{T}}({}^{l_1-R_1}\boldsymbol{\alpha}_1^{\mathrm{T}} + {}^{l_1-R_1}\boldsymbol{\alpha}_1'^{\mathrm{T}}R)(m_{\mathrm{a}} + m_{\mathrm{p}1})\boldsymbol{n}_1({}^{l_1-R_1}\boldsymbol{\alpha}_1 + {}^{l_1-R_1}\boldsymbol{\alpha}_1'R_1) +\\ & \rho_1\oint\boldsymbol{\alpha}_1^{\mathrm{T}}\boldsymbol{n}_1^{\mathrm{T}}\boldsymbol{n}_1\boldsymbol{\alpha}_1\mathrm{d}x + \frac{{}^{l_1-R_1}\boldsymbol{\alpha}_1^{\mathrm{T}}\boldsymbol{J}_2^{\mathrm{T}}\boldsymbol{I}_{\mathrm{p}1}\boldsymbol{J}_2\cdot{}^{l_1-R_1}\boldsymbol{\alpha}_1}{(l_1 - 2R_1)^2} + \rho_1\oint\frac{{}^{l_1-R_1}\boldsymbol{\alpha}_1^{\mathrm{T}}\boldsymbol{J}_2^{\mathrm{T}}\boldsymbol{J}_{51}^{\mathrm{T}}\boldsymbol{J}_{51}\boldsymbol{J}_2\cdot{}^{l_1-R_1}\boldsymbol{\alpha}_1}{(l_1 - 2R_1)^2}\mathrm{d}x +\end{aligned}$$

$$
{}^{l_1-R_1}\boldsymbol{\alpha}'^{\mathrm{T}} I_{12}\, {}^{l_1-R_1}\boldsymbol{\alpha}' + \frac{{}^{l_1-R_1}\boldsymbol{\alpha}_1^{\mathrm{T}} \boldsymbol{J}_2^{\mathrm{T}} I_{\mathrm{p2}} \boldsymbol{J}_2 \cdot {}^{l_1-R}\boldsymbol{\alpha}_1}{(l_1 - 2R_1)^2} + \frac{{}^{l_1-R_1}\boldsymbol{\alpha}_1^{\mathrm{T}} \boldsymbol{J}_2^{\mathrm{T}} \boldsymbol{J}_{61}^{\mathrm{T}} m_{\mathrm{p2}} \boldsymbol{J}_{61} \boldsymbol{J}_2 \cdot {}^{l_1-R_1}\boldsymbol{\alpha}_1}{(l_1 - 2R_1)^2}
$$

$$
\boldsymbol{M}_{23} = \frac{{}^{l_1-R}\boldsymbol{\alpha}_1^{\mathrm{T}} \boldsymbol{J}_2^{\mathrm{T}} I_{\mathrm{p1}}}{l_1 - 2R_1} {}^{R_1}\boldsymbol{\alpha}'_2 + \rho_1 \oint \frac{{}^{l_1-R_1}\boldsymbol{\alpha}_1^{\mathrm{T}} \boldsymbol{J}_2^{\mathrm{T}} \boldsymbol{J}_{51}^{\mathrm{T}}}{l_1 - 2R_1} \boldsymbol{n}_2 \mathrm{d}x + \frac{{}^{l_1-R_1}\boldsymbol{\alpha}_1^{\mathrm{T}} \boldsymbol{J}_2^{\mathrm{T}} I_{\mathrm{p2}}}{l_1 - 2R_1} {}^{l_1-R_1}\boldsymbol{\alpha}'_2
$$

$$
\boldsymbol{M}_{31} = \boldsymbol{M}_{13}^{\mathrm{T}}
$$

$$
\boldsymbol{M}_{32} = \boldsymbol{M}_{23}^{\mathrm{T}}
$$

$$
\boldsymbol{M}_{33} = {}^{R_1}\boldsymbol{\alpha}_2'^{\mathrm{T}} I_{\mathrm{p1}}\, {}^{R_1}\boldsymbol{\alpha}'_2 + \rho_1 \oint ({}^{R_1}\boldsymbol{\alpha}_2'^{\mathrm{T}} \boldsymbol{J}_{51}^{\mathrm{T}} + \boldsymbol{\alpha}_2^{\mathrm{T}} \boldsymbol{n}_2^{\mathrm{T}})(\boldsymbol{J}_{51}\, {}^{R_1}\boldsymbol{\alpha}'_2 + \boldsymbol{n}_2)\mathrm{d}x + {}^{l_1-R_1}\boldsymbol{\alpha}_2'^{\mathrm{T}} I_{\mathrm{p2}}\, {}^{l_1-R_1}\boldsymbol{\alpha}'
$$

式中，$\boldsymbol{f} = [f_1 \quad f_2 \quad f_3]^{\mathrm{T}}$为科氏力与惯性力项。

$$
\begin{aligned}
f_1 = {} & \rho_1 \oint \boldsymbol{J}_{\mathrm{p}\theta}^{\mathrm{T}} \boldsymbol{J}_{31}^{\mathrm{T}} (\boldsymbol{J}_{31} \dot{\boldsymbol{J}}_{\mathrm{p}\theta} \dot{\boldsymbol{\eta}} + \boldsymbol{J}_{32} \boldsymbol{\eta}_V + 2\boldsymbol{J}_{33} \boldsymbol{J}_{\mathrm{p}\theta} \dot{\boldsymbol{\eta}}) \mathrm{d}x + \\
& \boldsymbol{J}_{\mathrm{p}\theta}^{\mathrm{T}} \boldsymbol{J}_{41}^{\mathrm{T}} (m_{\mathrm{a}} + m_{\mathrm{p1}}) (\boldsymbol{J}_{41} \dot{\boldsymbol{J}}_{\mathrm{p}\theta} \dot{\boldsymbol{\eta}} + \boldsymbol{J}_{42} \boldsymbol{\eta}_V + 2\boldsymbol{J}_{43} \boldsymbol{J}_{\mathrm{p}\theta} \dot{\boldsymbol{\eta}}) + \\
& \boldsymbol{J}_{\mathrm{p}\beta}^{\mathrm{T}} \boldsymbol{J}_{51}^{\mathrm{T}} \rho_1 \oint \left[(\boldsymbol{J}_{51} \dot{\boldsymbol{J}}_{\mathrm{p}\beta} + 2\boldsymbol{J}_{53} \boldsymbol{J}_{\mathrm{p}\beta}) \dot{\boldsymbol{\eta}} + \boldsymbol{J}_{52} \boldsymbol{\eta}_{V2} + 2\boldsymbol{J}_{53} \frac{\boldsymbol{J}_2 \cdot {}^{l_1-R_1}\boldsymbol{\alpha}_1}{l_1 - 2R_1} \dot{\boldsymbol{m}}_1 \right] \mathrm{d}x + \\
& \boldsymbol{J}_{\mathrm{p}\beta}^{\mathrm{T}} \boldsymbol{J}_{61}^{\mathrm{T}} m_{\mathrm{p2}} (\boldsymbol{J}_{61} \dot{\boldsymbol{J}}_{\mathrm{p}\beta} \dot{\boldsymbol{\eta}} + \boldsymbol{J}_{62} \boldsymbol{\eta}_{V2}) + \boldsymbol{J}_{\mathrm{p}\theta}^{\mathrm{T}} (I_{\mathrm{1b}} + I_{\mathrm{a2}}) \dot{\boldsymbol{J}}_{\mathrm{p}\theta} \dot{\boldsymbol{\eta}} + \boldsymbol{J}_{\mathrm{p}\beta}^{\mathrm{T}} (I_{\mathrm{p1}} + I_{\mathrm{p2}}) \dot{\boldsymbol{J}}_{\mathrm{p}\beta} \dot{\boldsymbol{\eta}}
\end{aligned}
$$

$$
\begin{aligned}
f_2 = {} & \rho_1 \oint \boldsymbol{\alpha}_1^{\mathrm{T}} \boldsymbol{n}_1^{\mathrm{T}} (\boldsymbol{J}_{31} \dot{\boldsymbol{J}}_{\mathrm{p}\theta} \dot{\boldsymbol{\eta}} + \boldsymbol{J}_{32} \boldsymbol{\eta}_V + 2\boldsymbol{J}_{33} \boldsymbol{J}_{\mathrm{p}\theta} \dot{\boldsymbol{\eta}}) \mathrm{d}x + \\
& n_1^{\mathrm{T}} ({}^{l_1-R_1}\boldsymbol{\alpha}_1^{\mathrm{T}} + {}^{l_1-R_1}\boldsymbol{\alpha}'^{\mathrm{T}}_1 R)(m_{\mathrm{a}} + m_{\mathrm{p1}}) (\boldsymbol{J}_{41} \dot{\boldsymbol{J}}_{\mathrm{p}\theta} \dot{\boldsymbol{\eta}} + \boldsymbol{J}_{42} \boldsymbol{\eta}_V + 2\boldsymbol{J}_{43} \boldsymbol{J}_{\mathrm{p}\theta} \dot{\boldsymbol{\eta}}) + \\
& \frac{{}^{l_1-R_1}\boldsymbol{\alpha}_1^{\mathrm{T}} \boldsymbol{J}_2^{\mathrm{T}} \boldsymbol{J}_{51}^{\mathrm{T}}}{l_1 - 2R_1} \rho_1 \oint \left[(\boldsymbol{J}_{51} \dot{\boldsymbol{J}}_{\mathrm{p}\beta} + 2\boldsymbol{J}_{53} \boldsymbol{J}_{\mathrm{p}\beta}) \dot{\boldsymbol{\eta}} + \boldsymbol{J}_{52} \boldsymbol{\eta}_{V2} + 2\boldsymbol{J}_{53} \frac{\boldsymbol{J}_2 \cdot {}^{l_1-R_1}\boldsymbol{\alpha}_1}{l_1 - 2R_1} \dot{\boldsymbol{m}}_1 \right] \mathrm{d}x + \\
& \frac{{}^{l_1-R_1}\boldsymbol{\alpha}_1^{\mathrm{T}} \boldsymbol{J}_2^{\mathrm{T}} (I_{\mathrm{p1}} + I_{\mathrm{p2}})}{l_1 - 2R_1} \dot{\boldsymbol{J}}_{\mathrm{p}\beta} \dot{\boldsymbol{\eta}} + \frac{{}^{l_1-R_1}\boldsymbol{\alpha}_1^{\mathrm{T}} \boldsymbol{J}_2^{\mathrm{T}} \boldsymbol{J}_6^{\mathrm{T}}}{l_1 - 2R_1} m_{\mathrm{p2}} (\boldsymbol{J}_{61} \dot{\boldsymbol{J}}_{\mathrm{p}\beta} \dot{\boldsymbol{\eta}} + \boldsymbol{J}_{62} \boldsymbol{\eta}_{V2}) + {}^{l_1-R_1}\boldsymbol{\alpha}'^{\mathrm{T}} I_{\mathrm{a2}} \dot{\boldsymbol{J}}_{\mathrm{p}\theta} \dot{\boldsymbol{\eta}}
\end{aligned}
$$

$$
\begin{aligned}
f_3 = {} & \boldsymbol{\alpha}_2^{\mathrm{T}} \boldsymbol{n}_2^{\mathrm{T}} \rho_1 \oint \left[(\boldsymbol{J}_{51} \dot{\boldsymbol{J}}_{\mathrm{p}\beta} + 2\boldsymbol{J}_{53} \boldsymbol{J}_{\mathrm{p}\beta}) \dot{\boldsymbol{\eta}} + \boldsymbol{J}_{52} \boldsymbol{\eta}_{V2} + 2\boldsymbol{J}_{53} \frac{\boldsymbol{J}_2 \cdot {}^{l_1-R_1}\boldsymbol{\alpha}_1}{l_1 - 2R_1} \dot{\boldsymbol{m}}_1 \right] \mathrm{d}x + \\
& {}^{R}\boldsymbol{\alpha}'^{\mathrm{T}}_2 I_{\mathrm{p1}} \dot{\boldsymbol{J}}_{\mathrm{p}\beta} \dot{\boldsymbol{\eta}} + {}^{l_1-R_1}\boldsymbol{\alpha}'^{\mathrm{T}}_2 I_{\mathrm{p2}} \dot{\boldsymbol{J}}_{\mathrm{p}\beta} \dot{\boldsymbol{\eta}}
\end{aligned}
$$

有 $\boldsymbol{K} = [\boldsymbol{0}_{3\times3} \quad \boldsymbol{0}_{3\times6n};\ \boldsymbol{0}_{6n\times3} \quad \boldsymbol{K}_1]$ 为杆件刚度矩阵，$\boldsymbol{K}_1 = [\boldsymbol{0}_{3n\times3n}\ \boldsymbol{K}_{11};\ \boldsymbol{K}_{22}\ \boldsymbol{0}_{3n\times3n}]$，根据式(3-92)，$\boldsymbol{K}_{11}$与$\boldsymbol{K}_{22}$可表示为

$$
\begin{cases}
\boldsymbol{K}_{11} = -\displaystyle\int_{R_1}^{l_1-R_1} EI \frac{\partial^2 \boldsymbol{\alpha}_1^{\mathrm{T}}}{\partial x^2} \frac{\partial^2 \boldsymbol{\alpha}_1}{\partial x^2} \mathrm{d}x \\
\boldsymbol{K}_{22} = -\displaystyle\int_{R_1}^{l_1-R_1} EI \frac{\partial^2 \boldsymbol{\alpha}_2^{\mathrm{T}}}{\partial x^2} \frac{\partial^2 \boldsymbol{\alpha}_2}{\partial x^2} \mathrm{d}x
\end{cases} \tag{3-95}
$$

考虑电机与减速机参数及关节处摩擦，$\boldsymbol{M}_{11}$与$\boldsymbol{f}_1$可表示为

$$
\boldsymbol{M}_{11} = \boldsymbol{M}_{11} + (I_{\mathrm{m}} + I_{\mathrm{g}}) i_{\mathrm{g}}^2 \boldsymbol{J}_{\mathrm{p}\theta}^{\mathrm{T}} \boldsymbol{J}_{\mathrm{p}\theta} \tag{3-96}
$$

$$
\boldsymbol{f}_1 = \boldsymbol{f}_1 + (I_{\mathrm{m}} + I_{\mathrm{g}}) i_{\mathrm{g}}^2 \boldsymbol{J}_{\mathrm{p}\theta}^{\mathrm{T}} \dot{\boldsymbol{J}}_{\mathrm{p}\theta} \dot{\boldsymbol{\eta}} + i_{\mathrm{g}} \boldsymbol{J}_{\mathrm{p}\theta}^{\mathrm{T}} ([\tau_{\mathrm{fc}} + (\tau_{\mathrm{fs}} - \tau_{\mathrm{fc}}) \mathrm{e}^{-(i_{\mathrm{g}} \dot{\boldsymbol{\theta}} / \nu_{\mathrm{s}})^2}] \mathrm{sgn}(\dot{\boldsymbol{\theta}}) + i_{\mathrm{g}} c_{\mathrm{m}} \dot{\boldsymbol{\theta}}) \tag{3-97}
$$

式中　I_{m}与I_{g}——电机与减速机转动惯量；

　　i_{g}——减速比；

τ_{fs}与τ_{fc}——静摩擦系数与动摩擦系数；

ν_s——斯特里贝克（Stribeck）速度；

c_m——黏滞阻尼系数。

3.4 刚柔耦合动力学模型验证

在进行结构优化设计时，动力学模型精度越高，优化结果越可靠。而开展轨迹优化与控制算法研究时，由于模型需要在线计算，因此，在保证模型精度的同时，对计算效率也有较高的要求。本节将对刚柔耦合模型精度进行验证，并以此为基础对模型进行合理简化，从而提高计算效率。参考现有研究中对考虑杆件柔性机器人的动力学模型验证方法[154,155]，本节将从系统模态与加速度响应两方面进行考察。为保证验证方法的客观性，将引入行业内多用的商业软件 ABAQUS，将其仿真结果与推导模型计算结果进行对比。

3.4.1 模态分析

低阶模态对杆件弹性变形与振动起主导作用，同时节点数目与模型复杂度及精度有直接关系，因此本节将通过研究杆件振型及节点数目与系统模态关系，找出对低阶模态起主要作用的杆件与节点，为模型简化及节点数目选取提供参考。

由于模态与动平台位姿相关，选取表 3-1 所示的三个代表性位姿。在对推导模型开展仿真时，主动杆离散点数目 n 分别采用 1 至 3 个，离散点位置如图 3-5 所示，即从左至右依次增加；同时被动杆离散点数目为三个，其位置与图 3-5 所示的三点相同。

表 3-1 不同节点时系统频率

位姿	模型	节点数目	一阶	二阶	三阶
(187.5，187.5/$\sqrt{3}$，0)	ICFE	1	37.68517	37.68517	47.09448
		2	37.54191	37.54191	46.92388
		3	37.54187	37.54187	46.92377
	CFE	3	31.824	31.824	39.63283
	ABAQUS	3646	37.827	37.827	47.978
(187.5，187.5/$\sqrt{3}$，15°)	ICFE	1	37.57876	37.5786	38.5653
		2	37.4357	37.4357	38.4193
		3	37.43566	37.43566	38.41925
	CFE	3	31.73512	31.73512	32.55769
	ABAQUS	3646	37.707	37.707	39.309
(247.5，187.5/$\sqrt{3}$，0)	ICFE	1	29.52296	44.37096	47.42194
		2	29.40704	44.20777	47.25407
		3	29.40531	44.20769	47.25036
	CFE	3	24.99065	37.381	39.90308
	ABAQUS	3646	29.282	44.875	48.95

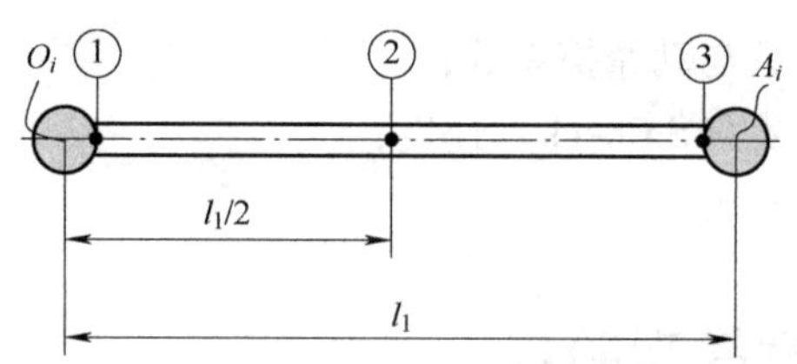

图 3-5　主动杆离散点位置

前三阶频率计算结果见表 3-1，可以看到，对于传统的 CFE 模型，与 ABAQUS 软件的计算结果相比，三个位置对应的前三阶频率偏差均大于 4.29Hz，为计算值的 14.66% 以上。对于本书推导的 ICFE 模型，当节点数目为 1 与 2 时，前三阶频率偏差均在 0.2Hz 以内，小于计算值的 0.6%；当节点数目为 2 与 3 时，前三阶频率偏差在 0.005Hz 以内，为计算值的 0.0147%。同时，杆件取单离散点时的计算结果与 ABAQUS 软件的仿真结果相比，频率最大偏差为机器人在位置③时的第三阶频率处，为 1.528Hz，为理论值的 3.12%，其他位置时各阶频率的偏差均小于 1Hz，因此节点数目对频率影响不明显，采用单个节点依然可以取得较高精度。

图 3-6 所示的一阶模型为 ICFE 与 ABAQUS 计算的在三个位置的一阶模态振型（Modal Shape，MS）图，二阶及三阶振型如图 A-1 ~ 图 A-3 所示，由于被动杆具有较大的局部自振频率及轴向刚度，被动杆对系统前三阶模态振型几乎没有影响，同时两种模型中主动杆与动平台对应的各阶振型基本保持一致，因此为提高计算效率，下文将忽略被动杆柔性，同时对主动杆选取单个离散点，其位置为图 3-5 所示的位置①，此时，根据式（3-94）、式（3-96）及式（3-97），动力学模型各项可表示为

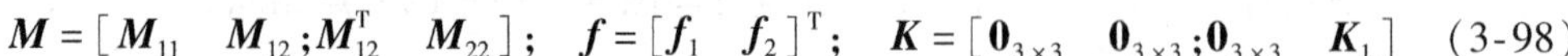

$$\boldsymbol{M}=[\boldsymbol{M}_{11}\quad \boldsymbol{M}_{12};\boldsymbol{M}_{12}^{\mathrm{T}}\quad \boldsymbol{M}_{22}];\quad \boldsymbol{f}=[\boldsymbol{f}_1\quad \boldsymbol{f}_2]^{\mathrm{T}};\quad \boldsymbol{K}=[\boldsymbol{0}_{3\times3}\quad \boldsymbol{0}_{3\times3};\boldsymbol{0}_{3\times3}\quad \boldsymbol{K}_1] \tag{3-98}$$

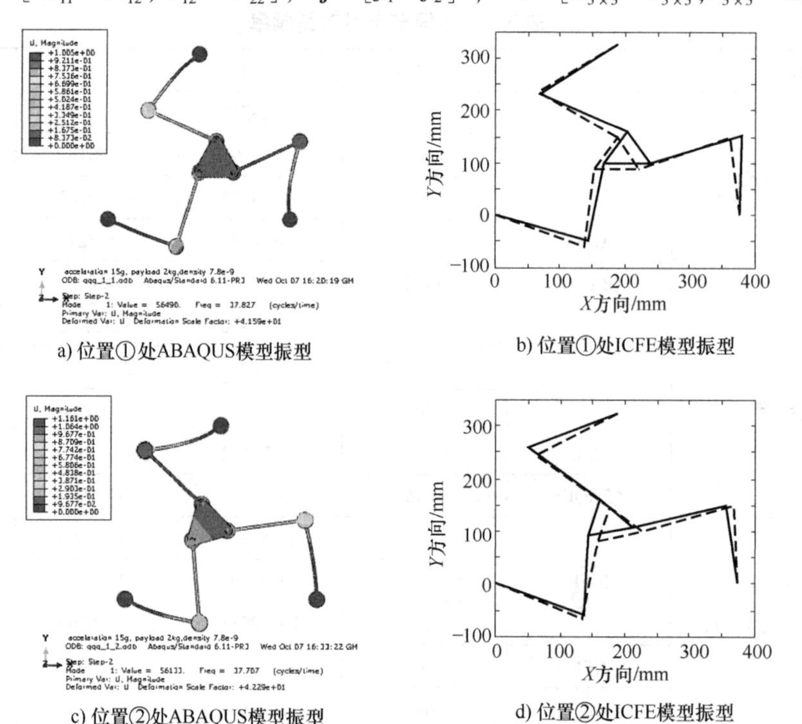

a) 位置①处ABAQUS模型振型　b) 位置①处ICFE模型振型

c) 位置②处ABAQUS模型振型　d) 位置②处ICFE模型振型

图 3-6　各位置的一阶振型

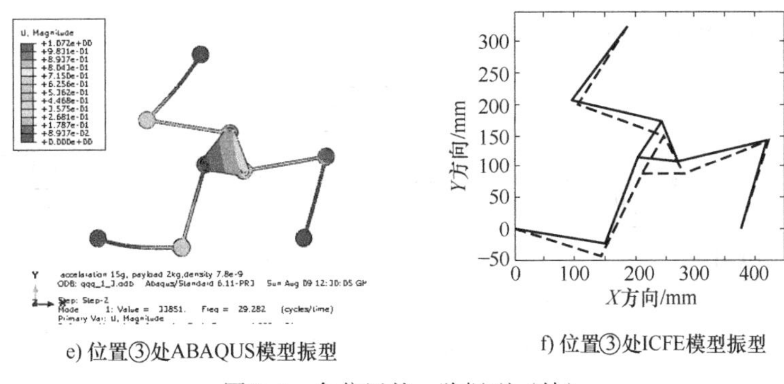

e) 位置③处ABAQUS模型振型　　f) 位置③处ICFE模型振型

图 3-6　各位置的一阶振型（续）

3.4.2　加速度响应分析

加速度响应为机器人运行在给定轨迹时，其刚体运动及杆件弹性位移动产生的末端平台加速度，因此加速度响应是对模型精度的综合描述。根据模态分析结果，在加速度响应分析中仅对主动杆取单个离散节点，并忽略被动杆柔性对系统的影响；同时，为考察系统振动，仿真时忽略阻尼影响。根据工作空间，选择图 3-7 所示的运行轨迹，该轨迹分为 P_1P_2、P_2P_3、P_3P_4、P_4P_5共四段，可以描述机器人在 X 方向及 Y 方向运行过程中及停止后的响应，其中 P_5与 P_1重合。四点坐标分别为 P_1(132.5，93.25)，P_2(132.5，123.25)，P_3(242.5，123.25)，P_4(242.5，93.25)。每段轨迹采用式（3-99）给出的如下五次多项式（Quintic Polynomial，QP）规划：

$$P_iP_{i+1} = P_i + (P_{i+1} - P_i)(6t^5/t_d^5 - 15t^4/t_d^4 + 10t^3/t_d^3) \qquad (i=1,2,3,4) \tag{3-99}$$

其中，四段轨迹运行时间 t_d分别为 0.06s、0.1s、0.06s、0.1s。

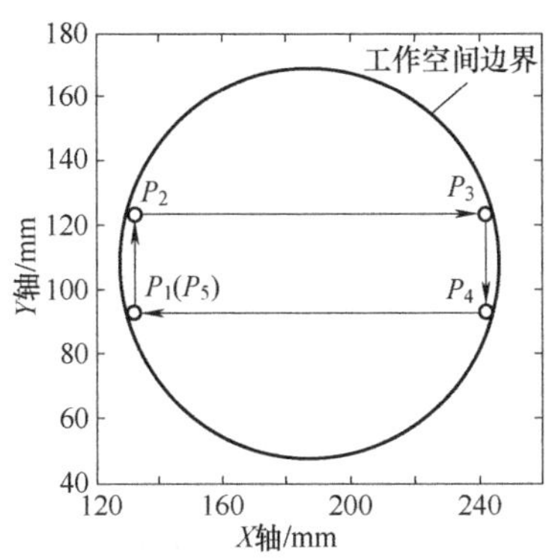

图 3-7　加速度响应运行轨迹

动力学方程求解流程框图如图 3-8，其中 $\boldsymbol{M}_{110}$及 $\boldsymbol{f}_{10}$分别代表刚体动力学模型中的惯性矩阵及离心力与科氏力项。首先采用计算力矩控制计算推导模型中的动平台刚体运动位移 $\boldsymbol{\eta}$、速度 $\dot{\boldsymbol{\eta}}$ 及由于杆件柔性产生的弹性速度 d$\dot{\boldsymbol{\eta}}$，从而可计算实际速度 $\dot{\boldsymbol{\eta}}'$，通过对实际速度求导可得到推导模型中的动平台加速度 $\ddot{\boldsymbol{\eta}}'$。将动平台刚体位移 $\boldsymbol{\eta}$ 进行逆运动学计算，并将其作为 ABAQUS 软件模型的关节转角输入，通过 ABAQUS 软件分析可直接得到动平台加速度，从而保证了推导模型与 ABAQUS 软件模型输入条件的一致性，取 $\boldsymbol{K}_p$ = diag([2500，2500，

2500])，$\boldsymbol{K}_v$ = diag([100，100，100])。

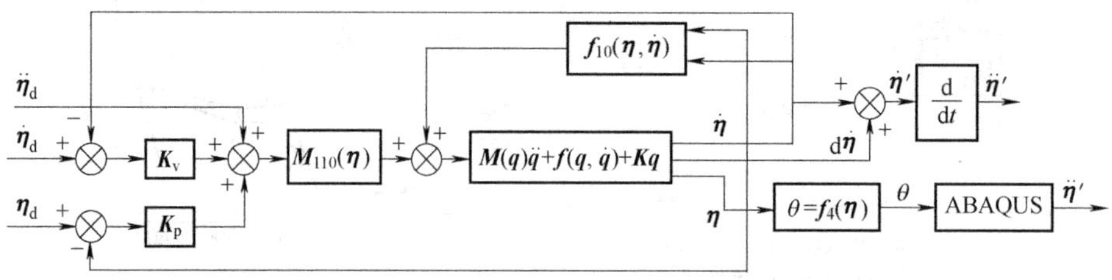

图 3-8　加速度响应求解流程框图

图 3-9 所示的加速度是三种模型中末端动平台的加速度，可以看到，ICFE 模型与 ABAQUS 软件的在平动方向加速度具有良好的对应趋势。由表 3-1 所示可看出，ABAQUS 软件的与文书推导 ICFE 模型的前三阶频率有一定偏差，同时由于 ICFE 模型节点数目较少，对系统刚度也有一定影响，因此振动部分幅值与相位都略有偏差。Y 方向在运行结束时振动偏差较大，这主要是 ICFE 模型计算时在运行结束时刚体位姿偏差引起的。由表 3-1 所示可看出，两种模型在转动方向振型对应频率偏差明显大于平动方向，使得转动方向相位偏差及振动幅值相差相对较大，但总体趋势一致。传统的 CFE 模型与 ABAQUS 软件的相比，在机器人运行过程中及结束时，加速度幅值与相位偏差明显较大。可以看出，在考虑刚性边界时，加速度响应的精度明显提高。

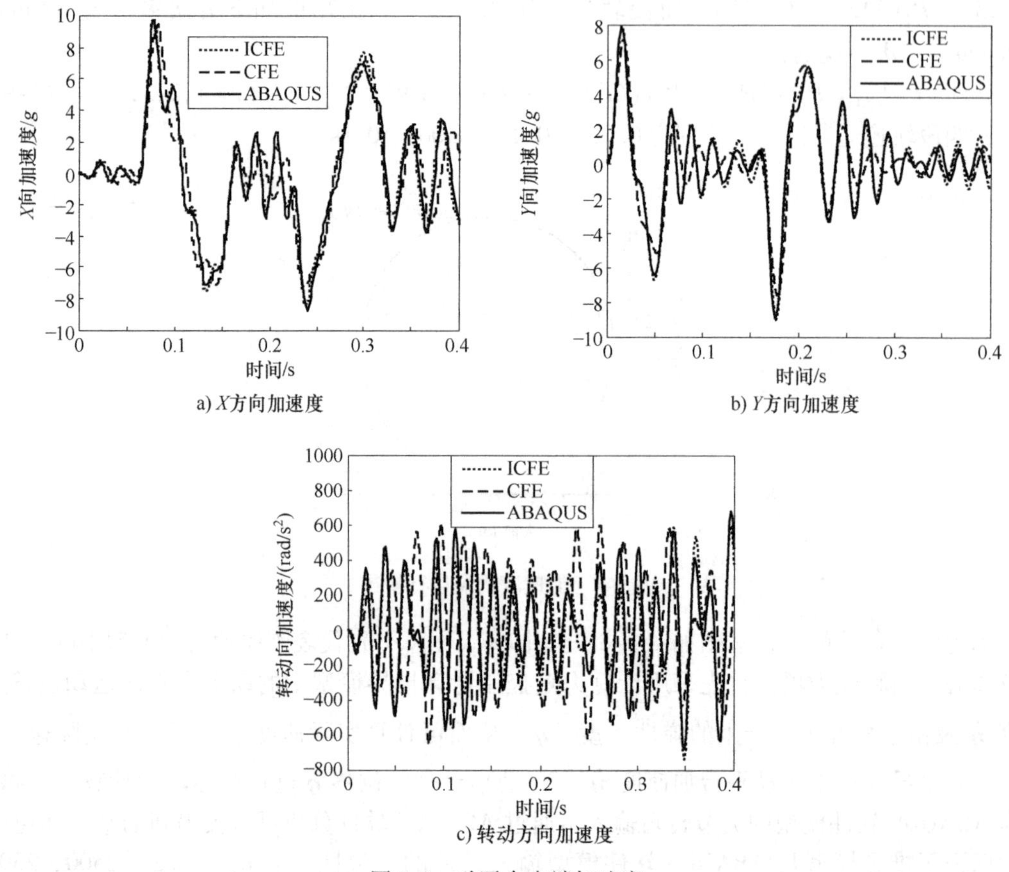

图 3-9　动平台末端加速度

3.5　本章小结

为建立面向控制系统设计的并联机器人高效、高精度的刚柔耦合动力学模型，本章从欧拉梁基本假设出发，考虑杆件端部的刚性效应，对杆件进行了离散化建模，提出了考虑边界效应的曲率有限元建模方法。根据推导的杆件模型及小变形假设，建立了杆件弹性位移与刚体耦合运动的模型，并结合凯恩方程建立了 3RRR 并联机器人的刚柔耦合动力学模型。为考察建模精度与计算效率，开展了模态与加速度响应分析，并将推导模型与 ABAQUS 软件仿真模型进行了对比。结果显示，当杆件采用一至三个离散节点时，两种模型在给定位置处前三阶频率的计算偏差均在 3.12% 以内，且各阶模态振型基本吻合。以此为基础，对模型进行了简化，同时在对主动杆件选取单个离散节点时，两种模型计算得到的动平台加速度响应具有相同的趋势，实现了较高的计算精度。

第 4 章　高速轻型并联机器人集成优化设计

4.1　引言

机器人优化设计包含机构优化、驱动传动组件的参数匹配及控制系统参数调试三个环节。传统设计方法主要采用分层递归优化，即根据设计要求按照一定顺序分别对三个环节进行优化，并将每一步的分析结果作为下一步的输入，如果当前分析过程不满足设计要求，那么将返回上一环节重新计算，直至满足设计要求。分层递归优化虽然最终可以满足设计要求，但由于需要对各优化环节反复迭代运算，因此计算时间较长，同时由于整个计算是串行优化过程，忽略了对各环节耦合因素的影响，因此优化结果并不能保证综合性能的最优。

针对并联机器人的高速运行要求，本章将以运动学模型、刚体动力学模型及刚柔耦合动力学模型为基础，综合机构运动学与动力学性能、驱动传动部件性能及控制系统性能，构造目标函数及约束条件，并建立优化模型，采用多目标遗传算法对优化问题进行求解，通过对机构几何参数、驱动传动部件参数及控制系统参数的同步优化，完成高速并联机器人集成优化设计。

4.2　集成优化设计方法

集成优化设计方法综合了机构运动学与动力学、驱动与传动部件及控制系统指标，通过对机构参数、驱动与传动部件参数及控制系统参数的同步优化，实现系统良好的综合性能，其设计流程框图如图 4-1 所示。首先针对给定的机器人拓扑形式建立机构运动学、刚体动力学及刚柔耦合动力学模型，并根据并联机器人的结构特点及高速运行要求，完成工作空间、条件数、速度性能、加速度性能及基频等运动学与动力学性能指标描述；其次，以动力学模型及轨迹规划为基础，建立驱动与传动部件的工作模型及约束条件，同时以型号为优化变量建立驱动传动部件的参数库；再次，根据建立的动力学模型及部件参数，设计控制算法，考察系统跟踪误差、超调量或稳定时间等指标，同时以控制系统参数为优化变量建立控制系统的优化模型；最后，以机构尺寸综合、驱动与传动部件参数匹配及控制系统优化模型为基础，统一机构参数、驱动与传动部件参数及控制系统参数等优化变量，建立包含多学科、多目标、连续与离散变量混合的优化模型，选择优化算法求解，根据应用要求选择优化结果，最终搭建原理样机。

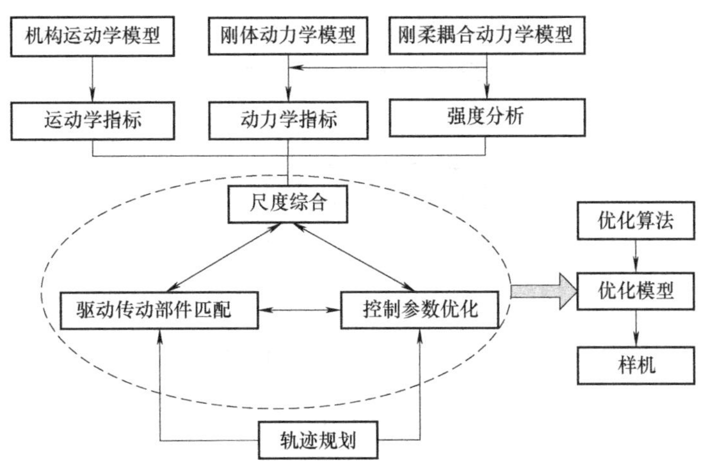

图 4-1　集成优化设计流程框图

4.3　集成优化设计指标

4.3.1　运动学与动力学指标

针对并联机器人工作空间小且存在奇异的问题，同时考虑高速运行要求，在开展机构优化时选取的运动学与动力学指标如图 4-2 所示，将给出灵巧工作空间求解方法，并对条件数、速度性能及传动角等运动学指标与加速性能及低阶振动频率组成的动力学指标进行考察，同时考虑高速运行时杆件受力大的特点，将对机构运行时的最大应力进行限制。

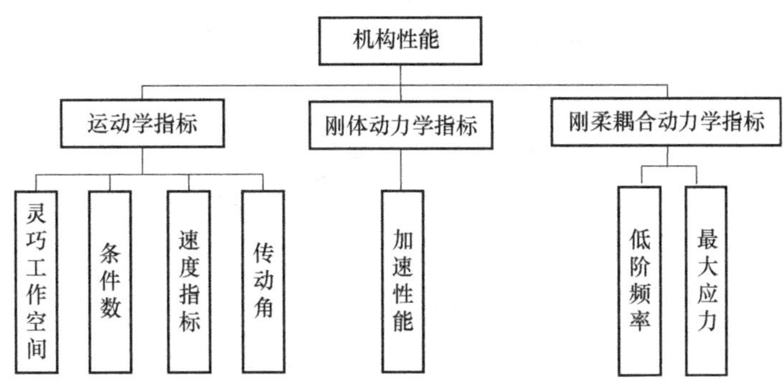

图 4-2　机构性能描述

1. 灵巧工作空间

工作空间小且存在奇异是限制并联机器人广泛应用的一个重要原因，由于三类奇异曲线的存在，工作空间常被分割成多个不连续的子空间。同时，由于各关节及杆件角度的限制，使得工作空间中的某些区域在实际运行时并不可达。因此，找出非奇异、全域可达且连续的子空间，是并联机器人工作空间设计的关键。现有很多研究中对全局灵巧度进行了优化，然而全局灵巧度并不能保证工作空间中任意点的良好操作性能。本节根据 Lou 提出的有效规则工作空间概念[60]，定义了图 4-3 所示的柱状工作空间。其中，r 为工作空间半径，代表动平台平动范围；$\Delta\phi$ 为圆柱体高度，代表动平台转动范围。可通过限制工作空间任意点的灵巧度值（条件数倒数），保证整个工作空间的灵巧性。工作空间搜索流程框图如图 4-4 所示。

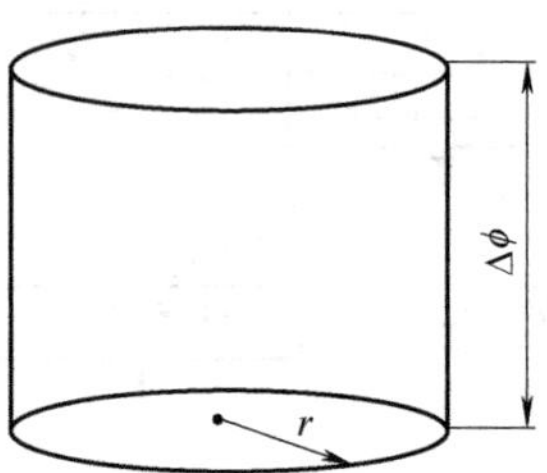

图 4-3 灵巧规则工作区间

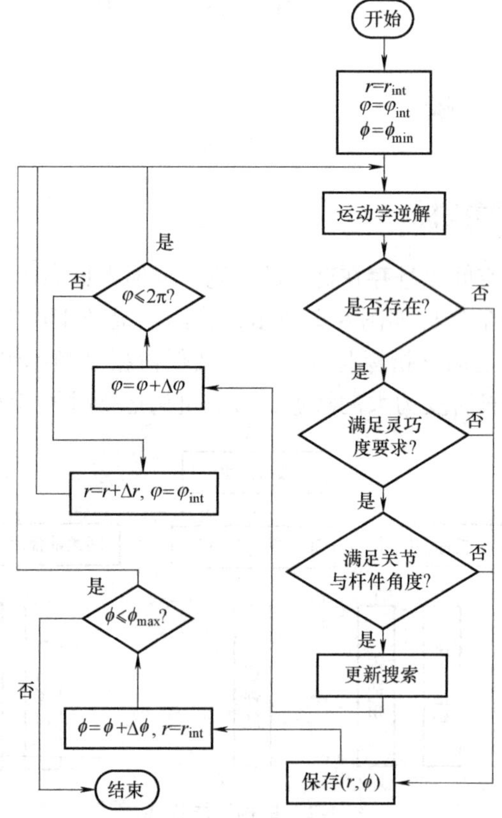

图 4-4 灵巧工作空间搜索流程框图

根据图 4-4 所示，下面介绍具体过程。

（1）设定最小灵巧度值 D_0、姿态角的最小值 $\phi_{\min}$ 和最大值 $\phi_{\max}$ 及关节与杆件角度范围，并建立极坐标形式的工作空间参数化模型：

$$\begin{cases} x = r\cos\varphi \\ y = r\sin\varphi \\ \phi = \phi + \Delta\phi \end{cases} \tag{4-1}$$

式中　(x, y, ϕ)——动平台的位置与姿态；

r——极坐标搜索半径；

φ——极坐标相对于 X 轴的夹角，满足 $0 \leqslant \varphi \leqslant 2\pi$。

初始时 $r_{\text{int}} = \varphi_{\text{int}} = 0$，动平台姿态角满足 $\phi_{\min} \leqslant \phi \leqslant \phi_{\max}$。

（2）建立并联机器人逆运动学方程，根据逆运动学求出各关节角度的表达式，同时推导局部灵巧公式。

（3）根据极坐标方程，固定 r 与 ϕ，沿旋转方向搜索工作空间点，即令 $\varphi = \varphi + \Delta\varphi$。如果 φ 在 $0 \sim 2\pi$ 的范围内存在逆解，且灵巧度满足要求，更新搜索半径 $r = r + \Delta r$，并将 φ 置 0。

（4）继续步骤（3）描述的搜索流程，如果不满足要求，记录 (r, ϕ)。其为动平台姿态 ϕ 下的最大极半径值。之后，更新动平台姿态角 $\phi = \phi + \Delta\phi$。

（5）根据 ϕ 的更新值，继续步骤（3）与步骤（4）的搜索，直至 $\phi = \phi_{\max}$。

2. 条件数指标

假如由于驱动端各轴的角速度误差 $\delta\dot{\boldsymbol{\theta}}$ 导致动平台末端速度误差 $\delta\dot{\boldsymbol{\eta}}$，根据式（2-9），可得到

$$\dot{\boldsymbol{\theta}} + \delta\dot{\boldsymbol{\theta}} = \boldsymbol{J}_{\text{p}\theta}(\dot{\boldsymbol{\eta}} + \delta\dot{\boldsymbol{\eta}}) \tag{4-2}$$

将式（2-9）与式（4-2）相减，可得到

$$\delta\dot{\boldsymbol{\eta}} = \boldsymbol{J}_{\text{p}\theta}^{-1}\delta\dot{\boldsymbol{\theta}} \tag{4-3}$$

对式（2-9）与式（4-3）分别取范数，可得到

$$\|\dot{\boldsymbol{\theta}}\| = \|\boldsymbol{J}_{\text{p}\theta}\dot{\boldsymbol{\eta}}\| \leqslant \|\boldsymbol{J}_{\text{p}\theta}\|\|\dot{\boldsymbol{\eta}}\| \tag{4-4}$$

$$\|\delta\dot{\boldsymbol{\eta}}\| = \|\boldsymbol{J}_{\text{p}\theta}^{-1}\delta\dot{\boldsymbol{\theta}}\| \leqslant \|\boldsymbol{J}_{\text{p}\theta}^{-1}\|\|\delta\dot{\boldsymbol{\theta}}\| \tag{4-5}$$

将式（4-4）与式（4-5）相乘可得

$$\frac{\|\delta\dot{\boldsymbol{\eta}}\|}{\|\dot{\boldsymbol{\eta}}\|} \leqslant \|\boldsymbol{J}_{\text{p}\theta}^{-1}\|\|\boldsymbol{J}_{\text{p}\theta}\|\frac{\|\delta\dot{\boldsymbol{\theta}}\|}{\|\dot{\boldsymbol{\theta}}\|} \tag{4-6}$$

根据式（4-6），定义雅可比矩条件数为

$$K(\boldsymbol{J}_{\text{p}\theta}) = \|\boldsymbol{J}_{\text{p}\theta}\| \cdot \|\boldsymbol{J}_{\text{p}\theta}^{-1}\| \in [1, \infty) \tag{4-7}$$

由上述推导过程可知，根据电机角速度误差，可以计算动平台速度及角速度的误差上界。当条件数 κ 趋于无穷大时，雅可比矩阵奇异，从物理意义上对应并联机器人处于奇异位形。当条件数趋于 1 时，并联机器人在该位形下的速度传递误差最小。因此，为避免并联机器人处于奇异位形并减小速度传递误差，需对最大条件数或其倒数进行约束，从而保证工作空间的灵巧性。

由于 3RRR 并联机器人的运动具有平动自由度与转动自由度，其速度雅可比矩阵对应的平动与转动项系数具有不同的量纲。这意味着雅可比矩阵的条件数没有明确的物理意义，因此需要对雅可比矩阵进行归一化，进而实现去量纲化处理。为了实现雅可比矩阵的归一化，Angeles 提出了特征长度的概念，根据最优姿态下最小条件数构造归一化的特征长度，将其作用于雅可比矩阵实现去量纲化[56]。由于需要对约束优化问题求解，因此计算过程比较复杂。Fassi 提出了一种基于特征长度的计算方法[156]，其表达式如下：

$$L_{c}=\sqrt{\frac{n_{F}}{n_{T}}\frac{\mathrm{tr}(\boldsymbol{J}_{T}^{T}\boldsymbol{J}_{T})}{\mathrm{tr}(\boldsymbol{J}_{F}^{T}\boldsymbol{J}_{F})}} \tag{4-8}$$

式中 n_T——动平台转动自由度数目；

n_F——动平台平动自由度数目；

$\boldsymbol{J}_T$——动平台转动方向对应的雅可比矩阵列阵；

$\boldsymbol{J}_F$——动平台平动方向对应的雅可比矩阵列阵；

tr( )——矩阵的迹。

归一化前的雅可比矩阵 $\boldsymbol{J}_{p\theta}=[\boldsymbol{J}_F \quad \boldsymbol{J}_T]$，归一化后的雅可比矩阵可表示为

$$\boldsymbol{J}_{rp\theta}=\left[\boldsymbol{J}_F \quad \frac{\boldsymbol{J}_T}{L_c}\right] \tag{4-9}$$

因此将上式代入式（4-7），可求得无量纲化的雅可比矩阵条件数，为避免并联机器人处于奇异位形并减小速度误差传递，最小条件数的倒数应满足下式：

$$1/\min[\kappa(\boldsymbol{J}_{rp\theta})]\leqslant D_0 \tag{4-10}$$

式中 D_0——灵巧度需满足的最小值。

3. 速度指标

为实现并联机器人高速的性能要求，本节将从运动学角度出发，给出电机角速度到动平台速度的映射关系，并最终将其反映到驱动与传动部件的选型中。由于本书研究的3RRR并联机器人结构对称，且对应的驱动与传动部件型号相同，因此，对主动关节角速度 $\dot{\boldsymbol{\theta}}$ 进行归一化处理，可以得到

$$\dot{\boldsymbol{\theta}}=\boldsymbol{L}_{\theta}\dot{\bar{\boldsymbol{\theta}}} \tag{4-11}$$

式中 $\dot{\bar{\boldsymbol{\theta}}}$——归一化后的角速度；

$\boldsymbol{L}_{\theta}$——系数矩阵，可表示为

$$\boldsymbol{L}_{\theta}=\begin{bmatrix} n_{m,peak}(2\pi/60/i_g) & & \\ & n_{m,peak}(2\pi/60/i_g) & \\ & & n_{m,peak}(2\pi/60/i_g) \end{bmatrix} \tag{4-12}$$

式中 $n_{m,peak}$——电机最高转速（r/min）。

根据式（2-9），对式（4-11）取范数可得

$$\|\dot{\bar{\boldsymbol{\theta}}}\|^2=\dot{\bar{\boldsymbol{\theta}}}^T\dot{\bar{\boldsymbol{\theta}}}=\dot{\boldsymbol{\eta}}^T\boldsymbol{Q}_k^T\boldsymbol{Q}_k\dot{\boldsymbol{\eta}}\leqslant 1 \tag{4-13}$$

式中，$\boldsymbol{Q}_k=\boldsymbol{L}_{\theta}^{-1}\boldsymbol{J}_{p\theta}$，且 $\boldsymbol{Q}_k^T\boldsymbol{Q}_k$ 为对实对称半正定矩阵，具有正交的特征向量，特征向量的方向为速度椭球的主轴方向，速度椭球主轴半径为对应的特征值二次方根的倒数，即矩阵 $\boldsymbol{Q}_k$ 奇异值的倒数。根据奇异值分解可知：

$$\boldsymbol{Q}_k=\boldsymbol{U}_k\Sigma_k\boldsymbol{V}_k \tag{4-14}$$

式中 $\boldsymbol{U}_k\in\boldsymbol{R}^{3\times3}$、$\boldsymbol{V}_k\in\boldsymbol{R}^{3\times3}$——正交矩阵；

Σ_k——奇异值组成的对角阵；

$\sigma_{k1}\geqslant\sigma_{k2}\geqslant\sigma_{k3}$——对角阵元素。

由于3RRR并联机器人平动方向与转动方向单位不同，容易判断 $1/\sigma_{k1}$ 为转动方向椭球

半径，$1/\sigma_{k2}$与$1/\sigma_{k3}$为平动方向椭球半径。因此，为满足速度要求，建立如下约束关系：

$$\begin{cases}\min(1/\sigma_{k2},1/\sigma_{k3})\geqslant V_{tmin}\\1/\sigma_{k1}\geqslant V_{rmin}\end{cases}\tag{4-15}$$

式中　V_{tmin}——设计要求的平动方向最小速度；

V_{rmin}——设计要求的转动方向最小速度。

4. 全局加速性能

加速性能，是指并联机器人在工作空间内任意点启动时的加速能力。由于并联机器人工作空间小，良好的加速能力是实现高速运动的前提，因此并联机器人高速性能多数情况代表其高加速能力。由于全局加速能力直接影响并联机器人的工作效率，因此在设计阶段需要考虑机器人的全局加速能力。根据式（3-94），3RRR 并联机器人的刚体动力学模型可表示为

$$\boldsymbol{\tau}=\boldsymbol{J}_{p\theta}^{-T}(\boldsymbol{M}_{110}(\boldsymbol{\eta})\ddot{\boldsymbol{\eta}}+\boldsymbol{f}_{10}(\boldsymbol{\eta},\dot{\boldsymbol{\eta}}))\tag{4-16}$$

减速机端的输出力矩范围可表示为

$$-i_g\tau_{m,peak}\leqslant\boldsymbol{\tau}\leqslant i_g\tau_{m,peak}\tag{4-17}$$

式中　$\tau_{m,peak}$——电机最大输出转矩（N · m），对转矩进行归一化处理，可得

$$\bar{\boldsymbol{\tau}}=\boldsymbol{L}_{\tau}^{-1}\boldsymbol{\tau}\tag{4-18}$$

式中　$\bar{\boldsymbol{\tau}}$——归一化后减速机端的输出转矩；

$\boldsymbol{L}_{\tau}$——系数矩阵，可表示为

$$\boldsymbol{L}_{\tau}=\begin{bmatrix}i_g\tau_{m,peak}&&\\&i_g\tau_{m,peak}&\\&&i_g\tau_{m,peak}\end{bmatrix}\tag{4-19}$$

由式（4-16）与式（4-18）可得

$$\|\bar{\boldsymbol{\tau}}\|^2=\bar{\boldsymbol{\tau}}^T\bar{\boldsymbol{\tau}}=\boldsymbol{\tau}^T\boldsymbol{L}_{\tau}^{-T}\boldsymbol{L}_{\tau}^{-1}\boldsymbol{\tau}=(\ddot{\boldsymbol{\eta}}+\ddot{\boldsymbol{\eta}}_1)^T\boldsymbol{Q}_d^T\boldsymbol{Q}_d(\ddot{\boldsymbol{\eta}}+\ddot{\boldsymbol{\eta}}_1)\leqslant 1\tag{4-20}$$

式中　$\ddot{\boldsymbol{\eta}}_1=\boldsymbol{M}_{110}^{-1}\boldsymbol{f}_{10}(\boldsymbol{\eta},\ \dot{\boldsymbol{\eta}})$——离心力与科氏力等效得到的加速度项；

$\boldsymbol{Q}_d=\boldsymbol{L}_{\tau}^{-1}\boldsymbol{J}_{p\theta}^{-T}\boldsymbol{M}_0$——等效质量阵，且 $\boldsymbol{Q}_d^T\boldsymbol{Q}_d$为实对称半正定矩阵。

加速度椭球的形状仅由 $\boldsymbol{Q}_d$决定，椭球主轴半径为特征值二次方根的倒数，即矩阵 $\boldsymbol{Q}_d$奇异值的倒数。离心力与科氏力项仅对椭球进行平移，而机器人在启动时，其离心力与科氏力项$\boldsymbol{f}_{10}(\boldsymbol{\eta},\ \dot{\boldsymbol{\eta}})=0$，因此式（4-20）可表示为

$$\ddot{\boldsymbol{\eta}}^T(\boldsymbol{L}_{\tau}^{-1}\boldsymbol{J}_{p\theta}^{-T}\boldsymbol{M}_0)^T(\boldsymbol{L}_{\tau}^{-1}\boldsymbol{J}_{p\theta}^{-T}\boldsymbol{M}_0)\ddot{\boldsymbol{\eta}}\leqslant 1\tag{4-21}$$

根据奇异值分解可知：

$$\boldsymbol{Q}_d=\boldsymbol{U}_d\Sigma_d\boldsymbol{V}_d\tag{4-22}$$

式中　$\boldsymbol{U}_d\in\boldsymbol{R}^{3\times3}$与 $\boldsymbol{V}_d\in\boldsymbol{R}^{3\times3}$——正交矩阵；

Σ_d——奇异值组成的对角阵，$\sigma_{d1}\geqslant\sigma_{d2}\geqslant\sigma_{d3}$为对角阵元素。

容易判断假 $1/\sigma_{d1}$为转动方向的椭球半径，$1/\sigma_{d2}$与 $1/\sigma_{d3}$为平动方向的椭球半径。为保证并联机器人的高速性能，选取加速度为优化目标，同时角加速度应满足设计要求，有如下表达式：

$$\begin{cases}J_a=\min(1/\sigma_{d2},1/\sigma_{d3})\rightarrow\max\\1/\sigma_{d1}\geqslant a_{rmin}\end{cases}\tag{4-23}$$

式中　a_{rmin}——设计要求的转动方向最小加速度。

5. 低阶振动频率指标

对于轻型并联机器人，由于杆件柔性的存在，高速运行时其低阶振动通常容易被激发，这将降低机器人的轨迹精度及定位精度。因此，在设计阶段需要考虑低阶频率指标，从而保证较高的系统刚度。在低阶频率中，一阶频率起主导作用，因此这里仅对一阶频率进行限制。根据本书第 2 章刚柔耦合动力学模型，系统振动方程可表示为

$$\boldsymbol{M}_{22}\ddot{\boldsymbol{m}} + \boldsymbol{K}_{11}\boldsymbol{m} = 0 \tag{4-24}$$

根据振动分析理论可知，上式动力学方程解存在在充要条件为

$$\det(\boldsymbol{K}_{11} - \omega_n^2\boldsymbol{M}_{22}) = 0 \tag{4-25}$$

式中　ω_n——系统频率，可通过对上式特征值问题求解获得。

工作空间任意点处机器人的一阶频率 $\omega_n(\boldsymbol{\eta})$ 应满足以下条件：

$$\omega_n(\boldsymbol{\eta}) \geqslant 2\pi f_0 \tag{4-26}$$

式中　f_0——设计要求的一阶频率（Hz）。

6. 运动传递角度

当并联机器人任一支链的主动杆与被动杆共线时，其雅可比矩阵的行列式为零，即系统出现了串联奇异，此这种位形下，该支链无法进行力传递。为保证并联机器人在整个工作空间中具有良好的力矩传递能力，主动杆与被动杆间的传动角应该满足以下关系：

$$[\delta]_{\min} \leqslant \delta_i \leqslant [\delta]_{\max} \quad (i = 1,2,3) \tag{4-27}$$

式中　$[\delta]_{\min}$、$[\delta]_{\max}$——要求的最小与最大传动角；

δ_i——第 i 个支链的传动角。

为保证良好的力矩传递性能，δ_i的取值范围选为 $\pi/4 \leqslant \delta_i \leqslant 3\pi/4$[157]：

$$\delta_i = \begin{cases} \beta_i - \theta_i + 2\pi & 当\ \beta_i - \theta_i \leqslant -\pi \\ \beta_i - \theta_i - 2\pi & 当\ \beta_i - \theta_i \geqslant \pi \\ \beta_i - \theta_i & 其他 \end{cases} \tag{4-28}$$

7. 强度条件

并联机器人在高速运行时受力较大，为防止对机械结构造成破坏，需考察机器人运行时杆件的最大受力情况。由动力学计算结果可知，在杆件尺寸相同的情况下，主动杆受力远大于被动杆，因此，只要保证三个主动杆最大应力在许用应力范围内，即可保证机器人强度要求。根据材料力学中弯曲应力公式，强度条件可表示为

$$\frac{Et_1}{2}\max(|\boldsymbol{m}|) \leqslant [\sigma] \tag{4-29}$$

式中　$[\sigma]$——材料许用应力。

4.3.2　驱动与传动系统性能

从理论层面看，机构与控制算法对机器人性能起着决定性的作用，然而这些性能的发挥需要驱动与传动部件去执行。对于电机与减速机的选用，首先应该在速度及力矩方面满足设计要求。电机及减速机选型时存在以下几个关系：

1）电机及减速机与机构之间存在动力学匹配关系，合理选择减速比可以实现输出效率

的最优；

2）增加减速比可以改善系统控制性能并提高加速能力；

3）减速比增加将直接影响减速机的输出转速，从而影响机构性能的发挥；

4）电机与减速机尺寸的增加往往可以提高加速能力，同时增加成本；

5）电机与减速机之间存在运动匹配关系；

6）电机与减速机的价格在机器人成本中占比较高，为实现产品经济性，在满足性能的条件下应选取较小尺寸的电机与减速机。

从上述关系可知，电机与减速机的选择与机构性能及控制性能之间存在耦合关系，为提高系统的综合性能，在集成优化设计中应包含电机与减速机的优化选型。成本关系着电机与减速机性能。为研究电机与减速机性能和系统性能的关系，同时为实现经济性，选取电机与减速机成本为优化目标：

$$J_c = \alpha_{motor} + \alpha_{ge} \rightarrow \min \tag{4-30}$$

式中　α_{motor}——电机价格；

α_{ge}——减速机价格。

机器人单关节模型如图 4-5 所示，电机、减速机及机器人杆件依次连接进行运动的传递。本书拟选用德国倍福（Beckhoff）公司的 AM504x 系列电机，表 4-1 给出了 AM504x 系列电机 12 个型号的电机参数。在集成优化设计中，将以这些型号为变量建立电机参数库。电机正常运行时需要满足三个约束条件，首先电机额定转矩应大于实际运行转矩的方均根：

$$\tau_{m,rated} \geqslant \tau_{m,i,rms} = \sqrt{\frac{1}{t_o}\int_0^{t_o} \boldsymbol{\tau}_i^2 / i_g^2 \mathrm{d}t} \quad (i = 1,2,3) \tag{4-31}$$

式中　t_o——运行时间；

$\boldsymbol{\tau}_i$——关节 i 的驱动力矩，$\boldsymbol{\tau}_i = \boldsymbol{\tau}(i)\,(i = 1,\ 2,\ 3)$；

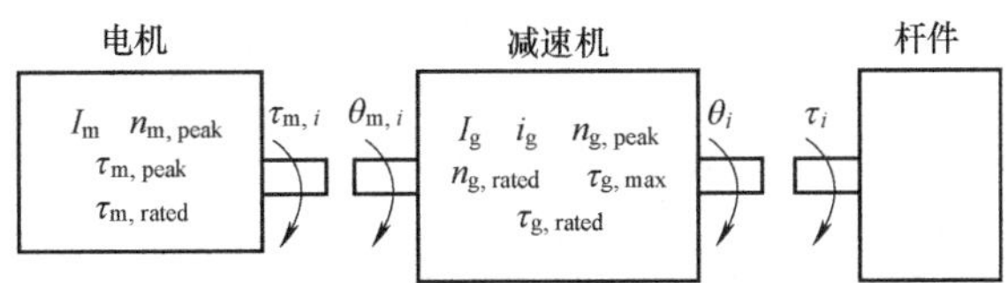

图 4-5　机器人单关节模型框图

表 4-1　AM504x 系列电机 12 个型号的电机参数

序号	型号	$\tau_{m,rated}$/(N·m)	$\tau_{m,peak}$/(N·m)	$n_{m,peak}$/(r/min)	I_m/(kg·cm^2)	价格指数
1	041C	1.77	7.02	3000	0.8	1
2	041E	1.58	7.15	6000	0.8	1
3	042C	3.1	12.81	1500	1.5	1.16
4	042E	2.81	13	3500	1.5	1.16
5	042G	2.35	13.24	6000	1.5	1.16
6	043E	3.92	18.5	2500	2.1	1.33
7	043G	3.01	18.8	5000	2.1	1.33
8	043H	2.58	18.9	6000	2.1	1.33

（续）

序号	型号	$\tau_{m,rated}$/(N·m)	$\tau_{m,peak}$/(N·m)	$n_{m,peak}$/(r/min)	I_m/(kg·cm^2)	价格指数
9	044E	4.8	23.7	2000	2.7	1.6
10	044G	3.76	23.7	4000	2.7	1.6
11	044H	3.19	23.7	5000	2.7	1.6
12	044J	2.75	24	6000	2.7	1.6

其次，电机最高转速应该大于三个主动关节对应的电机输出端最大转速：

$$n_{m,peak} \geqslant \max\left(\left|\frac{\dot{\theta}_i i_g 60}{2\pi}\right|\right) \quad (i=1,\ 2,\ 3) \tag{4-32}$$

同时，电机峰值转矩应该大于主动关节三个电机转矩输出的最大值：

$$\tau_{m,peak} \geqslant \max(|\boldsymbol{\tau}/i_g|) \tag{4-33}$$

为实现并联机器人的高速运行要求，减速机的减速比通常较小，为保证后续算法验证的可靠性，拟选用日本电产（Shimpo）公司 VRT 系列高刚性、高精度、低回差行星减速机，弹性回差小于 3，(角分)，该系列行星减速机已广泛应用于重载或高速场合。表 4-2 给出了 VRT 系列行星减速机 12 个型号的减速机参数。在集成优化设计中，将以这些型号为变量建立减速机参数库，与电机一起组成离散优化变量 $\boldsymbol{P}_{mg}=[\text{mo} \quad \text{ge}]$。其中，mo 为电机型号，ge 为减速机型号。

表 4-2　VRT 系列行星减速机 12 个型号的减速机参数

序号	减速比	$\tau_{g,rated}$/(N·m)	$\tau_{g,peak}$/(N·m)	$n_{g,rated}$/(r/min)	$n_{g,peak}$/(r/min)	I_g/(kg·cm^2)	价格指数
1	16	75	125	3000	6000	0.75	1.54
2	20	75	125	3000	6000	0.73	1.54
3	25	75	125	3000	6000	0.72	1.54
4	28	75	125	3000	6000	0.73	1.54
5	35	75	125	3000	6000	0.72	1.54
6	40	75	125	3000	6000	0.7	1.54
7	16	180	330	3000	6000	0.95	2.52
8	20	180	330	3000	6000	0.85	2.52
9	25	180	330	3000	6000	0.83	2.52
10	28	180	330	3000	6000	0.89	2.52
11	35	180	330	3000	6000	0.81	2.52
12	40	180	330	3000	6000	0.74	2.52

VRT 系列行星减速机正常工作时需满足三个条件。首先，减速机允许的最大输出转矩必须大于最大负载转矩：

$$\tau_{g,max} \geqslant \max(|\boldsymbol{\tau}|) \tag{4-34}$$

其次，减速机允许的最大输入转速必须大于运行时的最大输入转速：

$$n_{g,peak} \geqslant \max\left(\left|\frac{\dot{\theta}_i i_g 60}{2\pi}\right|\right) \quad (i=1,\ 2,\ 3) \tag{4-35}$$

第三，减速机使用寿命应该在设计范围之内：

$$L_h = 20000\left(\frac{\tau_{g,rated}}{\tau_{go,AVG}}\right)^3 \frac{n_{g,rated}}{n_{go,AVG}} \leqslant L_{gh} \tag{4-36}$$

式中　$\tau_{g,rated}$——减速机输出端额定转矩；

$n_{g,rated}$——减速机输入端额定转速；

$n_{go,AVG}$——电机输出端平均转速，可表示为

$$n_{go,AVG} = \frac{n_{go1}t_{o_1} + n_{go2}t_{o_2} + \cdots + n_{gon}t_{o_n}}{t_o}; \tag{4-37}$$

$\tau_{go,AVG}$——减速机输出端的平均运行转矩，可表示为

$$\tau_{go,AVG} = \sqrt[\frac{10}{3}]{\frac{|\tau_{go1}|^{\frac{10}{3}} n_{go1}t_{o_1} + |\tau_{go2}|^{\frac{10}{3}} n_{go2}t_{o_2} + \cdots + |\tau_{gon}|^{\frac{10}{3}} n_{gon}t_{o_n}}{n_{go1}t_{o_1} + n_{go2}t_{o_2} + \cdots + n_{gon}t_{o_n}}} \tag{4-38}$$

式中　$n_{g_{oi}}$——轨迹中第 i 段转速（$i=1$，2，…，n）；

t_{o_i}——轨迹中第 i 段运行时间（$i=1$，2，…，n）。

4.3.3　控制系统性能

为评估机构与减速机组成的硬件系统所能达到的控制性能，将在集成优化设计中引入控制算法，并对控制变量进行优化。为减小整个过程的复杂度，这里仅考察关节跟踪精度，杆件柔性对跟踪效果的影响将在后续章节中进行专门研究。集成优化设计中采用图 4-6 所示的较为成熟的动力学前馈加 PD 的控制算法，其中 PD 控制为调节项。由于机器人结构具有对称性，三个关节选择相同的比例增益 k_p与微分增益 k_d，根据式（3-94），基于动力学前馈加 PD 的控制律可表示为

$$\boldsymbol{\tau} = \boldsymbol{J}_{ps}^{-T}(\boldsymbol{M}_{110}(\boldsymbol{\eta}_d)\ddot{\boldsymbol{\eta}}_d + \boldsymbol{f}_{10}(\boldsymbol{\eta}_d, \dot{\boldsymbol{\eta}}_d)) + \boldsymbol{K}_p(\boldsymbol{\theta} - \boldsymbol{\theta}_d) + \boldsymbol{K}_d(\dot{\boldsymbol{\theta}} - \dot{\boldsymbol{\theta}}_d) \tag{4-39}$$

式中　$\boldsymbol{K}_p$——比例增益矩阵，$\boldsymbol{K}_p = \textbf{diag}([k_p, k_p, k_p])$；

$\boldsymbol{K}_d$——微分增益矩阵，$\boldsymbol{K}_d = \textbf{diag}([k_d, k_d, k_d])$。

合理地选择比例及微分增益可以有效减小系统跟踪误差，因此选取控制系统优化变量为 $\boldsymbol{p}_c = [k_p \quad k_d]^T$。选取关节跟踪误差为优化目标，可表示为

$$J_e = \sqrt{\int_0^{t_d} (\boldsymbol{\theta} - \boldsymbol{\theta}_d)^T(\boldsymbol{\theta} - \boldsymbol{\theta}_d)\mathrm{d}t / t_d / 3} \to \min \tag{4-40}$$

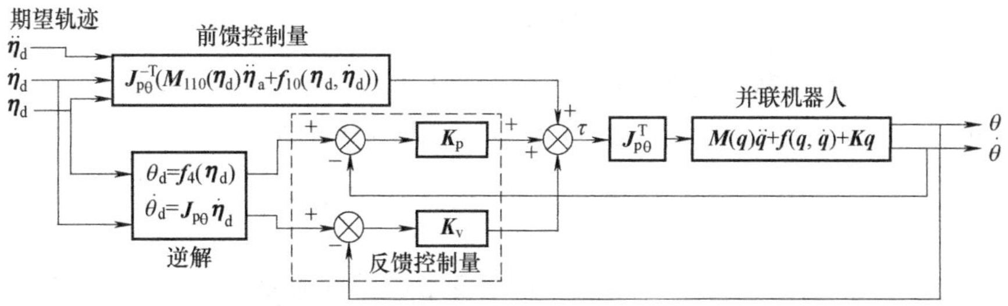

图 4-6　动力学前馈加 PD 控制

4.4 优化模型

根据上节对机器人机构性能指标、电机与减速机选型要求及控制性能指标描述，集成优化设计的优化目标为

$$\begin{cases} J_{\mathrm{a}} \to \max \\ J_{\mathrm{c}} \to \min \\ J_{\mathrm{e}} \to \min \end{cases} \tag{4-41}$$

约束条件可表示为

$$\begin{cases} r_{\min} \leqslant r \\ \phi_{\min} \leqslant \phi \leqslant \phi_{\max} \end{cases} \tag{4-42}$$

$$\begin{cases} \tau_{\mathrm{m,rated}} \geqslant \tau_{\mathrm{m},i,\mathrm{rms}} \quad (i=1,2,3) \\ \tau_{\mathrm{m,peak}} \geqslant \max(|\boldsymbol{\tau}/i_{\mathrm{g}}|) \\ n_{\mathrm{m,peak}} \geqslant \max\left(\left|\dfrac{\dot{\theta}_i i_{\mathrm{g}} 60}{2\pi}\right|\right) \quad (i=1,2,3) \\ \tau_{\mathrm{g,max}} \geqslant \max(|\boldsymbol{\tau}|) \\ n_{\mathrm{g,peak}} \geqslant \max\left(\left|\dfrac{\dot{\theta}_i i_{\mathrm{g}} \times 60}{2\pi}\right|\right) \quad (i=1,2,3) \\ L_{\mathrm{h}} = 20000\left(\dfrac{\tau_{\mathrm{g,rated}}}{\tau_{\mathrm{go,AVG}}}\right)^3\left(\dfrac{n_{\mathrm{g,rated}}}{n_{\mathrm{go,AVG}}}\right) \leqslant L_{\mathrm{gh}} \\ \tau_{\mathrm{m,peak}} \leqslant \tau_{\mathrm{g,max}}/i_{\mathrm{g}} \\ n_{\mathrm{m,peak}} \leqslant n_{\mathrm{g,peak}} \end{cases} \tag{4-43}$$

$$1/\min(\boldsymbol{\kappa}(\boldsymbol{J}_{\mathrm{rp\theta}})) \leqslant D_0 \tag{4-44}$$

$$\begin{cases} \min(1/\sigma_{\mathrm{k2}}, 1/\sigma_{\mathrm{k3}}) \geqslant V_{\mathrm{tmin}} \\ 1/\sigma_{\mathrm{k1}} \geqslant V_{\mathrm{rmin}} \end{cases} \tag{4-45}$$

$$1/\sigma_{\mathrm{d1}} \geqslant a_{\mathrm{rmin}} \tag{4-46}$$

$$\omega_n(\boldsymbol{\eta}) \geqslant 2\pi f_0 \tag{4-47}$$

$$[\delta]_{\min} \leqslant \delta_i \leqslant [\delta]_{\max} \quad (i=1,2,3) \tag{4-48}$$

$$\frac{Et_1}{2}\max(|\boldsymbol{m}|) \leqslant [\sigma] \tag{4-49}$$

研究表明，当机构参数满足特定关系时，3RRR 并联机器人具有较大的连续工作空间[158]。因此，为减少优化时间，对机构参数增加以下约束条件：

$$0.3 \leqslant \frac{\sqrt{3}R}{2l_1 + \sqrt{3}h + \sqrt{3}R} \leqslant 0.425 \tag{4-50}$$

优化变量由连续变量与离散变量组成：连续变量包括机构参数与控制系统参数；离散变量为电机与减速机型号。机构优化变量为 l_1，R，h，t_1。其中，t_1为杆件厚度。同时，为了尽可能减少优化变量数目，选择杆件高度为厚度的5倍。控制系统变量为 k_{p}与 k_{d}，离散变量

为电机型号 mo 及减速机型号 ge。因此，共有 8 个优化变量，其中 6 个连续变量，2 个离散变量，可表示为

$$\boldsymbol{p}=[l_1,h,R,t_1,k_{\mathrm{p}},k_{\mathrm{d}},\mathrm{mo},\mathrm{ge}] \tag{4-51}$$

4.5　优化算法及结果

4.5.1　优化算法

针对上述多目标优化问题，采用 Deb 提出的多目标优化算法 NSGA Ⅱ[159]进行求解，流程如图 4-7 所示。具体过程如下：

（1）随机产生含有连续变量与离散变量$\boldsymbol{p}$ 的初始种群 $P_t(N)$。其中，N 为种群数量，初始化代数 $t=1$。

（2）对第 t 代随机产生的父代种群 $P_t(N)$ 进行选择、交叉与变异，产生子代种群 $Q_t(N)$，合并父代种群与子代种群为混合种群 $R_t(2N)$。

（3）根据非支配原则对混合代种群 $R_t(2N)$ 进行排序，产生等级 F_1，F_2，F_3，…，F_{n_a}，进行优化目标选择。

（4）选择步骤（3）中产生的最优等级，对非支配层的个体拥挤度进行计算，将 N 个最优个体加入到 $t+1$ 代父代种群 $P_{t+1}(N)$，并产生 $t+1$ 代父代种群。

（5）返回步骤（2），重复上述计算，直至运算至最大进化代数。

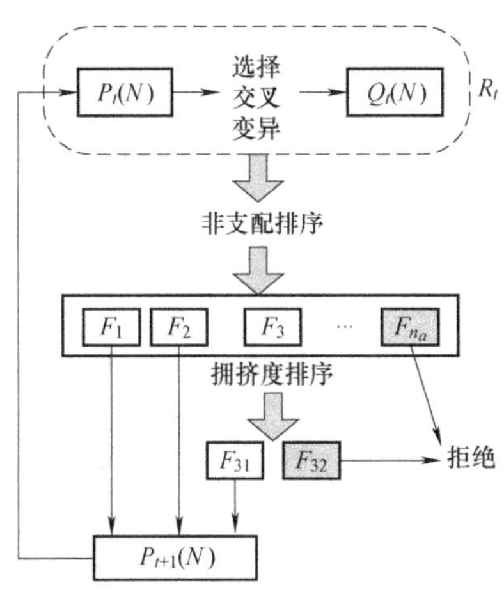

图 4-7　NSGA Ⅱ优化流程

4.5.2　优化结果

机器人设计要求如下：工作空间半径大于 60mm，动平台转动范围为 $-\frac{\pi}{12}\leqslant\phi\leqslant\frac{\pi}{12}$，速度大于 2m/s，角速度大于 50rad/s，角加速度大于 2000rad/s^2，基频大于 15Hz，动平台边长大于 70mm，静平台边长小于 380mm，所有材质均选择 45 钢，材料许用应力 $[\sigma]=$ 355MPa，传动部件寿命为 10000h。机器人运动轨迹多为拾取和放置（pick-place）场合，根

据机工作空间选取如图 3-7 所示 P_1P_2、P_2P_3、P_3P_4 三条轨迹，每段轨迹均采用式（3-99）所示的五次多项式规划。其中，每段轨迹的运动时间 t_d 分别为 0.06s、0.1s 及 0.06s，轨迹段数 $n=440$。

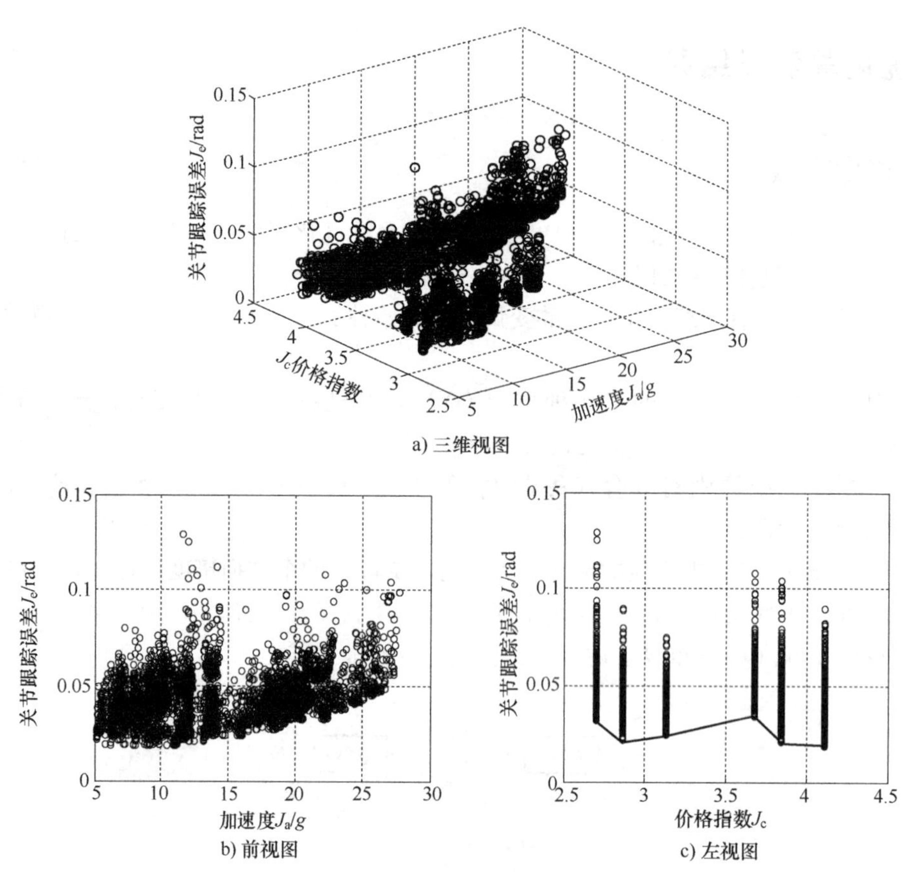

图 4-8　Pareto 解集

优化变量范围选择为，杆件长度是 $130\text{mm}\leqslant l_1\leqslant 170\text{mm}$，动平台边长是 $70\text{mm}\leqslant h\leqslant 100\text{mm}$，静平台边长是 $310\text{mm}\leqslant R\leqslant 380\text{mm}$，比例增益是 $0<k_p\leqslant 1000$，微分增益是 $0<k_d\leqslant 1000$，杆件厚度是 $2\text{mm}\leqslant t_1\leqslant 7\text{mm}$。选取 $\boldsymbol{p}=[160,\ 70,\ 340,\ 5,\ 900,\ 70,\ 7,\ 8]$ 为初始优化变量，根据多目标遗传算法 NSGA Ⅱ的要求，选取种群数量为 $N=48$，进化代数为 200。

Pareto 解集如图 4-8 所示。可以看出，随着机器人加速性能的提高，其关节跟踪误差不断增大，且驱动与传动部件的成本与关节跟踪误差之间并非线性关系。由多目标遗传算法对优化目标的无偏性可知，三个优化目标之间具有较强的耦合性。为说明优化目标及设计变量之间的关系并最后进行选择，从 Pareto 解集中选择表 4-3 所示的 12 组参数。可以看出，随着减速比的增加，关节跟踪误差不断减小，其加速能力也随之降低，且通常也将带来成本的增加；随着电机型号的增大，关节跟踪误差不断增大，且加速性能不断降低，这是由于电机转动惯量也随之增加，电机及减速机与机构之间存在匹配关系；随着杆件厚度的增加，系统跟踪误差显著降低，然而系统加速能力也将下降；对于不同的机构参数，优化结果中对应着不同的驱动传动部件参数与控制系统参数，且优化目标的性能也不同。因此，为达到优良的综合性能，对高速运行的并联机器人开展集成优化设计是极为必要的。综合考虑各优化目标，选择第 12 组解为最终设计参数。下面对动平台姿态 $\phi=0$ 时优化前后的系统一阶频率、全局速度、全局加速度及给定轨迹的跟踪误差进行对比。

表 4-3　优选的 Pareto 解集

序号	l_1/mm	R/mm	h/mm	t_l/mm	mo	ge	k_p	k_d	f_1	f_2	f_3/($\times10^{-2}$)
1	159.83	357.17	73.45	4.66	8	7	973.8	507.9	3	3.84	8.44
2	159.83	357.17	73.45	5.13	8	7	973.8	507.9	2.87	3.84	4.85
3	159.83	357.17	73.45	5.13	8	8	973.8	507.9	2.28	3.84	4.04
4	159.83	357.17	73.45	5.13	10	7	973.8	507.9	2.74	4.11	4.91
5	154.64	380.97	70.68	6.8	10	8	993	863.2	1.84	4.11	0.761
6	154.36	380.97	70.68	6.8	7	8	849.6	863.2	2.1	3.84	1.28
7	154.64	380.97	70.34	4.91	9	8	974.8	876.4	2.09	4.11	2.98
8	156.99	380.88	69.48	5.94	12	3	898.7	883.3	0.76	2.7	1.09
9	151.79	375.47	69.3	6.57	8	8	986.5	574.2	2.13	3.84	0.82
10	151.79	375.47	69.3	6.13	10	8	986.5	574.2	1.92	4.11	1.06
11	152.93	374.98	69.48	5.08	9	7	872.0	773.5	2.88	4.11	3.09
12	**152.75**	**374.91**	**69.37**	**5.08**	**8**	**7**	**872.8**	**773.5**	**3.03**	**3.84**	**2.81**
初始	160	340	70	5	7	8	900	70	2.22	3.84	4.05

如图 4-9 与图 4-10 所示，可以看到，优化前一阶频率的最小值为 26.2Hz，优化后的最小值为 28.88Hz，提高了 10.22%，同时在工作空间中的大部分区域内，一阶频率均大于 32Hz，且波动较小。

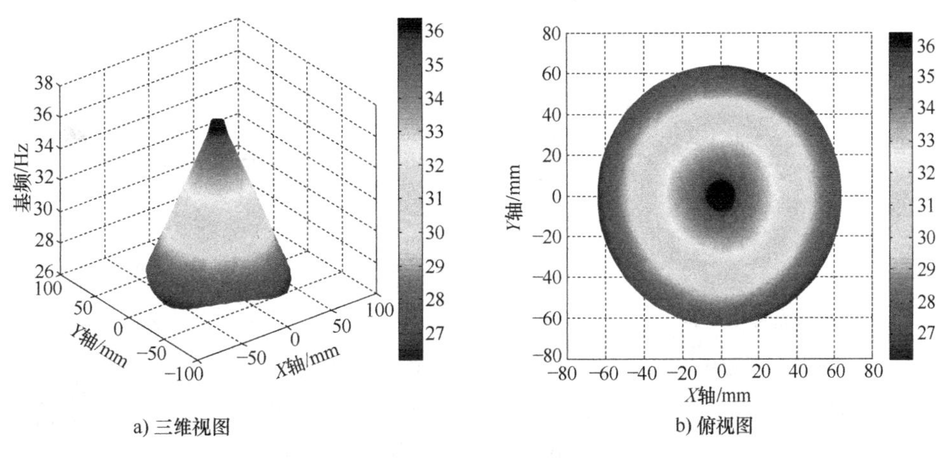

图 4-9　优化前一阶固有频率

如图 4-11 与图 4-12 所示，可以看到，优化前后速度最小值的下限分别为 2.56m/s 与 3.4m/s，上限分别为 3.49m/s 与 4.57m/s，因此优化前后速度最小值显著提高。同时可以看出，速度分布在整个工作空间中较均匀。

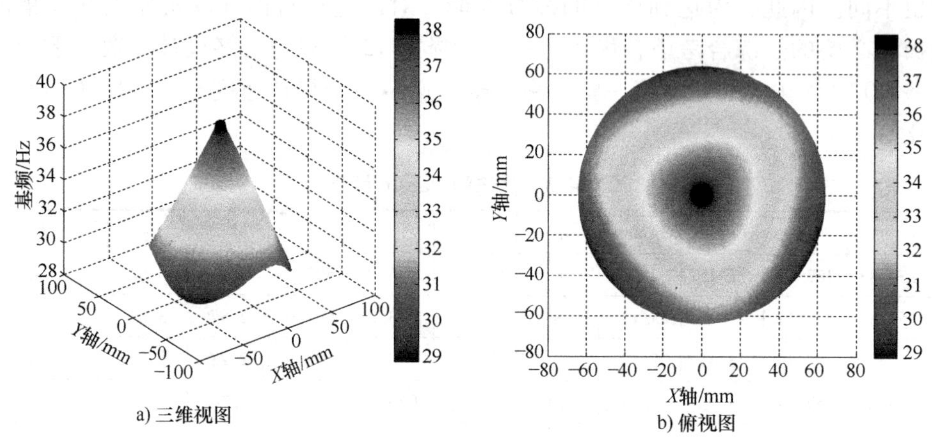

图 4-10　优化后一阶固有频率

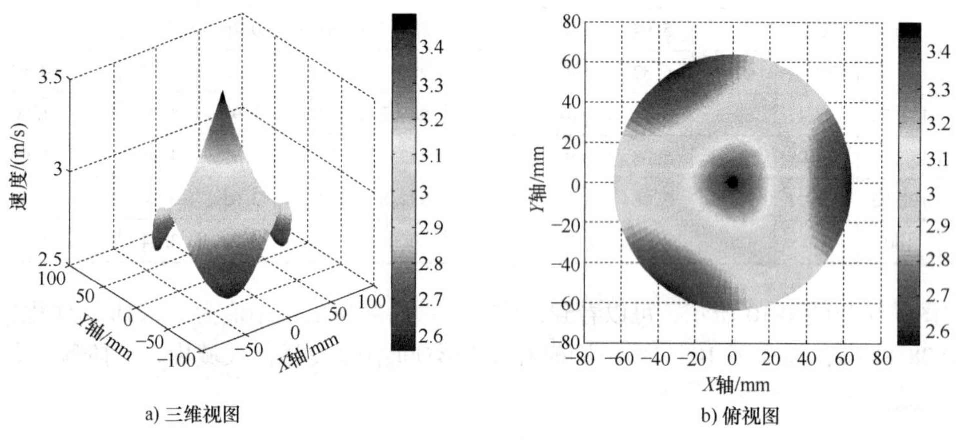

图 4-11　优化前速度

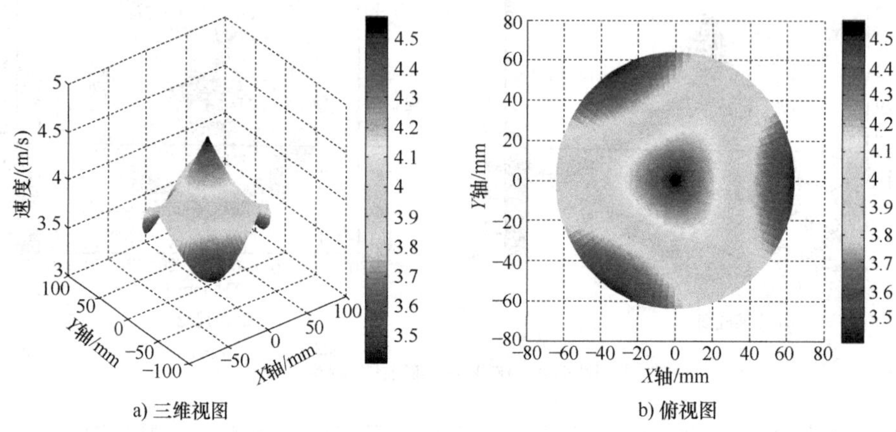

图 4-12　优化后速度

如图4-13与图4-14所示，可以看到，优化前后的加速度有了明显提高，优化前整个工作空间中加速度的最小值与最大值分别为188.9m/s^{2}与244m/s^2，而优化后的对应值分别为260.1m/s^{2}与320.1m/s^2，分别提高了37.7%与31.2%。

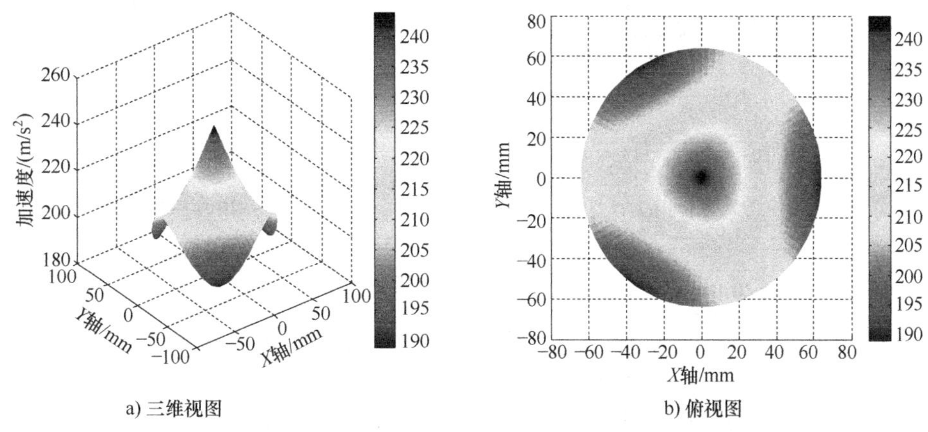

a) 三维视图　　b) 俯视图

图4-13　优化前加速度

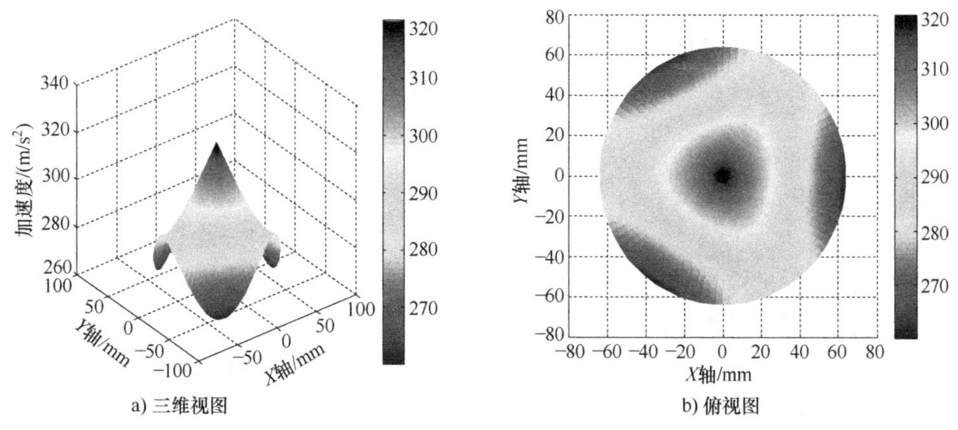

a) 三维视图　　b) 俯视图

图4-14　优化后加速度

如图4-15所示，对于优化前后的末端轨迹跟踪误差，优化前三方向的最大跟踪误差分别为0.81mm、1.45mm及0.0126rad，优化后对应的值为0.59mm、0.75mm与0.0133rad，因此优化后系统在平动方向的跟踪精度有较大的提高，在转动方向略有下降。这是由于描述控制误差的优化目标为各关节跟踪误差，而转动方向误差数值较小，对各轴跟踪误差贡献较小，没有得到显著的反应。如对任意方向跟踪精度有明确要求，可将其选为优化目标或对其进行约束。

从以上分析可知，在集成优化设计前后，虽然驱动与传动部件成本相同且设计指标都满足要求，但优化后的系统一阶频率、速度性能、加速能力及跟踪性能等综合指标都有了较大提高。因此，本章针对高速并联机器人设计提出的集成优化设计方法是有效的。

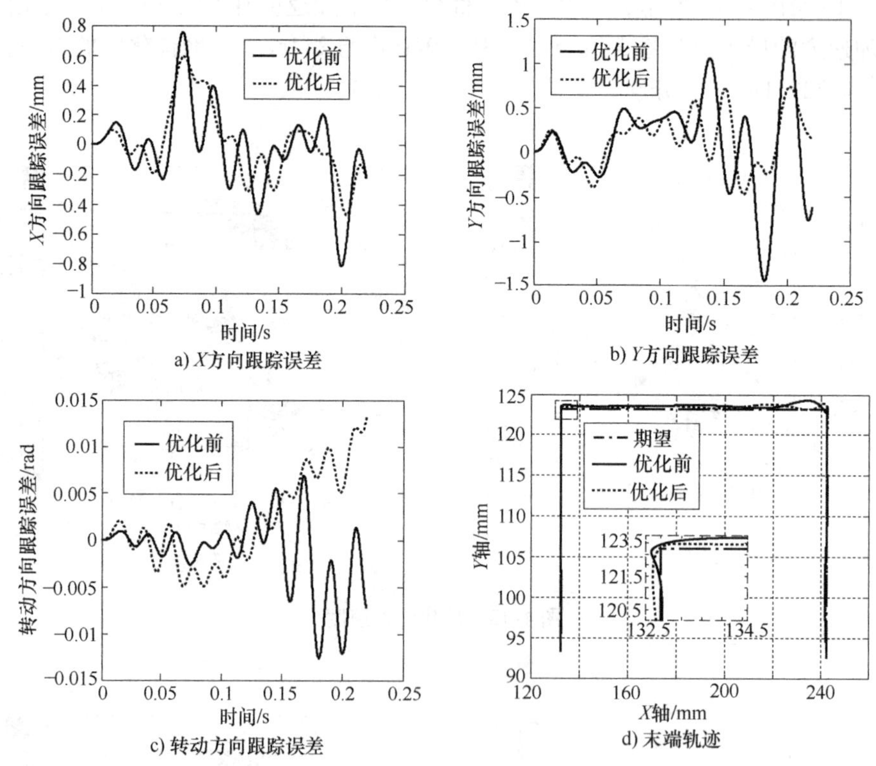

a) X方向跟踪误差

b) Y方向跟踪误差

c) 转动方向跟踪误差

d) 末端轨迹

图 4-15　优化前后轨迹跟踪效果

4.6　本章小结

从理论层面看，机构参数与控制算法对机器人性能起着决定性作用，然而这些性能的发挥需要驱动与传动部件去执行，三者之间存在较强的耦合关系。为实现高速并联机器人良好的综合性能，本章提出了综合机构运动学及动力学、驱动与传动部件及控制系统性能于一体的集成优化设计方法。在机构运动学与动力学性能方面，对灵巧工作空间、速度性能、传动角、加速能力及基频等指标进行考察；在驱动与传动部件性能方面，给出了驱动与传动的模型及约束条件，并建立了参数库；同时为对机构及驱动与传动部件组成的硬件系统所能达到的控制性能进行评估，设计了动力学前馈加 PD 的控制算法，最终建立了优化模型，并选择多目标遗传算法 NSGA Ⅱ对该模型求解。

优化结果表明，集成优化设计方法保证了机构的设计要求，揭示了机构性能、驱动与传动部件性能及控制性能三部分之间的相互作用关系，有效提高了机器人的综合性能。因此，该方法丰富了高速并联机器人的设计理论，并对机器人产业化具有重要的理论意义与工程使用价值。

第 5 章　高速并联机器人运动规划与优化

5.1　引言

为保证并联机器人高速运动的稳定性，需要保证其加速度连续从而实现驱动力或力矩的连续性，同时由于柔性杆件的存在，并联机器人在高速运行时其末端将会出现明显的弹性位移与残余振动。然而，传统针对刚性机器人的轨迹规划方法并未考虑柔性环节的影响，这会降低机器人的运行精度与定位精度，因此必须对其弹性位移与残余振动进行抑制，进而达到高性能的运行精度。

本章先分别对并联机器人常用的直线、圆弧及空间任意给定点运动进行平滑运动规划；之后，从轨迹优化的角度出发，考虑杆件柔性对机器人末端的影响，对给定轨迹与点到点快速定位两种情况下的残余振动抑制与弹性位移限制问题进行研究。以此为出发点，先针对给定轨迹时的并联机器人残余振动抑制问题，将多模态输入整形与 PSO 及动力学前馈加 PD 控制相结合，建立优化模型通过离线优化的方式实现残余振动抑制；针对快速点到点运动，将时间最优规划与多模态输入整形相结合，基于两步优化方法，在点到点时间最优运行时实现对残余振动抑制与弹性位移限制。

5.2　并联机器人平滑运动规划算法

空间点到点的直线运动或给定三点的圆弧运动，是并联机器人最基本的运动形式，在高速、高精度或重载应用场合，要求运动的轨迹具有位置、速度与加速度连续性，以及起始点与末端点处的速度与加速度为 0，还要保证轨迹平滑性从而避免由于轨迹的不连续对系统造成冲击。同时，针对机器人在曲面加工与焊接等运行路径复杂且对精度要求较高的场合，也需要多次样条曲线对多点进行平滑轨迹规划。因此，本节将分别对空间两点直线运动、三点圆弧运动及多点平滑运动进行研究，将采用三次样条曲线进行规划，并在起始与末端点附近引入五次多项式，实现起始点与末端点处的加速度为 0，同时不影响三次样条曲线规划的其他特性。

5.2.1　空间直线平滑运动规划

机器人在空间任意两点的位姿运动方程可表示为

$$\begin{cases}x=x_1+(x_2-x_1)\alpha(t)/L\\y=y_1+(y_2-y_1)\alpha(t)/L\\z=z_1+(z_2-z_1)\alpha(t)/L\end{cases}\tag{5-1}$$

式中 L——空间两点之间线段长度；

$\alpha(t)$——运动规划变量。

为保证运动平滑性，对 $\alpha(t)$ 进行运动规划。直线运动分为加速段、匀速段与减速段。通常选定加速与减速时间相等，为 T_a。设最大线速度为 V_{max}，在直线规划的加减速段部分将采用三次样条曲线。加速段的运动规划变量可表示为

$$\begin{cases}\alpha(t)=d_1t^3+c_1t^2+b_1t+a_1\\\alpha'(t)=3d_1t^2+2c_1t+b_1\\\alpha''(t)=6d_1t+2c_1\end{cases}\tag{5-2}$$

加速段的边界条件为

$$\begin{aligned}&\alpha(0)=\alpha_s=0\quad \alpha'(0)=V_s\quad \alpha'(T_a)=V_{max}\\&\alpha''(0)=A_s\qquad \alpha''(T_a)=0\end{aligned}\tag{5-3}$$

根据式（5-2）与式（5-3）可以求得

$$\begin{cases}a_1=0,b_1=0,c_1=A_s/2\\d_1=(V_{max}-A_sT_a)/(3T_a^2)\\T_a=2V_{max}/A_s\end{cases}\tag{5-4}$$

三次样条曲线可以满足位置、速度与加速度的连续性及起始点与末端点处速度为0，但无法满足起始与末端点的加速度为0，从而导致在起始点和终止点加速度信号为阶跃信号，使得加速度幅值为无穷大，以及对系统低阶振动模态的激振，因此需要对三次样条插值进行修正[160,161]。为此将在三次样条曲线中加入辅助多项式 $A_0(t)$，因此加速段运动方程可表示为

$$\alpha(t)=d_1t^3+c_1t^2+b_1t+a_1+A_0(t)\tag{5-5}$$

式中 $A_0(t)$——辅助多项式。

为使运动规划满足在起始点处加速度为0，且辅助多项式不影响三次样条曲线在边界点处的其他约束条件，$A_0(t)$ 必须满足以下约束条件：

$$\begin{cases}A_0(0)=A_0(T_a)=0\\A_0'(0)=A_0'(T_a)=0\\A_0''(0)=-\alpha''(0)\\A_0''(T_a)=0\end{cases}\tag{5-6}$$

根据式（5-4）及式（5-6）可求得 A_0 为

$$A_0=A_st^2(t-T_a)^3/(2T_a^3)$$

根据式（5-5）可知，加速段的运行距离为

$$\Delta\alpha(T_a)=d_1T_a^3+c_1T_a^2\tag{5-7}$$

在速度运行至最大速度 V_{max} 时进入匀速段，匀速段以最大速度 V_{max} 运行，同时根据运动长度 L 可计算出匀速运动时间，其方程可表示为

$$\begin{cases}\alpha(t)=d_1T_a^3+c_1T_a^2+V_{max}(t-T_a) & (T_a<t\leqslant T_a+T_c)\\ T_c=[L-2\Delta\alpha(T_a)]/V_{max}\end{cases} \tag{5-8}$$

式中　T_c——匀速运行时间。

在减速度段，其运动方程可表示为

$$\alpha(t)=L-[d_2(2T_a+T_c-t)^3+c_2(2T_a+T_c-t)^2+b_2(2T_a+T_c-t)+a_2]\quad (T_a+T_c<t\leqslant 2T_a+T_c) \tag{5-9}$$

减速段需要满足在其起始点（即匀速段的末端点）的位置、速度与加速度连续性，同时也要保证减速段末端点的位置、速度与加速度边界条件：

$$\begin{cases}\alpha'(T_a+T_c)=3d_2T_a^2+2c_2T_a+b_2=V_{max}\\ \alpha''(T_a+T_c)=6d_2T_a+2c_2=0\\ \alpha(2T_a+T_c)=L-a_2=L\\ \alpha'(2T_a+T_c)=b_2=0\\ \alpha''(2T_a+T_c)=2c_2=A_s\end{cases} \tag{5-10}$$

根据加速段的运动规划可知，仅采用三次样条曲线无法满足位置、速度及加速度连续性，以及起始与末端点的速度与加速度条件，因此需要在三次样条规划中加入五次多项式。根据式（5-9）与式（5-10），减速段的运动方程可表示为

$$\begin{cases}\alpha(t)=L-[d_2(2T_a+T_c-t)^3+c_2(2T_a+T_c-t)^2+b_2(2T_a+T_c-t)+A_1] & (T_a+T_c<t\leqslant 2T_a+T_c)\\ a_2=0;b_2=0;c_2=A_s/2;d_2=(V_{max}-A_sT_a)/(3T_a^2)\\ A_1=-A_s(2T_a+T_c-t)^2(t-T_a-T_c)^3/(2T_a^3)\end{cases} \tag{5-11}$$

式中　A_1——减速段的辅助多项式。

根据以上推导，两点直线运动的规划方程可表示为

$$\alpha(t)=\begin{cases}d_1t^3+c_1t^2+b_1t+A_0 & 当\ t\leqslant T_a\\ d_1T_a^3+c_1T_a^2+b_1T_a+V_{max}(t-T_a) & 当\ T_a<t\leqslant T_a+T_c\\ L-D(t) & 当\ T_a+T_c<t\leqslant 2T_a+T_c\end{cases} \tag{5-12}$$

$$D(t)=d_2(2T_a+T_c-t)^3+c_2(2T_a+T_c-t)^2+b_2(2T_a+T_c-t)+A_1$$

5.2.2　空间圆弧运动规划算法

圆弧运动也是机器人经常用的运动形式，空间任意不共线的三点可确定一个平面及圆。对于空间任意三点坐标——$(x_1,\ y_1,\ z_1)$、$(x_2,\ y_2,\ z_2)$、$(x_3,\ y_3,\ z_3)$，由其组成的平面方程可表示为

$$Ax+By+Cz=1 \tag{5-13}$$

将三点坐标代入上式可求得 A，B，C：

$$\begin{bmatrix}A\\B\\C\end{bmatrix}=\begin{bmatrix}x_1 & y_1 & z_1\\ x_2 & y_2 & z_2\\ x_3 & y_3 & z_3\end{bmatrix}^{-1}\begin{bmatrix}1\\1\\1\end{bmatrix} \tag{5-14}$$

根据三点坐标可求出任意两点的中点坐标为（x_{12}，y_{12}，z_{12}）与（x_{23}，y_{23}，z_{23}），由于

圆心与中点连线与对应的直线垂直，因此圆心坐标（x_c，y_c，z_c）满足以下方程：

$$\begin{cases}(x_c-x_{12})(x_1-x_2)+(y_c-y_{12})(y_1-y_2)+(z_c-z_{12})(z_1-z_2)=0\\(x_c-x_{23})(x_2-x_3)+(y_c-y_{23})(y_2-y_3)+(z_c-z_{23})(z_2-z_3)=0\\Ax_c+By_c+Cz_c=1\end{cases}\tag{5-15}$$

根据上式，可求得圆心坐标为

$$\begin{bmatrix}x_c\\y_c\\z_c\end{bmatrix}=\begin{bmatrix}(x_1-x_2) & (y_1-y_2) & (z_1-z_2)\\(x_2-x_3) & (y_2-y_3) & (z_2-z_3)\\A & B & C\end{bmatrix}^{-1}\begin{bmatrix}x_{12}(x_1-x_2)+y_{12}(y_1-y_2)+z_{12}(z_1-z_2)\\x_{23}(x_2-x_3)+y_{23}(y_2-y_3)+z_{23}(z_2-z_3)\\1\end{bmatrix}\tag{5-16}$$

以圆心为球心，R 为半径的球参数方程为

$$\begin{cases}x=R\cos\phi\cos\alpha+x_c\\y=R\cos\phi\sin\alpha+y_c\\z=R\sin\phi+z_c\end{cases}\tag{5-17}$$

将上式代入平面方程可得

$$A(R\cos\phi\cos\alpha+x_c)+B(R\cos\phi\sin\alpha+y_c)+C(R\sin\phi+z_c)=1\tag{5-18}$$

由于球心在方程（5-13）表示的平面上，方程 $Ax_c+By_c+Cz_c=1$ 成立，可计算得

$$\tan\phi=(A\cos\alpha+B\sin\alpha)/(-C)$$

$$\phi=\arctan[(A\cos\alpha+B\sin\alpha)/(-C)]\tag{5-19}$$

所以空间圆的参数方程可表示为

$$\begin{cases}x=R\cos\phi\cos\alpha+x_c\\y=R\cos\phi\sin\alpha+y_c\\z=R\sin\phi+z_c\\\phi=\arctan[(A\cos\alpha+B\sin\alpha)/(-C)]\end{cases}\tag{5-20}$$

由上式可知，α 为圆弧角度，类似直线规划中的 α 规划，为独立参数。此处采用三次多项式规划，并在加速与减速段采用五次多项式保证起始与末端点的加速度为 0，从而保证起始点和末端点速度与加速度为 0。圆弧轨迹规划方程可表示为

$$\begin{cases}x=R\cos\phi\cos[\alpha(t)]+x_c\\y=R\cos\phi\sin[\alpha(t)]+y_c\\z=R\sin\phi+z_c\\\phi=\arctan\{[A\cos[\alpha(t)]+B\sin[\alpha(t)]]/(-C)\}\\\alpha(t)=d_3t^3+c_3t^2+b_3t+a_3+A_2(t)\\\alpha(0)=\alpha'(0)=\alpha''(0)=0\\\alpha(t_f)=L_a,\alpha'(t_f)=\alpha''(t_f)=0\end{cases}\tag{5-21}$$

式中 L_a——圆弧对应的角度。

5.2.3 基于三次样条曲线的空间多点运动规划

采用三次样条曲线在各预设的过渡点可以保证速度连续和加速度连续。任意两个预设点

之间采用三次多项式 $\alpha_j(t)$，由于各段曲线在其连接点处导数相等，因此其导数 $\alpha_j''(t)$ 可表示为

$$\alpha_j''(t)=z_{j+1}/[h_j(t-t_j)]+z_j/[h_j(t_{j+1}-t)]$$
$$t\in[t_j,t_{j+1}]\quad j=1,\cdots,n-1 \tag{5-22}$$

两个预设点之间的时间间隔为 $h_j=t_{j+1}-t_j$，对上式进行两次积分可得角度方程为

$$\alpha_j(t)=z_{j+1}(t-t_j)^3/6/h_j+z_j(t_{j+1}-t)^3/6/h_j+c_j(t-t_j)+d_j(t_{j+1}-t) \tag{5-23}$$

定义 $\alpha_j(t)=y_i$ 与 $\alpha_{j+1}(t)=y_{i+1}$，代入上式可得

$$c_j=y_{j+1}/h_j-h_jz_{j+1}/6\quad d_j=y_j/h_j-h_jz_j/6 \tag{5-24}$$

同时，为保证各预设点之间的运动连续性，必须保证各段曲线在其连接点处一阶导数值 $\alpha_j'(t)$ 相等。根据方程可得一阶导数表达式为

$$\begin{cases}\alpha_{j-1}'(t_i)=z_{j-1}h_{j-1}/6+z_jh_{j-1}/3+(y_j-y_{j-1})/h_{j-1}\\ \alpha_j'(t_i)=-z_{j+1}h_j/6-z_jh_j/3+(y_{j+1}-y_j)/h_j\end{cases} \tag{5-25}$$

因此，各连接点处的速度边界条件可表示为

$$z_{j-1}h_{j-1}+2z_j(h_{j-1}+h_j)/3+z_{j+1}h_j=6[(y_{j+1}-y_j)/h_j-(y_j-y_{j-1})/h_{j-1}] \tag{5-26}$$

为了保证运动的平滑性及连续性，必须满足起始点和末端点处速度为 0，即 $S_1'(t_1)=0$，$S_{n-1}'(t_n)=0$。根据式（5-25）可得到以下关系：

$$\begin{cases}z_1=3(y_2-y_1)/h_1^2-z_2/2\\ z_n=-3(y_n-y_{n-1})/h_{n-1}^2-z_{n-1}/2\end{cases} \tag{5-27}$$

根据上式可知，n 个节点处的二阶导数可用其中 $n-2$ 个导数线性表示，由式（5-26）可得到

$$\begin{bmatrix}2h_2+1.5h_1 & h_2 & & & & \\ h_2 & 2(h_2+h_3) & h_3 & & & \\ & h_3 & 2(h_3+h_4) & h_4 & & \\ & & & \vdots & & \\ & & & h_{n-3} & 2(h_{n-3}+h_{n-2}) & h_{n-2} \\ & & & & h_{n-2} & 2h_{n-2}+1.5h_{n-1}\end{bmatrix}\begin{bmatrix}z_2\\ z_3\\ z_4\\ \vdots\\ z_{n-2}\\ z_{n-1}\end{bmatrix}$$
$$=\begin{bmatrix}6(y_3-y_2)/h_2-9(y_2-y_1)/h_1\\ 6((y_4-y_3)/h_3-(y_3-y_2)/h_2)\\ 6((y_5-y_4)/h_4-(y_4-y_3)/h_3)\\ \vdots\\ 6((y_{n-1}-y_{n-2})/h_{n-2}-(y_{n-2}-y_{n-3})/h_{n-3})\\ 9(y_n-y_{n-1})/h_{n-1}-6(y_{n-1}-y_{n-2})/h_{n-2}\end{bmatrix} \tag{5-28}$$

因此，根据上式可计算各节点处的二阶导数，进而可得到各段三次样条曲线方程。虽然可以保证起始点和终止点处速度为 0，但其加速度不为 0，在起始段和终止段增加辅助项，改进的三次样条规划可表示为

$$\begin{cases}S_1(t)=z_2(t-t_1)^3/6/h_1+z_1(t_2-t)^3/6/h_1+c_1(t-t_1)+d_1(t_2-t)+B_1(t)\\S_{n-1}(t)=z_n(t-t_{n-1})^3/6/h_{n-1}+z_{n-1}(t_n-t)^3/6/h_{n-1}+c_{n-1}(t-t_{n-1})+d_{n-1}(t_n-t)+B_{n-1}(t)\end{cases} \tag{5-29}$$

$B_1(t)$，$B_{n-1}(t)$ 为多项式形式的辅助项，其必须满足以下约束方程：

$$\begin{cases}B_1(t_1)=B_1'(t_1)=0\\B_1'(t_2)=B_1'(t_2)=0\\B_1''(t_1)=-\alpha_1''(t_1)\\B_1''(t_2)=0\end{cases}\quad\begin{cases}B_{n-1}(t_{n-1})=B_{n-1}(t_n)=0\\B_{n-1}'(t_n)=B_{n-1}'(t_n)=0\\B_{n-1}''(t_{n-1})=0\\B_{n-1}''(t_n)=-\alpha_{n-1}''(t_n)\end{cases} \tag{5-30}$$

求解上述方程可得辅助表达式如下：

$$\begin{cases}B_1(t)=z_1(t-t_1)^2(t-t_2)^3/(2h_1^3)\\B_{n-1}(t)=-z_n(t-t_{n-1})^3(t-t_n)^2/(2h_{n-1}^3)\end{cases} \tag{5-31}$$

上述改进的三次样条曲线，可以同时保证在起始点和末端点速度、加速度为0；同时，与5次样条曲线相比，方程形式简单，计算量小。

5.2.4 运动规划仿真分析

为了验证本节提到的运动规划方法，考虑3RRR并联机构与2PUR-PSR并联机构的运动特点，将采用3RRR机构进行圆弧运动的验证，以及2PUR-PSR进行直线运动与多段三次样条规划的验证。

图5-1所示为并联机构两点直线运动规划。由于2PUR-PSR并联机构在平移运动方向仅有1个独立自由度，选定运动起始点与末端点分别为 $\boldsymbol{\eta}=(20,\ 0,\ 0)$ 与 $\boldsymbol{\eta}=(40,\ 0,\ 0)$，最大速度与最大加速度分别为 $V_{\max}=10\mathrm{mm/s}$ 与 $A_s=20\mathrm{mm/s^2}$。可以看到，采用三次样条曲线可以实现运动过程中位置、速度与加速度的连续，同时速度在起始点与末端点为0，但在保证加速度连续性的同时无法保证加速度起始与末端点为0。然而，实际系统的加速度需要从0开始增加，规划阶段的初始加速度不为0将使系统产生振动，影响其运行精度。

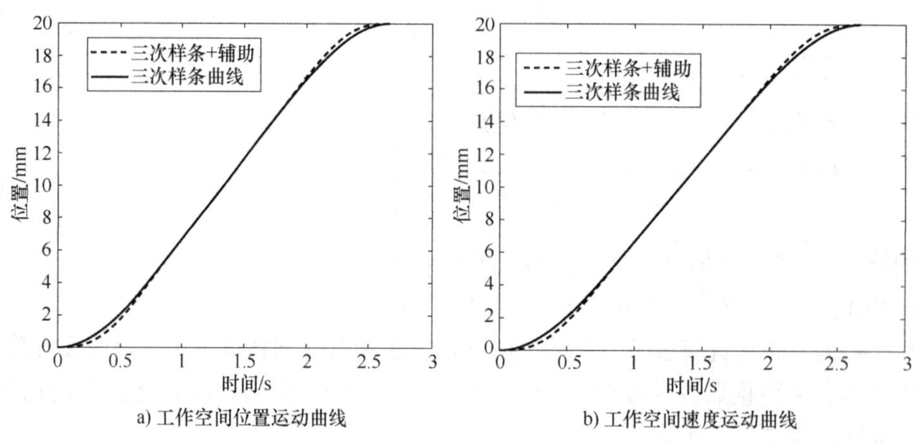

a) 工作空间位置运动曲线　　b) 工作空间速度运动曲线

图5-1　2PUR-PSR两点直线运动规划

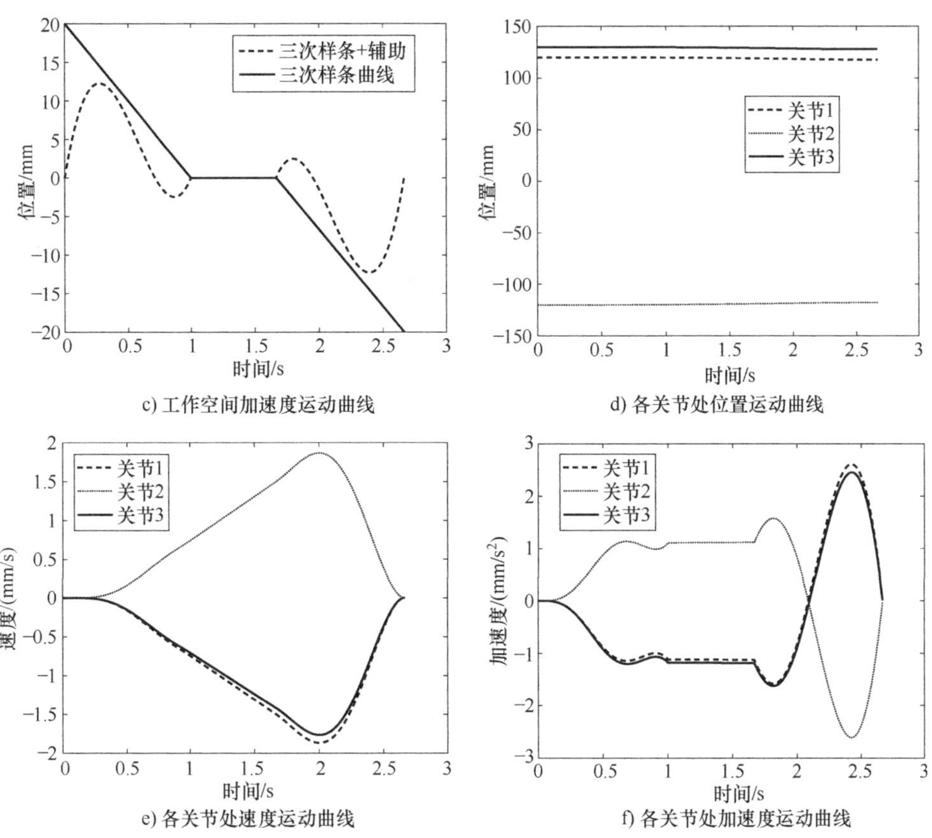

c) 工作空间加速度运动曲线　　d) 各关节处位置运动曲线

e) 各关节处速度运动曲线　　f) 各关节处加速度运动曲线

图 5-1　2PUR-PSR 两点直线运动规划（续）

在三次样条插值的加速段与减速段加入推导的五次多项式，保证了位置、速度与加速度连续性，同时在初始与末端速度为 0 的基础上实现了加速度在起始点与末端点为 0。可以看到，在保证速度与加速度在起始点和末端点为 0 的同时，根据逆运动学计算得到的各驱动关节速度与加速度也为 0，从而保证了高速、高精度并联机构平稳启动的设计要求。同时，在加速段与减速段加入五次多项式规划并未显著改变运行阶段的位置、速度与加速度，同时五次多项式并未对匀速段产生任何影响。因此可以看出，本节采用的三次样条曲线及在其加速与减速段加入五次多项式可以实现位置、速度与加速的连续，并保证起始点与末端点处的速度与加速度为 0，进而实现平滑起动与停止。

图 5-2 所示为 3RRR 并联机构三点圆弧运动规划。由于该机构的平移运动有 2 个自由度，因此选定的 3 点坐标在同一平面，分别为（161.5192，93.2564，1）、（187.5，138.2564，1）与（216.4778，100.4916，1）。根据上述公式计算出的圆心坐标及圆弧角度分别为（187.5mm，108.2563mm，1mm）与 −3.927rad。本节进行的圆弧轨迹规划中圆弧角度采用直线规划模式，分别为加速、匀速与减速阶段。加速与减速段采用三次样条曲线加五次多项式模式，匀速段为线性运动。可以看到，与三次样条规划相比，圆弧角度在加速与减速段有略微变化，但对圆弧轨迹没有影响；同时，圆弧的 X 方向与 Y 方向的速度与加速度在起始点与末端点的速度与加速度均为 0，且加速与减速段的位置、速度与加速度变化较小，进而实现了空间非共线任意三点圆弧运动的平滑规划。

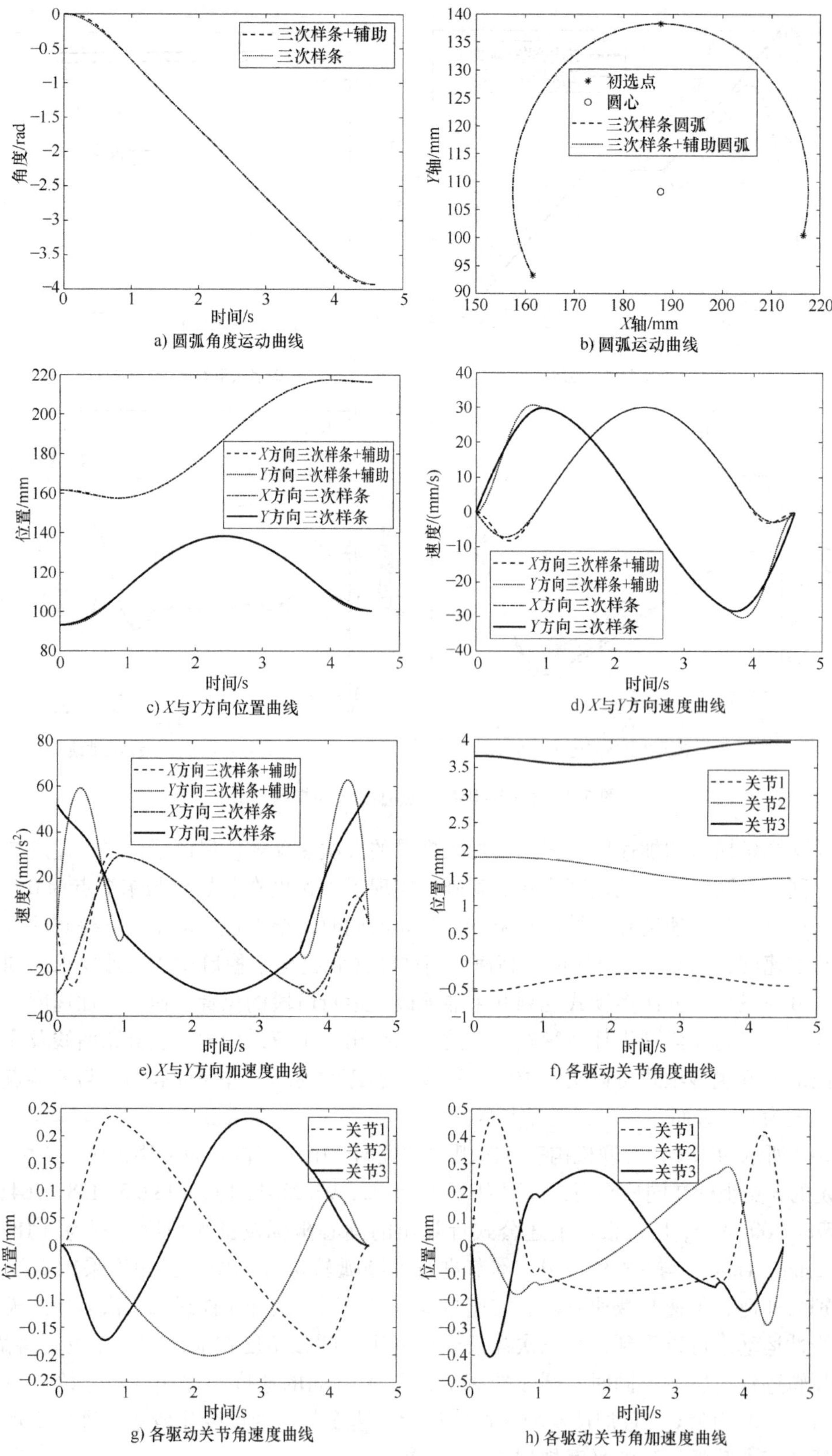

图 5-2　3RRR 并联机构三点圆弧运动规划

图 5-3 所示为 2PUR-PSR 并联机构多点三次样条曲线规划。由于 2PUR-PSR 并联机构在平移运动方向仅有 1 个独立自由度，选择的 6 个随机点坐标分别为（36.2945，0，0）、(38.1158，0，0)、(22.5397，0，0)、(38.2675，0，0)、(32.6472，0，0)、(21.9508，0，0)。运动到 6 个点处的时间设置为 0s、0.4s、0.8s、1.2s、1.6s 与 2s。可以看到，6 个随机点都在样条曲线上，仅采用三次样条曲线规划可以保证位置、速度与加速度的连续，同时速度在起始点与末端点均为 0，但无法保证加速度在起始点与末端点为 0；同时，在起始段与终止段分别增加五次多项式后，在保证上述要求的前提下可以实现速度与加速度在起始点与末端点为 0，并且起始段与终止段的位置、速度与加速度变化较小且对中间各段规划没有影响。本节推导的空间多点三次样条曲线规划可以保证给定多点的平滑运动。

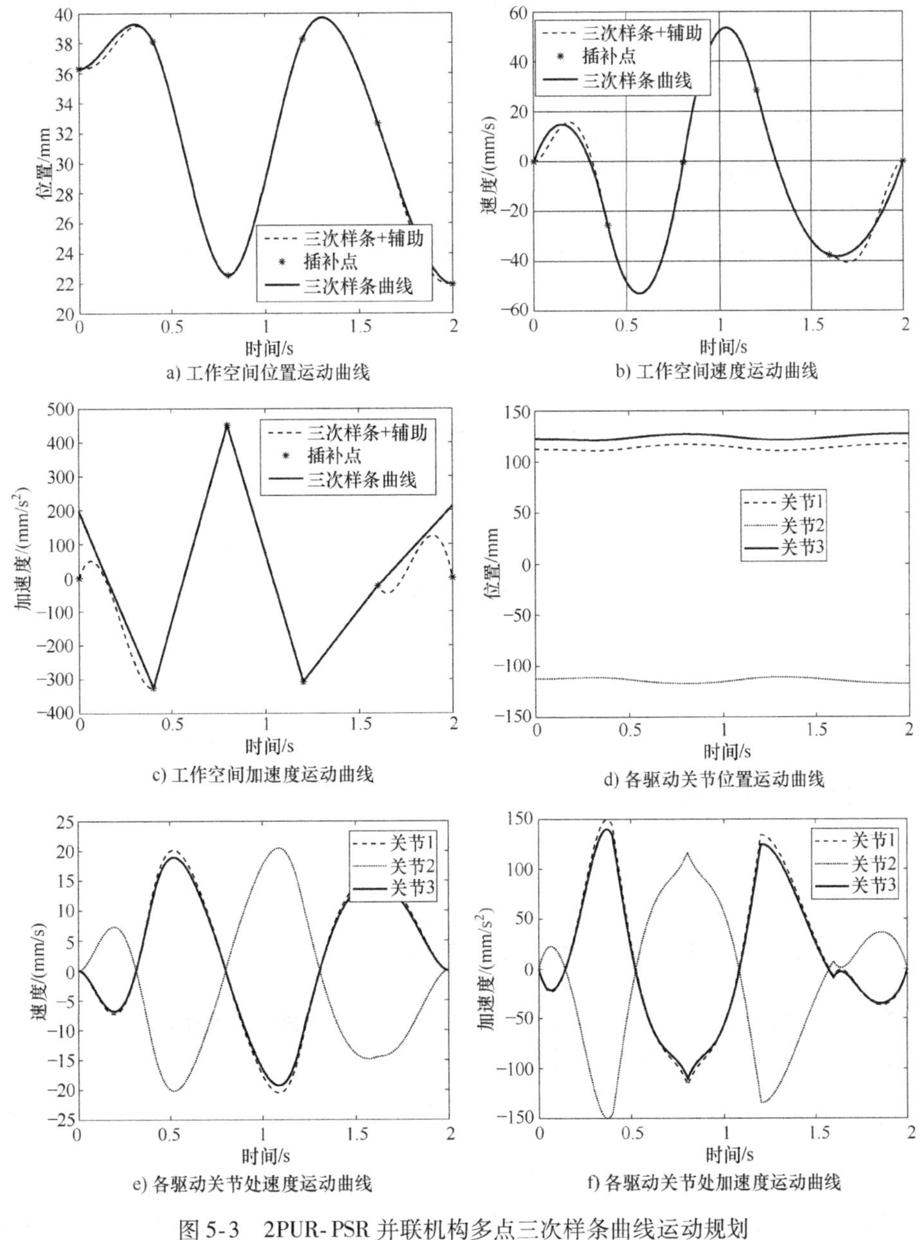

图 5-3　2PUR-PSR 并联机构多点三次样条曲线运动规划

5.3　基于多模态输入整形与 PSO 的残余振动抑制

现有的机器人规划方法，多采用平滑多项式或分段平滑多项式对位置或速度进行规划，在对刚性机器人的应用中取得了良好的效果。然而，这样的方法并未考虑对残余振动的抑制。因此，对于定位精度要求较高的应用场合，需要对方法进行改进。

基于输入整形振动抑制方法，具有易于实现及鲁棒性高等优点，得到了广泛研究与应用。然而，对于机器人为代表的多自由度机电系统，随着运动位置的改变，系统频率发生变化，因此采用输入整形进行振动抑制时需要对整形器参数实时更新。针对这一问题，现有研究中通过对系统各阶频率及阻尼进行拟合或对系统频率进行在线测量，实现对整形器参数的实时更新。上述方法都是通过在线方式进行，计算量大且对系统要求较高。本节将多模态输入整形、PSO、动力学前馈和 PD 控制算法相结合，以多模态输入整形器整形位置为优化变量，以杆件末端残余振动量为优化目标，通过离线优化的方式实现并联机器人残余振动抑制。整个优化如图 5-4 所示，以整形器位置 $t_i(i=0,\ \cdots,\ n_{\mathrm{p}})$ 为优化变量，PSO 对每个优化变量生成种群，代入整形器进行运算，并将种群对应的残余变量 F 作为适应度函数，PSO 将对最小值进行搜索，直至满足要求。其中，n_{p} 为整形器数目，$\delta(t-t_i)$ 为 t_i 时刻脉冲，$A_{\mathrm{p}i}$ 为脉冲幅值。

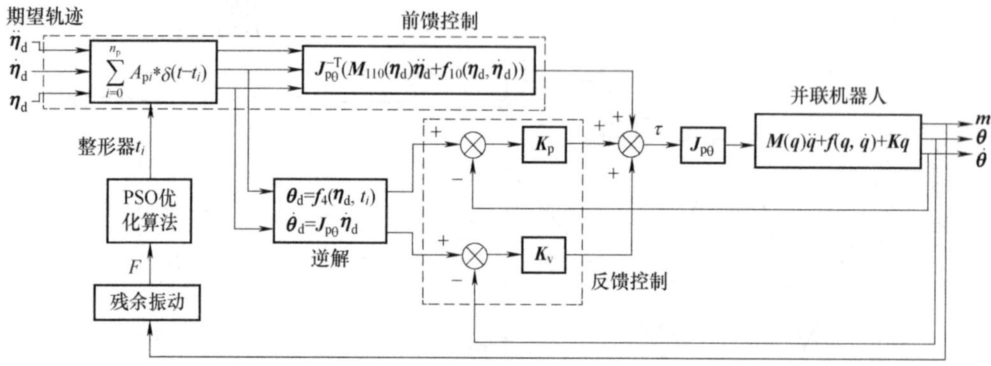

图 5-4　基于多模态输入整形、PSO、动力学前馈和 PD 控制算法结合的轨迹规划优化框图

根据本书表 3-1 所示系统频率值，选取运动结束 0.3s 内各杆件残余振动方均根最大值为优化目标，可表示为

$$F=\min_{t\in S}\left[\sqrt{\max(\boldsymbol{m}^{\mathrm{T}}\boldsymbol{m})}\right]\left({}^{l_1-R_1}\boldsymbol{\alpha}_{11}+{}^{l_1-R_1}\boldsymbol{\alpha}'_{11}R_1\right)\quad(S:t_{\mathrm{d}}\leqslant t\leqslant t_{\mathrm{d}}+0.3)\tag{5-32}$$

5.3.1　输入整形振动抑制原理与多模态整形器

输入整形是将原始输入信号与脉冲信号进行卷积运算得到新信号的过程。基于输入整形的振动抑制，是基于动力学系统周期性响应的特点，将输入信号整形为多个信号，通过响应叠加的方式实现振动消除。下面以图 5-5 所示的两脉冲整形为例，图 5-5a 所示的初始信号与两脉冲 $A_{\mathrm{p}1}$ 与 $A_{\mathrm{p}2}$ 经过卷积运算得到两个整形信号及其合成信号，图 5-5b 所示为 $A_{\mathrm{p}1}$ 与 $A_{\mathrm{p}2}$ 及其合成信号的响应。中可看到，当脉冲幅值及其作用时刻经过合理设计，在脉冲 $A_{\mathrm{p}2}$ 作用时系统响应将为 0。下面将以简单二阶欠阻尼系统为例，说明整形器达到理想效果所需满足

的基本条件。

对于二阶欠阻尼系统，在 t_i 时刻作用强度为 A_{pi} 的脉冲时，其响应可以表示为

$$y_i(t)=\frac{A_{pi}\omega_n}{\sqrt{1-\xi^2}}e^{-\xi\omega_n(t-t_i)}\sin(\omega_n\sqrt{1-\xi^2}(t-t_i)) \tag{5-33}$$

式中　ξ——线性阻尼；

ω_n——系统自然频率。

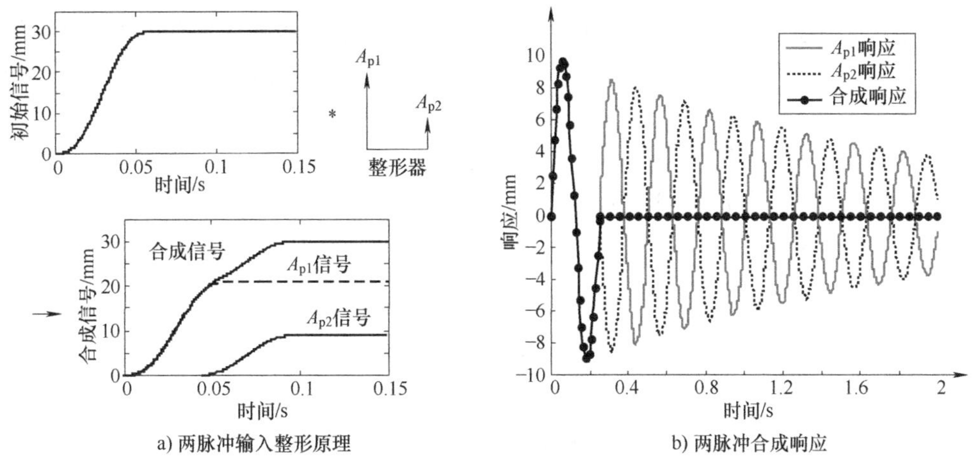

a) 两脉冲输入整形原理　　b) 两脉冲合成响应

图 5-5　输入整形振动抑制基本原理

根据线性系统叠加原理，在 n_p 个脉冲作用下，系统响应可以表示为

$$y(t)=B_t\sin(\omega_n\sqrt{1-\xi^2}t+\gamma) \tag{5-34}$$

其中

$$B_t=\sqrt{\left(\sum_{i=1}^{n_p}B_{ti}\cos(\omega_d t_i)\right)^2+\left(\sum_{i=1}^{n_p}B_{ti}\sin(\omega_d t_i)\right)^2}\quad \gamma=\arctan\left(\sum_{i=1}^{n_p}\frac{B_{ti}\cos(\omega_d t_i)}{B_{ti}\sin(\omega_d t_i)}\right)$$

$$B_{ti}=\frac{A_{pi}\omega}{\sqrt{1-\xi^2}}e^{-\xi\omega_n(t-t_i)}\quad \omega_d=\omega_n\sqrt{1-\xi^2}$$

若实现 t_{n_p} 时刻后系统残余振动完全抑制，在 t_{n_p} 时刻的系统多脉冲响应幅值应满足 $B_t=0$，即

$$\begin{cases}\displaystyle\sum_{i=1}^{n_p}\frac{A_{pi}\omega_n}{\sqrt{1-\xi^2}}e^{-\xi\omega_n(t_{n_p}-t_i)}\cos\left(\frac{\omega_n t_i}{\sqrt{1-\xi^2}}\right)=0\\ \displaystyle\sum_{i=1}^{n_p}\frac{A_{pi}\omega_n}{\sqrt{1-\xi^2}}e^{-\xi\omega_n(t_{n_p}-t_i)}\sin\left(\frac{\omega_n t_i}{\sqrt{1-\xi^2}}\right)=0\end{cases} \tag{5-35}$$

为保证整形前后输入轨迹在终点时刻的位置相同，所有脉冲强度之和为 1，有如下关系：

$$\sum_{i=1}^{n_p}A_{pi}=1 \tag{5-36}$$

式（5-35）与式（5-36）为基本 ZV 整形器设计条件。为提高整形器鲁棒性，部分研究

中引入对多脉冲响应幅值微分、高阶微分或设置幅值限制，提出了 ZVD 整形器、ZVDD 整形器及 EI 整形器，然而其鲁棒性的提高都是以增加系统延时为代价。本节引入输入整形的目的是与 PSO 及动力学前馈加 PD 控制相结合，解决并联机器人频率值依赖位置变化时整形位置选择的基础问题，因此这里选择基本的 ZV 整形器。根据式（5-35）与式（5-36），两脉冲强度与作用位置为

$$t_1=0 \quad K_t=e^{-\frac{\xi\pi}{\sqrt{1-\xi^2}}} \quad A_{p1}=\frac{1}{1+K_t} \quad t_2=\pi/\omega_n\sqrt{1-\xi^2} \quad A_{p2}=\frac{K_t}{1+K_t} \tag{5-37}$$

实现对多阶模态的振动抑制方法主要有级联法与联立法，级联法具有鲁棒性高及易实现的优点，因此采用级联法进行多模态整形器设计。基于 ZV 整形器的两阶及三阶整形器参数可表示为

$$\begin{bmatrix} \boldsymbol{A}_{p2} \\ \boldsymbol{t}_2 \end{bmatrix}=\begin{bmatrix} A_{p11}A_{p21} & A_{p11}A_{p22} & A_{p12}A_{p21} & A_{p21}A_{p22} \\ 0 & t_{11} & t_{11}+t_{21} & t_{11}+t_{21} \end{bmatrix} \tag{5-38}$$

$$\begin{bmatrix} \boldsymbol{A}_{p3} \\ \boldsymbol{t}_3 \end{bmatrix}=\begin{bmatrix} A_{p11}A_{p21}A_{p31} & A_{p11}A_{p22}A_{p31} & A_{p12}A_{p21}A_{p31} & A_{p21}A_{p22}A_{p31} \\ 0 & t_{11} & t_{11}+t_{21} & t_{11}+t_{21} \end{bmatrix.$$
$$\begin{matrix} A_{p11}A_{p21}A_{p32} & A_{p11}A_{p22}A_{p32} & A_{p12}A_{p21}A_{p32} & A_{p21}A_{p22}A_{p32} \\ t_{31} & t_{11}+t_{31} & t_{11}+t_{21}+t_{31} & t_{11}+t_{21}+t_{31} \end{matrix}\Bigg] \tag{5-39}$$

5.3.2 基于 PSO 的多模态整形器位置优化

PSO 是由 Kennedy 等基于鸟类觅食提出的一种迭代进化算法，通过粒子在解空间追随最优粒子进行搜索，无须遗传算法的交叉与变异操作，且所需调整参数较少，计算量较小、容易实现，因而得到了广发应用[98]。由于 3RRR 并联机器人机械本体各阶频率值依赖其末端位置，为抑制杆件末端残余振动，将采用 PSO 对整形器位置进行优化，以得到残余振动最小的轨迹。如图 5-4 所示，整个优化流程如下：

（1）初始化迭代次数 $k=1$，在解空间内随机初始化 N_p 个 n_p 维（$n_p=1, 2, 3$）粒子位置及其飞行速度，分别为 $\boldsymbol{x}_i^k=[x_{1,i}, x_{2,i}, \cdots, x_{N_p,i}]$ 及 $\boldsymbol{v}_i^k=[v_{1,i}, v_{2,i}, \cdots, v_{N_p,i}]$ $(i=1, \cdots, n_p)$。

（2）将每个粒子对应的位置代入整形器时间变量对期望轨迹进行整形，将其作为输入，并采用四阶龙格-库塔（Rung-Kuta）法计算基于动力学前馈加 PD 控制时并联机器人的末端轨迹、杆件曲率及速度，并将终点时刻的对应值作为输入；计算机器人运行结束 0.3s 内的残余振动最大值，即每个粒子的适应度函数 $F_j^k(j=1, 2, \cdots, m_p)$；初始化适应度函数的局部最优值对应的粒子位置 $\boldsymbol{pb}_i$（即上一迭代步的最优值对应的粒子位置），以及全局最优值对应的粒子位置 $\boldsymbol{gb}$（即所有迭代步的最优值对应的粒子位置）。

（3）根据以下规则对粒子位置及飞行速度进行更新：

$$\begin{cases} \boldsymbol{v}_i^{k+1}=\gamma_0[\boldsymbol{v}_i^{k+1}+p_1r_1^k(\boldsymbol{pb}_i-\boldsymbol{x}_i^k)+p_2r_2^k(\boldsymbol{gb}-\boldsymbol{x}_i^k)] \\ \boldsymbol{x}_i^{k+1}=\boldsymbol{x}_i^k+\boldsymbol{v}_i^{k+1} \end{cases} \tag{5-40}$$

式中，r_1^k与r_2^k为 0 至 1 的随机数；p_1与p_2设置为 2.05；γ_0定义为

$$\gamma_0=\frac{2}{\left|2-(p_1+p_2)-\sqrt{(p_1+p_2)^2-4(p_1+p_2)}\right|} \tag{5-41}$$

(4) 计算每个粒子对应的适应度函数值。更新局部最优值与全局最优值对应的粒子位置，如果当前函数适应度值大于局部最优值，更新 $\boldsymbol{pb}_i$ 为当前位置；若所有粒子对应的适应度函数大于全局最优值，那么更新 $\boldsymbol{gb}$ 为适应度函数值最优时粒子群位置。

(5) 如果当前迭代步 $k < K_{\max}$ 且适应度函数的容差 TolFun $> \varepsilon_{\mathrm{d}}$，那么 $k = k + 1$，重复步骤 (3) 至 (5)；否则，输出 $\boldsymbol{gb}$ 及其对应的函数适应度值。

为对上述算法进行验证，以式 (5-42) 所示的五次多项式规划为例，分别对单阶模态、两阶模态及三阶模态整形器的位置进行优化，设置最大迭代步 $K_{\max} = 200$，适应度函数的容差 TolFun $= 1 \times 10^{-6}$，粒子数目 $N_{\mathrm{p}} = 40$。

$$\begin{cases} x = 30(6t^5/t_{\mathrm{d}}^5 - 15t^4/t_{\mathrm{d}}^4 + 10t^3/t_{\mathrm{d}}^3) + 187.5 \\ y = 187.5/\sqrt{3} \\ \phi = 0 \end{cases} \tag{5-42}$$

式中，$t_{\mathrm{d}} = 0.045\mathrm{s}$。

优化结果如表 5-1、图 5-6 及图 5-7 所示，抑制前杆件末端的残余振动为 1.1629mm；采用单整形器时，残余振动为 0.2996mm，降低了 74.17%，平均每个杆件的分量不足 0.1mm；同时，采用两模态整形器与三模态整形器时残余振动分别为 0.0508mm 与 0.0087mm，基本实现了对残余振动的完全抑制。然而，对残余振动的抑制是以增加系统的延时为代价，当采用三模态整形器时延迟已接近运行时间，由于实际系统中阻尼的存在，较小的残余振动将很快得到抑制。因此，取单模态整形与两模态整形即可满足抑振要求。

表 5-1　不同整形器时抑振效果

整形器数目	整形位置 t_{11}/s	整形位置 t_{21}/s	整形位置 t_{31}/s	时间延迟 /s	残余振动 /mm
五次多项式	—	—	—	0	1.1629
单模态整形器	0.01323	—	—	0.01323	0.2996
两模态整形器	0.01233	0.01437	—	0.0267	0.0508
三模态整形器	0.01523	0.01581	0.01097	0.04201	0.0087

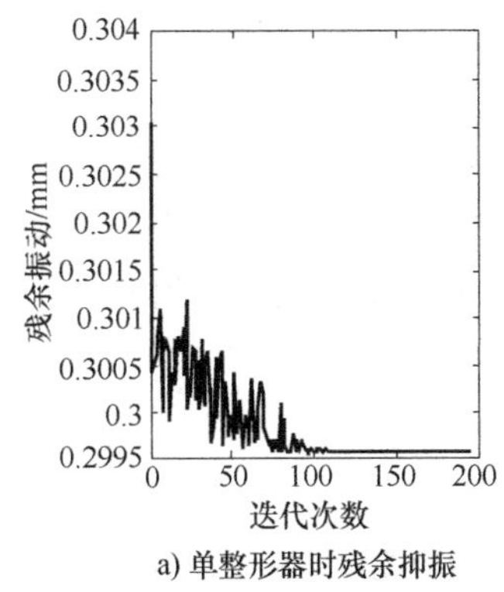

a) 单整形器时残余抑振

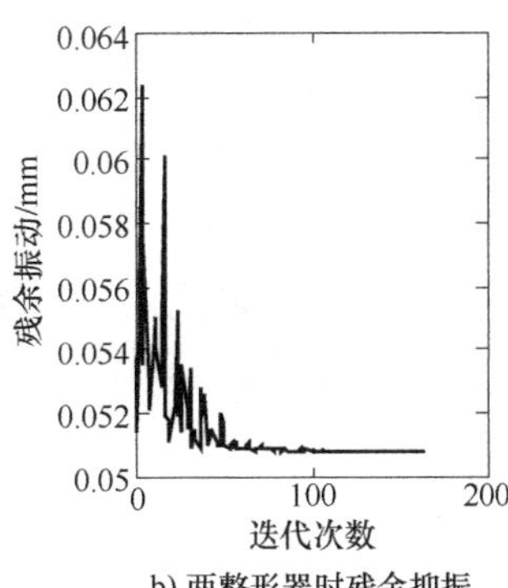

b) 两整形器时残余抑振

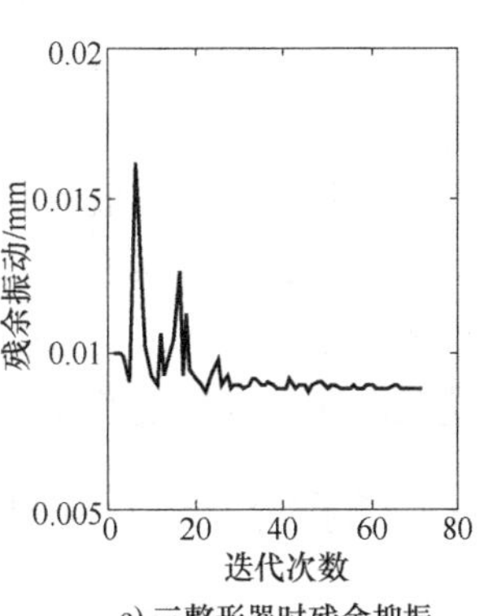

c) 三整形器时残余抑振

图 5-6　不同整形器时残余振动抑制结果

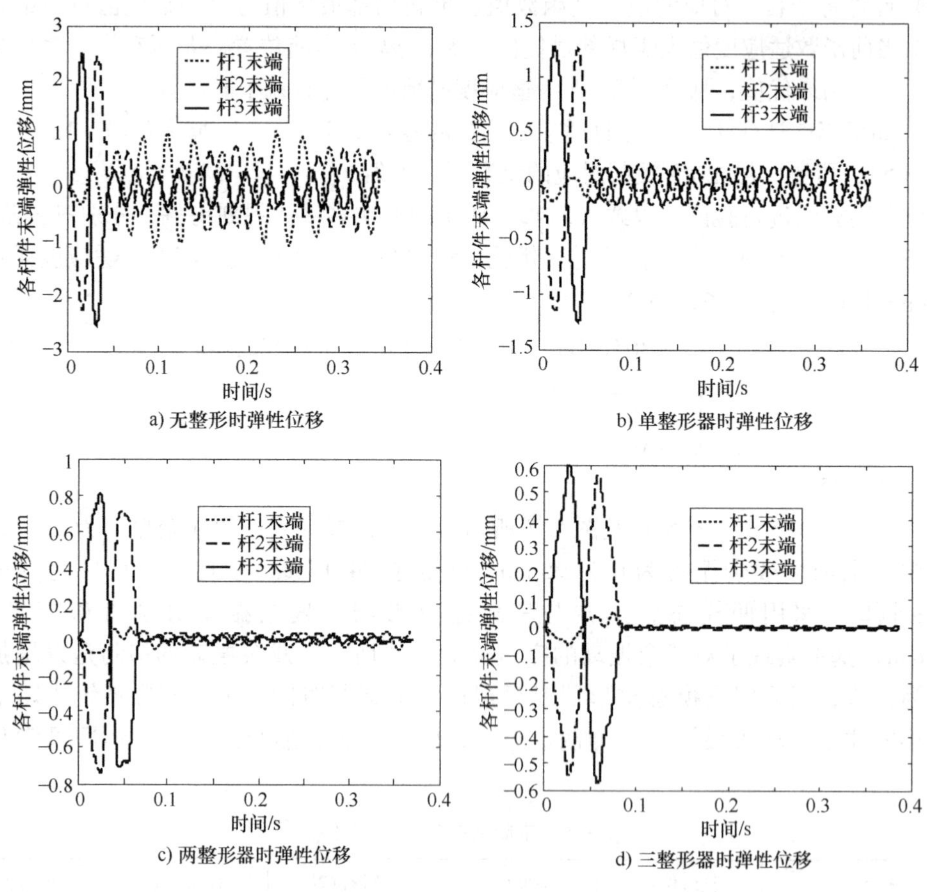

a) 无整形时弹性位移　b) 单整形器时弹性位移

c) 两整形器时弹性位移　d) 三整形器时弹性位移

图 5-7　不同整形器作用下杆件末端弹性位移

5.4 基于分段伪谱法的点到点轨迹优化

在并联机器人的实际应用中，除了给定轨迹的运动外，最多的运动形式是点到点快速定位。通常情况下点到点运动的轨迹是不确定的，在针对刚性机器人的研究中，根据系统模型构造性能函数对轨迹进行优化，从而实现性能的最优。本节将借鉴针对刚性机器人点到点运动的优化方法，在优化模型中考虑柔性环节影响，在开展性能优化的同时实现对并联机器人末端平台的弹性位移幅值限制与为残余振动抑制。在对优化问题求解时，利用勒让德多项式及分段多项式，分别对连续轨迹优化问题及曲率变化剧烈的轨迹优化问题有良好的逼近能力，引入分段伪谱法对状态变量进行离散，将最优控制问题转化为非线性规划问题，从而降低了优化问题的求解复杂度并保证了求解精度。

5.4.1 点到点轨迹优化模型建立

点到点运动可以表述为高速并联机器人从 t_0时刻到 t_f时刻由初始状态位置 $\boldsymbol{q}_0$及速度 $\dot{\boldsymbol{q}}_0$运动到终止位置 $\boldsymbol{q}_f$及达到速度 $\dot{\boldsymbol{q}}_f$，分别表示为

$$\begin{cases} \boldsymbol{q}_0 = [\boldsymbol{\eta}_0 \quad \boldsymbol{m}_0]^{\mathrm{T}}, \ \dot{\boldsymbol{q}}_0 = [\dot{\boldsymbol{\eta}}_0 \quad \dot{\boldsymbol{m}}_0]^{\mathrm{T}} \\ \boldsymbol{q}_{\mathrm{f}} = [\boldsymbol{\eta}_{\mathrm{f}} \quad \boldsymbol{m}_{\mathrm{f}}]^{\mathrm{T}}, \ \dot{\boldsymbol{q}}_{\mathrm{f}} = [\dot{\boldsymbol{\eta}}_{\mathrm{f}} \quad \dot{\boldsymbol{m}}_{\mathrm{f}}]^{\mathrm{T}} \end{cases} \tag{5-43}$$

式中　$\boldsymbol{\eta}_0$——动平台末端初始位置；

$\boldsymbol{\eta}_{\mathrm{f}}$——动平台末端终止位置；

$\boldsymbol{m}_0$——主动杆曲率初始时刻值；

$\boldsymbol{m}_{\mathrm{f}}$——主动杆曲率终止时刻值。

实现运动规划的最优，需要对电机性能充分利用。图 5-8 所示为德国倍福（Beckhoff）公司某电机的转速-转矩曲线。其中，$\tau_{\mathrm{m,peak}}$电机最大转矩，τ_{s}为堵转转矩，$\tau_{\mathrm{m_n}}$为额定转矩，$\tau_{\mathrm{m,rated}}$为标称额定转矩，$n_{\mathrm{m,rated}}$为额定转速，$n_{\mathrm{m,peak}}$为最大转速。最大转矩曲线可表示为

$$\tau_{\mathrm{m\_max}} = \begin{cases} \tau_{\mathrm{m,peak}} & \text{当 } n \leqslant n_0 \\ \tau_{\mathrm{m,peak}} - \gamma_0 (n - n_0) & \text{当 } n > n_0 \end{cases} \tag{5-44}$$

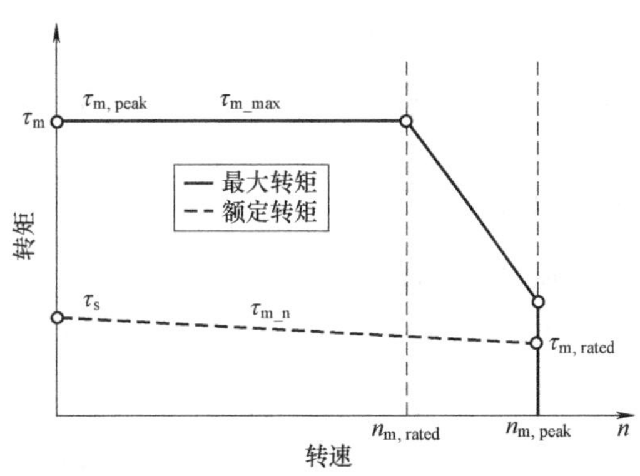

图 5-8　德国倍福（Beckhoff）公司某电机转速-转矩曲线

对于含柔性环节机器人，电机输出转矩变化过快将引起机械本体振动，因此为保证电机转矩的平滑性，将对转矩变化率进行限制，从而减小转矩波动对振动的影响。此时，转矩变化率将作为控制输入，电机转矩作为状态变量：

$$\begin{cases} \dot{\boldsymbol{\tau}} = i_{\mathrm{g}} \boldsymbol{u} \\ -i_{\mathrm{g}} \tau_{\mathrm{m\_max}} \leqslant \boldsymbol{\tau} \leqslant i_{\mathrm{g}} \tau_{\mathrm{m\_max}} \\ -\bar{\boldsymbol{u}} \leqslant \boldsymbol{u} \leqslant \bar{\boldsymbol{u}} \end{cases} \tag{5-45}$$

式中　$\boldsymbol{u}$——转矩变化率；

$\bar{\boldsymbol{u}}$——转矩变化率的最大值。

根据上式及并联机器人刚柔耦合动力学方程式（3-94），状态变量可定义为

$$\begin{cases} \dot{\boldsymbol{\tau}} = \boldsymbol{u}, \ \boldsymbol{y}_1 = \boldsymbol{q}, \ \boldsymbol{y}_2 = \dot{\boldsymbol{q}} \\ \boldsymbol{y} = [\boldsymbol{y}_{\tau} \quad \boldsymbol{y}_1 \quad \boldsymbol{y}_2]^{\mathrm{T}} \end{cases} \tag{5-46}$$

相应系统状态方程表达为

$$\begin{cases}\dot{\boldsymbol{y}}_{\tau}=i_{\mathrm{g}}\boldsymbol{u}\\ \dot{\boldsymbol{y}}_{1}=\boldsymbol{y}_{2}\\ \dot{\boldsymbol{y}}_{2}=-\boldsymbol{M}^{-1}\boldsymbol{K}\boldsymbol{y}_{1}-\boldsymbol{M}^{-1}\boldsymbol{f}-\boldsymbol{M}^{-1}\boldsymbol{J}_{\mathrm{p}\theta}^{\mathrm{T}}\boldsymbol{\tau}\end{cases}\Rightarrow\dot{\boldsymbol{y}}=\boldsymbol{F}_{1}(\boldsymbol{y},\ \boldsymbol{u})\tag{5-47}$$

电机运行速度需在最大转速范围内：

$$-n_{\mathrm{m,peak}}(2\pi/60/i_{\mathrm{g}})\leqslant\dot{\boldsymbol{\theta}}\leqslant n_{\mathrm{m,peak}}(2\pi/60/i_{\mathrm{g}})\tag{5-48}$$

在快速点到点运动时，结构受力需满足设计要求：

$$\frac{Et_1}{2}\max(|\boldsymbol{m}|)\leqslant[\sigma]\tag{5-49}$$

主动杆产生振动与变形将直接对机器人末端产生影响，为保证使用要求，需对动平台弹性位移加以限制：

$$|\Delta\boldsymbol{\eta}|\leqslant\Delta\tag{5-50}$$

运动规划的最优性体现在运行中轨迹及电机转矩分配，因此可将其转化为与输入相关的控制性能最优性问题，性能函数可以表述为

$$\begin{aligned}J_{\mathrm{p}}=&\frac{1}{2}[\boldsymbol{y}_1(t_{\mathrm{f}})-\boldsymbol{q}_{\mathrm{f}}]^{\mathrm{T}}\boldsymbol{Q}_1[\boldsymbol{y}_1(t_{\mathrm{f}})-\boldsymbol{q}_{\mathrm{f}}]+\frac{1}{2}[\boldsymbol{y}_2(t_{\mathrm{f}})-\dot{\boldsymbol{q}}_{\mathrm{f}}]^{\mathrm{T}}\boldsymbol{Q}_2[\boldsymbol{y}_2(t_{\mathrm{f}})-\dot{\boldsymbol{q}}_{\mathrm{f}}]+\\&\frac{1}{2}\int_{t_0}^{t_{\mathrm{f}}}(2+\boldsymbol{y}_1^{\mathrm{T}}\boldsymbol{Q}_3\boldsymbol{y}_1+\boldsymbol{y}_2^{\mathrm{T}}\boldsymbol{Q}_4\boldsymbol{y}_2+\boldsymbol{\tau}^{\mathrm{T}}\boldsymbol{Q}_5\boldsymbol{\tau})\mathrm{d}t\end{aligned}\tag{5-51}$$

其中，等号右侧前两项代表终点时刻的性能指标，描述机器人在控制轨迹终点时所获得的性能，主要包括终点时刻机器人末端位置和速度的偏差及残余振动；积分项表示整个过程中性能，包括电机性能、速度性能及柔性环节弹性应变能。矩阵 $Q_1\sim Q_5$ 分别表示相应指标权重的矩阵。

5.4.2 基于分段伪谱法的点到点轨迹优化

高斯伪谱法是一类求解最优控制问题的直接配点法，通过勒让德多项式、多项式组合或多项式导数的根组成的高斯积分点作为插值点对状态变量进行离散，从而把最优控制问题转化为非线性规划问题。基于勒让德多项式的伪谱法有勒让德-高斯（Legendre-Gauss，LG）配点法、勒让德-高斯-拉道（Legendre-Gauss-Radau，LGR）配点法及勒让德-高斯-洛巴托（Legendre-Gauss-Lobatto，LGL）配点法[162,163]。三者的区别在于配点中边界点数目，LGL 配点法的高斯积分点包含初始位置与终端位置，LGR 包含初始或末端单个位置，而 LG 两者都不包含。由于 LG 配点法与 LGR 配点法具有较高的精度与灵活性，应用较广泛，本节将采用 LGR 配点法。N 次勒让德正交多项式为

$$\mathrm{P}_N(\tau)=\frac{1}{2^N N!}\frac{\mathrm{d}^N}{\mathrm{d}\tau^N}(\tau^2-1)^N\quad(-1\leqslant\tau\leqslant1)\tag{5-52}$$

LGR 配点法的高斯积分点为多项式 $P_N+P_{N-1}=0$ 的根。由上式可知，N 次勒让德多项式在闭区间 [-1，1] 内共有 N 个零点，因而共有 N 个积分点。LGR 配点包含起始点 $\tau_1=-1$，不包括 $\tau=1$ 时末端点，而对于含柔性杆件并联机器人的状态变量一般都存在边界约束。下面将末端时刻 $\tau_{N+1}=1$ 与 N 个 LGR 积分点一起应用于状态变量的估计中。由于高

斯积分具有全局逼近能力，因此基于 LGR 节点的逼近方式避免了高次多项式插值出现的龙格（Runge）现象。

将运行时间分为 S_k 段，时间节点为 $t_0 < t_1 < t_2 < \cdots < t_{S_k} = t_f$，对于任意第 k 段，其运行时间 $t \in [t_{k-1}, t_k]$ 可表示为

$$t = \frac{t_k + t_{k-1}}{2} + \frac{t_k - t_{k-1}}{2}\tau \quad \tau \in [-1, 1] \tag{5-53}$$

根据第 k 段区间内高斯积分点，构建该区间内的插值函数，状态变量可表示为

$$\boldsymbol{y}^{(k)}(\tau) = \sum_{i=1}^{N_k+1} L_i^{(k)}(\tau)\boldsymbol{Y}^{(k)}(\tau_i) = \sum_{i=1}^{N_k+1} L_i^{(k)}\boldsymbol{Y}_i^{(k)} \tag{5-54}$$

式中　N_k——第 k 个时间区间内 LGR 高斯点数目；

$\boldsymbol{Y}_i^{(k)}$——状态变量在第 k 个时间区间内积分点 τ_i 处的值；

$L_i^{(k)}$——拉格朗日插值函数，此处可表示为

$$L_i^{(k)} = \prod_{j=1, i\neq j,}^{N_k+1} \frac{\tau - \tau_j}{\tau_i - \tau_j} \tag{5-55}$$

对式（5-54）中的状态变量求导可得

$$\dot{\boldsymbol{y}}^{(k)}(\tau) = \sum_{i=1}^{N_k+1} \dot{L}_i^{(k)}(\tau)\boldsymbol{Y}^{(k)}(\tau_i) = \sum_{i=1}^{N_k+1} \dot{L}_i^{(k)}\boldsymbol{Y}_i^{(k)} \tag{5-56}$$

LGR 配点法要求在 N_k 个积分点处的约束条件成立，根据式（5-56），状态方程式（5-47）可转化为如下的代数方程形式：

$$\sum_{i=1}^{N_k+1} D_{ji}^{(k)}\boldsymbol{Y}_i^{(k)} - \frac{t_k - t_{k-1}}{2}\boldsymbol{F}_1(\boldsymbol{Y}_i^{(k)}, \boldsymbol{U}_i^{(k)}, \tau_i^{(k)}; t_{k-1}, t_k) = 0 \quad (k = 1,2,\cdots,S_k; j = 1,2,\cdots,N_k) \tag{5-57}$$

式中　$\boldsymbol{U}_i^{(k)}$——转矩变化率在时间区间 k 内积分点 τ_i 处的值；

$D_{ji}^{(k)}$——$N_k(N_k+1)$ 的 LGR 微分矩阵，$D_{ji}^{(k)} = \dot{L}_i^{(k)}(\tau_j)$。

由于增加了末端点进行状态变量估计，因此 $D_{ji}^{(k)}$ 并非方阵，LGR 积分点对应的列（即微分矩阵前 N_k 列）可表示为[164]

$$D_{ji}^{(k)} = \begin{cases} \dfrac{-(N_k-1)(N_k+1)}{4} & 当\ i = j = 1 \\ \dfrac{\mathrm{P}_{N_k-1}(\tau_j)1-\tau_i \quad 1}{\mathrm{P}_{N_k-1}(\tau_i)1-\tau_j\tau_j-\tau_i} & 当\ i\neq j,\ 1\leqslant i,\ j\leqslant N_k \\ \dfrac{1}{2(1-\tau_j)} & 当\ 1\leqslant i = j\leqslant N_k \end{cases} \tag{5-58}$$

式中　$\mathrm{P}_{N_k-1}(\tau)$——N_k-1 次勒让德多项式。

当采用 LGR 配点法对恒等于 1 的常数多项式进行逼近时，逼近函数的导数必然为 0，即 $\boldsymbol{D}_{N_k+1}^{(k)} + \boldsymbol{D}_{1:N_k}^{(k)}\mathbf{1} = \mathbf{0}$，其中 $\boldsymbol{D}_{1:N_k}^{(k)}$ 为 LGR 微分矩阵前 N_k 列组成的方阵，$\boldsymbol{D}_{N_k+1}^{(k)}$ 为第 N_k+1 列，由于微分矩阵与所要逼近的函数无关，因此，$\boldsymbol{D}_{N_k+1}^{(k)}$ 可表示为

$$\boldsymbol{D}_{N_k+1}^{(k)} = -\boldsymbol{D}_{1:N_k}^{(k)}\mathbf{1} \tag{5-59}$$

根据式（5-48），电机转速限制在高斯积分点处约束可表示为

$$-n_{\mathrm{m,peak}}(2\pi/60/i_{\mathrm{g}}) \leqslant \boldsymbol{J}_{\mathrm{p}\theta}\sum_{i=1}^{N_k+1}D_{ji}\boldsymbol{Y}_{1i}^{(k)} \leqslant n_{\mathrm{m,peak}}(2\pi/60/i_{\mathrm{g}}) \tag{5-60}$$

式中　$\boldsymbol{Y}_{1i}^{(k)}$——时间区间 k 中第 i 个积分点处动平台的位姿向量。

动平台末端弹性位移约束式（5-50）及杆件应力式（5-49）可转换为

$$\begin{cases} |\boldsymbol{J}_{\mathrm{p}\theta}^{-1}\boldsymbol{\alpha}_1\boldsymbol{Y}_{2i}^{(k)}| \leqslant \Delta \\ \dfrac{Et_1}{2}|\boldsymbol{Y}_{2i}^{(k)}| \leqslant [\sigma] \end{cases} \tag{5-61}$$

式中　$\boldsymbol{Y}_{2i}^{(k)}$——时间区间 k 中第 i 个积分点处三杆件的曲率。

根据式（5-45），转矩与转矩变化率的约束为

$$\begin{cases} -i_{\mathrm{g}}\boldsymbol{\tau}_{\mathrm{m\_max}} \leqslant \boldsymbol{Y}_{\boldsymbol{\tau}_i}^{(k)} \leqslant i_{\mathrm{g}}\boldsymbol{\tau}_{\mathrm{m\_max}} \\ -\bar{\boldsymbol{u}} \leqslant \boldsymbol{U}_i^{(k)} \leqslant \bar{\boldsymbol{u}} \end{cases} \tag{5-62}$$

式中　$\boldsymbol{Y}_{\boldsymbol{\tau}_i}^{(k)}$——时间区间 k 中第 i 个积分点处的电机转矩。

式（5-51）表示的目标函数可以转化为如下的代数方程形式：

$$J_{\mathrm{p}} = \boldsymbol{\Phi}_1(\boldsymbol{Y}_1^{(1)}, t_0, \boldsymbol{Y}_{N_k+1}^{(K_1)}, t_{K_1}) + \sum_{k=1}^{K_1}\frac{t_k - t_{k-1}}{2}\sum_{i=1}^{N_k}a_{\mathrm{LRG},i}\boldsymbol{\Phi}_2(\boldsymbol{Y}_i^{(k)}, \boldsymbol{U}_i^{(k)}, \boldsymbol{\tau}_i^{(k)}; t_{k-1}, t_k) \tag{5-63}$$

式中　$a_{\mathrm{LRG},i}$——LGR 高斯积分节点的权重系数，计算可得

$$a_{\mathrm{LRG},i} = \begin{cases} \dfrac{2}{(N_k+1)^2} & \text{当 } i=1 \\ \dfrac{1}{(N_k+1)^2}\dfrac{1-\tau_i}{[P_{N_k-1}(\tau_i)]^2} & \text{当 } i \neq 1 \end{cases} \tag{5-64}$$

从上述转化结果可知，分段伪谱法将柔性杆件并联机器人轨迹优化问题转化为了非线性规划问题，从而可以通过成熟的非线性规划问题求解软件（如 SNOPT）对上述问题进行求解。

5.5　基于分段伪谱法与多模态输入整形的点到点轨迹优化

上节提出了基于分段伪谱法的柔性杆件并联机器人点到点轨迹优化方法，实现了对残余振动完全的抑制及弹性位移的限制。然而，上述方法要求所有状态变量在终点时刻边界条件固定，收敛条件较苛刻，计算周期较长。为此，本节提出两步优化方法，首先在限制弹性位移并允许一定残余振动的条件下，采用分段伪谱法进行时间最优规划；然后，将优化轨迹作为输入，基于多模态输入整形与 PSO 及反馈控制方法开展残余振动抑制。由于在开展第二步优化时的优化变量较少，因此该方法总体优化时间相对较短。

已有的对考虑杆件柔性机器人轨迹优化的研究，基本都是以给定时间内的弹性变形能、驱动力矩或末端点运动误差为优化目标，而给出时间的选取依据的。因此，本节将选取时间为优化目标，并为后续其他目标的优化奠定基础，优化目标如式（5-65）。同时，为简化求解复杂度，在优化过程中令 Y 向与转动方向的参数保持不变，整个运动过程中仅 X 向运动，同时设置末端动平台 X 向的弹性位移幅值小于 1.5mm，Y 向弹性位移幅值小于 0.2mm。优化目标公式为

$$J_p = \int_{t_0}^{t_f} 1\,dt \tag{5-65}$$

伪谱法初始参数设置为，逼近精度 $\varepsilon_{d2}=1\times10^{-6}$，整个运行过程分割为 6 段，每段积分点数目 $N_k=10$，最大迭代次数 $M_{max}=2000$。初始时刻的运动位置 $\boldsymbol{q}_0=[187.5 \quad 187.5/\sqrt{3} \quad \boldsymbol{0}_{1\times4}]^T$，速度 $\dot{\boldsymbol{q}}_0=[\boldsymbol{0}_{1\times6}]$；终点时刻运动位置 $\boldsymbol{\eta}_f=[217.5 \quad 187.5/\sqrt{3} \quad 0]^T$，速度 $\dot{\boldsymbol{\eta}}_f=[\boldsymbol{0}_{1\times3}]$；终点时刻曲率为 $-1\times10^{-4}\leqslant\boldsymbol{m}_f\leqslant1\times10^{-4}$，终点时刻的曲率变化率为 $-1\times10^{-2}\leqslant\dot{\boldsymbol{m}}_f\leqslant1\times10^{-2}$；杆件应力极限 $[\sigma]=355\text{MPa}$，减速机输出端的转矩为 $-150\text{N}\cdot\text{m}\leqslant\boldsymbol{Y}_{\tau_i}^{(k)}\leqslant150\text{N}\cdot\text{m}$（此值为验证算法设定值），斜率 $\gamma_0=0.12\text{N}\cdot\text{m}/(\text{r/min})$，转矩变化率为 $-1000\text{N}\cdot\text{m/s}\leqslant\dot{\boldsymbol{Y}}_{\tau_i}^{(k)}\leqslant1000\text{N}\cdot\text{m/s}$（此值为验证算法设定值），电机角速度 $-6000(\text{r/min})\leqslant n_{m,peak}\leqslant6000(\text{r/min})$。

其优化结果如图 5-9 所示，优化时间 $t_f=0.0445\text{s}$。图 5-9a、b 给出了动平台 X 向位置与速度曲线，位置曲线接近 S 形曲线，局部有波动，速度曲线起始点与末端点的速度及其导数为零，保证了轨迹平滑性，但局部波动较剧烈。这是由对弹性位移的抑制引起的。通过对速度优化引入阻尼，杆件弹性位移在整个运行过程中得到重新分配。从图 5-9c、d 所示可知，杆件曲率与曲率变化率在终点时刻均在设置容差内。图 5-9e 所示的为动平台各方向的弹性位移，其幅值均在限制范围内，实现了对弹性位移的限制。图 5-9f 所示为电机转矩曲线，优化结果保证了起始点与末端点电机转矩数值为零，同时各离散点处的值均在限制范围内。由于逼近误差的存在，个别区域的转矩大于设定值，最大值为 175.4N·m，误差为 16.9%，可以通过增加分段数目缓解。

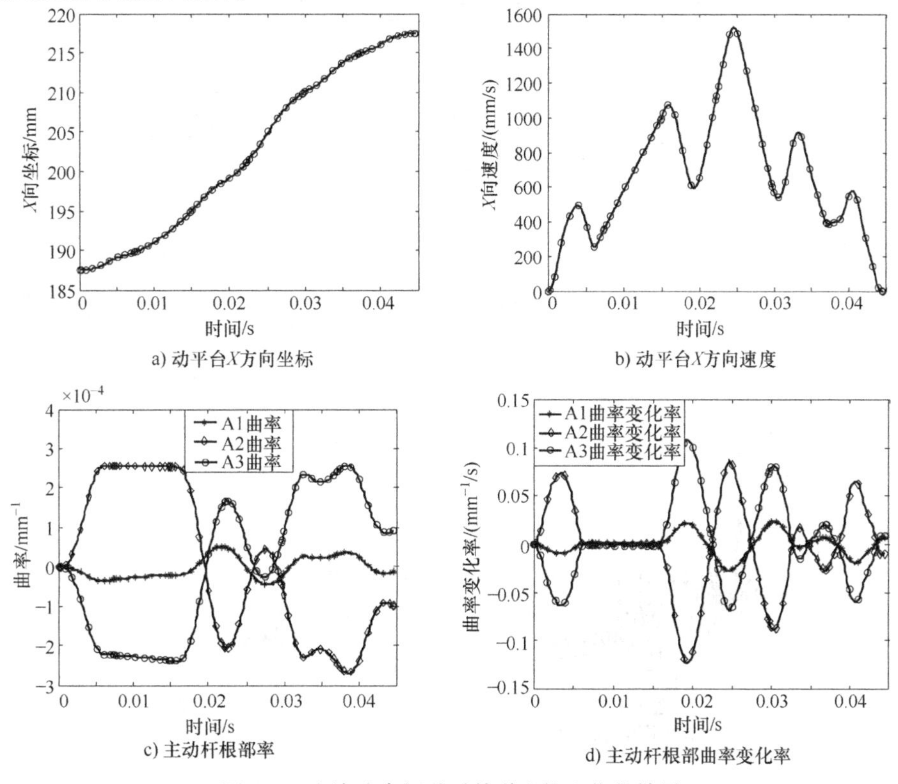

图 5-9　允许残余振动时伪谱法轨迹优化结果

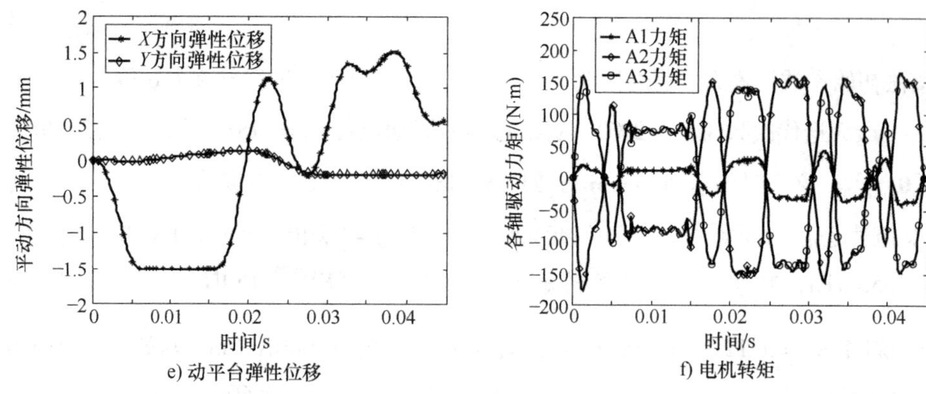

e) 动平台弹性位移　　f) 电机转矩

图 5-9　允许残余振动时伪谱法轨迹优化结果（续）

根据上述分段伪谱法的优化结果，采用 5-3 节提出的残余振动抑制方法分别进行单模态输入整形及两模态输入整形器位置优化。优化结果如表 5-2、图 5-10 及图 5-11 所示，在抑振前残余振动为 1.1458mm；在采用单模态整形与两模态整形后，残余振动分别为 0.1181mm 与 0.0218mm，减少了 89.7% 与 98.1%。同时，与五次多项式相比，采用伪谱法时动平台的残余振动下降了 14%，弹性位移幅值下降了 43.3%。与分段伪谱法的优化结果相比，采用输入整形后弹性位移得到了大幅下降，因此可以看到，两步优化方法实现了考虑杆件柔性时并联机器人点到点最优规划。

表 5-2　优化轨迹及其整形抑振与五次多项式对比

整形器数量	整形位置 t_1/s	整形位置 t_2/s	时间延迟/s	X 向弹性位移幅值/mm	残余振动/mm
五次多项式	—	—	0	2.646	1.3326
伪谱法轨迹	—	—	0	1.5	1.1458
单模态整形器	0.01234	—	0.01234	1.431	0.1181
两模态整形器	0.01237	0.01518	0.02755	1.149	0.0218

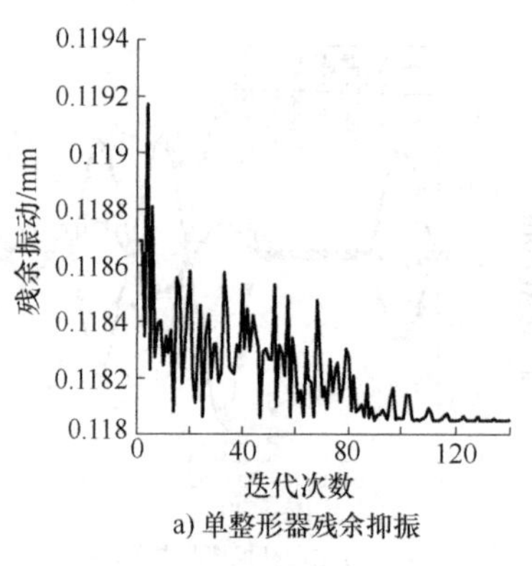

a) 单整形器残余抑振

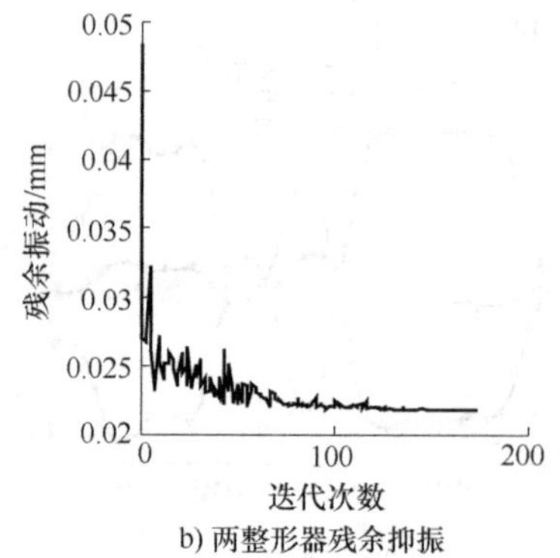

b) 两整形器残余抑振

图 5-10　不同整形器残余振动优化结果

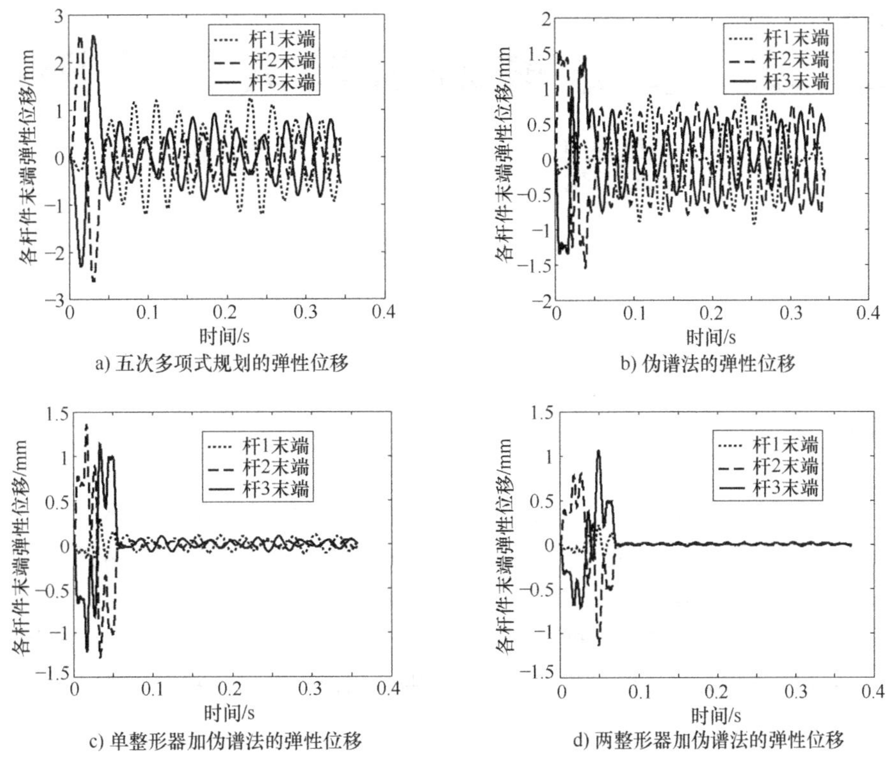

a) 五次多项式规划的弹性位移
b) 伪谱法的弹性位移
c) 单整形器加伪谱法的弹性位移
d) 两整形器加伪谱法的弹性位移

图 5-11 变形能最小动平台弹性位移

5.6 本章小结

针对并联机器人在高速运行时要求加速度运动连续及解决杆件柔性产生的弹性位移与残余振动问题，本章从运动规划角度出发对并联机器人常用的直线、圆弧及给定点运动进行了平滑轨迹规划，并从轨迹优化的角度出发，分别对给定轨迹的残余振动抑制问题及点到点最优规划问题开展了研究。针对给定轨迹的残余振动问题，提出了多模态输入整形、PSO、动力学前馈和 PD 控制相结合的方法。仿真结果表明，该方法实现了残余振动抑制，避免了现有方法对整形器参数实时更新带来的计算量过大的问题。针对点到点最优规划问题，将时间最优规与输入整形划相结合，提出了两步优化方法，通过构建性能函数的方式将高速运行机器人残余振动与弹性位移抑制问题转化为最优控制问题，采用分段勒让德（Legendre）多项式对状态变量进行离散，将最优控制问题转化为非线性规划问题，将优化轨迹作为多模态输入整形的输入，实现了动平台弹性位移限制与残余振动抑制。

第 6 章　高速并联机器人的轨迹跟踪控制

6.1　引言

轨迹跟踪控制，是并联机器人控制的重要研究领域。在高速运行时，其非线性动力学特性不可忽略，由于模型不确定与扰动的存在，传统的 PID 控制难以取得良好的控制效果；同时，随着杆件柔性特性的表现增强，且高速并联机器人是一个欠驱动系统，其末端位置相对于驱动力矩的传递函数存在非稳定极点，呈现非最小相位特性。传统针对刚性机器人的控制算法并未考虑杆件弹性变形与振动对动平台的影响，因而不能保证对含柔性环节并联机器人的轨迹跟踪精度。

为解决上述问题，本章将从基于刚体动力学模型的反馈线性化控制出发，考虑模型不确定与扰动因素，采用 UDE 方法进行控制算法设计；之后，从影响机器人末端位置的刚体运动与杆件弹性变形及振动两方面因素出发，基于积分流形，引入小变量对刚柔耦合模型进行降阶，分别设计复合控制器，并对机器人末端的弹性位移进行补偿，同时将引入观测器对杆件弹性变形与振动引起的曲率变化速率进行估计，最终通过基于积分流形与观测器的复合控制算法实现对高速并联机器人末端平台的跟踪控制。

6.2　不考虑柔性的并联机器人轨迹跟踪控制算法

在给定轨迹条件下，考虑系统动力学模型、模型不确定及外部扰动来进行控制律设计，实现良好的轨迹跟踪性能，是机器人控制算法研究的一个重要领域。本节会针对本书第 2 章建立的刚性机器人动力学模型，分别采用基于理想模型的反馈线性化方法及考虑模型不确定性及外部扰动条件下的 UDE 方法进行控制算法研究。

6.2.1　基于反馈线性化的轨迹跟踪控制

根据式（2-66），2PUR-PSR 并联机器人动力学模型可表示为

$$\ddot{\boldsymbol{\eta}}_{\mathrm{s}} = (\boldsymbol{T}^{\mathrm{T}}\boldsymbol{M}\mathbf{T})^{-1}(\boldsymbol{T}^{\mathrm{T}}\boldsymbol{w}_{\mathrm{CS}}^{a}\boldsymbol{f}^{a} - \boldsymbol{T}^{\mathrm{T}}\dot{\boldsymbol{M}}\boldsymbol{T}\dot{\boldsymbol{\eta}}_{\mathrm{s}} - \boldsymbol{T}^{\mathrm{T}}\boldsymbol{W}\mathbf{T}\dot{\boldsymbol{\eta}}_{\mathrm{s}} + \boldsymbol{T}^{\mathrm{T}}\boldsymbol{G}\boldsymbol{g}) \tag{6-1}$$

当不考虑模型不确定及外部扰动时，基于反馈线性化的控制算法可设计控制律为

$$\boldsymbol{f}^{a} = (\boldsymbol{T}^{\mathrm{T}}\boldsymbol{w}_{\mathrm{CS}}^{a})^{-1}(\boldsymbol{T}^{\mathrm{T}}\boldsymbol{M}\boldsymbol{T}\boldsymbol{v} + \boldsymbol{T}^{\mathrm{T}}\dot{\boldsymbol{M}}\boldsymbol{T}\dot{\boldsymbol{\eta}}_{\mathrm{s}} + \boldsymbol{T}^{\mathrm{T}}\boldsymbol{W}\boldsymbol{T}\dot{\boldsymbol{\eta}}_{\mathrm{s}} - \boldsymbol{T}^{\mathrm{T}}\boldsymbol{G}\boldsymbol{g}) \tag{6-2}$$

式中

$$\boldsymbol{v}=\ddot{\boldsymbol{\eta}}_{sd}+K_d(\dot{\boldsymbol{\eta}}_{sd}-\dot{\boldsymbol{\eta}}_s)+K_p(\boldsymbol{\eta}_{sd}-\boldsymbol{\eta}_s) \tag{6-3}$$

将式（6-3）代入式（6-2）求得

$$\ddot{\boldsymbol{e}}_\eta+K_d\dot{\boldsymbol{e}}_\eta+K_p\boldsymbol{e}_\eta=0 \tag{6-4}$$

式中　$\boldsymbol{e}_\eta$——跟踪误差，$\boldsymbol{e}_\eta=\boldsymbol{\eta}_{sd}-\boldsymbol{\eta}_s$。

式（6-4）的通解为

$$\boldsymbol{e}_\eta=\boldsymbol{C}_1\mathrm{e}^{\lambda_1 t}+\boldsymbol{C}_2\mathrm{e}^{\lambda_2 t} \tag{6-5}$$

式中　$\boldsymbol{C}_1$与$\boldsymbol{C}_2$——为任意数；

λ_1与λ_2——为方程特征根，当其全为负时则系统是稳定的，分别为

$$\lambda_1=\frac{-K_d+\sqrt{K_d^2-4K_p}}{2},\ \lambda_2=\frac{-K_d-\sqrt{K_d^2-4K_p}}{2} \tag{6-6}$$

通过选择K_p与K_d可使特征根均为负实数或具有负实部的共轭复数，进而可使系统渐进稳定，即系统跟踪误差$\boldsymbol{e}_\eta$渐进收敛于0，算法框图如图 6-1 所示。

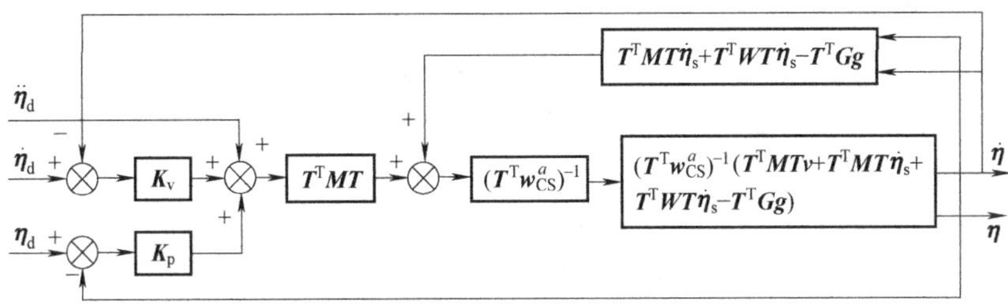

图 6-1　2PUR-PSR 并联机器人反馈线性化控制算法框图

6.2.2　基于 UDE 的轨迹跟踪控制

当考虑模型不确定性与外部扰动时，系统状态方程可表示为

$$\dot{\boldsymbol{x}}=\boldsymbol{f}(\boldsymbol{x})+\boldsymbol{b}\boldsymbol{f}^a+\boldsymbol{d} \tag{6-7}$$

式中　$\boldsymbol{x}=[\boldsymbol{x}_1;\ \boldsymbol{x}_2]^T=[\boldsymbol{\eta}_s;\ \dot{\boldsymbol{\eta}}_s]^T$——状态变量；

$\boldsymbol{d}$——模型不确定与外部扰动项；

$\boldsymbol{f}(\boldsymbol{x})$——由状态变量表示的函数向量；

$\boldsymbol{b}$——系数矩阵。

$\boldsymbol{f}(\boldsymbol{x})$（下面简写为$\boldsymbol{f}$）与$\boldsymbol{b}$分别表示为

$$\begin{cases}\boldsymbol{f}=[\boldsymbol{x}_z;(\boldsymbol{T}^T\boldsymbol{M}\boldsymbol{T})^{-1}(\boldsymbol{T}^T\boldsymbol{G}\boldsymbol{g}-\boldsymbol{T}^T\boldsymbol{M}\dot{\boldsymbol{T}}\boldsymbol{x}_z-\boldsymbol{T}^T\boldsymbol{W}\boldsymbol{T}\boldsymbol{x}_z)]\\ \boldsymbol{b}=[\boldsymbol{0}_{3\times3};(\boldsymbol{T}^T\boldsymbol{M}\boldsymbol{T})^{-1}\boldsymbol{T}^T\boldsymbol{w}_{CS}^a]\end{cases} \tag{6-8}$$

设计参考模型为

$$\dot{\boldsymbol{x}}_m=\boldsymbol{A}_m\boldsymbol{x}_m+\boldsymbol{B}_m\boldsymbol{x}_d \tag{6-9}$$

式中　$\boldsymbol{x}_m=[\boldsymbol{x}_{m1};\ \boldsymbol{x}_{m2}]$——参考模型状态变量；

$\boldsymbol{x}_d=[\boldsymbol{\eta}_{sd};\ \dot{\boldsymbol{\eta}}_{sd}]^T$——期望运行轨迹；

$\boldsymbol{A}_m$、$\boldsymbol{B}_m$——状态变量与期望轨迹的系数矩阵。

参考模型期望系统状态变量与期望轨迹尽可能接近，式（6-9）为典型的二阶系统，为描述状态变量与输入期望轨迹之间的变换关系，$\boldsymbol{A}_{\mathrm{m}}$与$\boldsymbol{B}_{\mathrm{m}}$分别设计为

$$\boldsymbol{A}_{\mathrm{m}}=\begin{bmatrix}0&0&0&1&0&0\\0&0&0&0&1&0\\0&0&0&0&0&1\\-\omega_{\mathrm{n}}^{2}&0&0&-2\zeta\omega_{\mathrm{n}}&0&0\\0&-\omega_{\mathrm{n}}^{2}&0&0&-2\zeta\omega_{\mathrm{n}}&0\\0&0&-\omega_{\mathrm{n}}^{2}&0&0&-2\zeta\omega_{\mathrm{n}}\end{bmatrix},\quad \boldsymbol{B}_{\mathrm{m}}=\begin{bmatrix}\boldsymbol{0}_{3\times1}&\boldsymbol{0}_{3\times1}&\boldsymbol{0}_{3\times1}\\\omega_{\mathrm{n}}^{2}&0&0\\0&\omega_{\mathrm{n}}^{2}&0\\0&0&\omega_{\mathrm{n}}^{2}\end{bmatrix} \tag{6-10}$$

式中　ζ——系统阻尼，其取值范围为$0\leqslant\zeta\leqslant1$；

ω_{n}——系统频率，正数。

根据式（6-7）与式（6-9）可知，系统的控制目标是使得参考模型与实际模型状态变量的误差$\boldsymbol{e}=\boldsymbol{x}_{\mathrm{m}}-\boldsymbol{x}$具有指数收敛特性，即

$$\dot{\boldsymbol{e}}=(\boldsymbol{A}_{\mathrm{m}}+\boldsymbol{K}_{\mathrm{m}})\boldsymbol{e} \tag{6-11}$$

式中　$\boldsymbol{K}_{\mathrm{m}}$——误差反馈增益矩阵。通过选择$\boldsymbol{K}_{\mathrm{m}}$可以使得式（6-11）具有指数收敛特性。

根据式（6-7）~式（6-11）可得

$$\boldsymbol{A}_{\mathrm{m}}\boldsymbol{x}+\boldsymbol{B}_{\mathrm{m}}\boldsymbol{x}_{\mathrm{d}}-\boldsymbol{f}-\boldsymbol{b}\boldsymbol{f}^{a}-\boldsymbol{d}=\boldsymbol{K}\boldsymbol{e} \tag{6-12}$$

根据式（6-7），模型不确定及为扰动项可表示为

$$\boldsymbol{d}=\dot{\boldsymbol{x}}\boldsymbol{f}-\boldsymbol{b}\boldsymbol{f}^{a} \tag{6-13}$$

然而上式无法直接用于控制算法设计，UDE方法采用估计得到模型不确定与外部扰动项进行控制算法设计[165-167]。g_{f}与G_{f}分别为用于模型估计的滤波器时域与频域表达式，G_{f}为g_{f}的拉普拉斯（Laplace）变换，根据式（6-13）可得模型不确定及扰动项估计为

$$\hat{\boldsymbol{d}}=\boldsymbol{d}*\boldsymbol{g}_{\mathrm{f}}=(\dot{\boldsymbol{x}}-\boldsymbol{f}-\boldsymbol{b}\boldsymbol{f}^{a})*\boldsymbol{g}_{\mathrm{f}}=(\dot{\boldsymbol{x}}-\boldsymbol{f}-\boldsymbol{b}\boldsymbol{f}^{a})*\boldsymbol{g}_{\mathrm{f}} \tag{6-14}$$

根据式（6-12）与式（6-14）可得

$$\begin{aligned}\boldsymbol{b}\boldsymbol{f}^{a}&=\boldsymbol{A}_{\mathrm{m}}\boldsymbol{x}+\boldsymbol{B}_{\mathrm{m}}\boldsymbol{x}_{\mathrm{d}}-\boldsymbol{f}-\boldsymbol{K}\boldsymbol{e}-\hat{\boldsymbol{d}}\\&=\boldsymbol{A}_{\mathrm{m}}\boldsymbol{x}+\boldsymbol{B}_{\mathrm{m}}\boldsymbol{x}_{\mathrm{d}}-\boldsymbol{f}-\boldsymbol{K}\boldsymbol{e}+(\boldsymbol{f}+\boldsymbol{b}\boldsymbol{f}^{a}-\dot{\boldsymbol{x}})*\boldsymbol{g}_{\mathrm{f}}\end{aligned} \tag{6-15}$$

根据上式可得系统驱动力为

$$\boldsymbol{f}^{a}=\boldsymbol{b}^{+}\left[L^{-1}\left(\frac{1}{1-G_{\mathrm{f}}}\right)*(\boldsymbol{A}_{\mathrm{m}}\boldsymbol{x}+\boldsymbol{B}_{\mathrm{m}}\boldsymbol{x}_{\mathrm{d}}-\boldsymbol{K}\boldsymbol{e})-\boldsymbol{f}-L^{-1}\left(\frac{sG_{\mathrm{f}}}{1-G_{\mathrm{f}}}\right)*\boldsymbol{x}\right] \tag{6-16}$$

式中　$\boldsymbol{b}^{+}=(\boldsymbol{b}^{\mathrm{T}}\boldsymbol{b})^{-1}\boldsymbol{b}^{\mathrm{T}}$——矩阵$\boldsymbol{b}$的伪逆；

$L^{-1}(\ )$——拉普拉斯逆变换。

现有研究发现[165]，低频滤波器可取得良好的估计效果，取低频滤波器为

$$g_{\mathrm{f}}=\frac{1}{T}\mathrm{e}^{\frac{t}{T}},\quad G_{\mathrm{f}}=\frac{1}{1+Ts} \tag{6-17}$$

根据式（6-16）与式（6-17）可得到

$$\frac{1}{1-G_{\mathrm{f}}}=1+\frac{1}{Ts},\qquad \frac{sG_{\mathrm{f}}}{1-G_{\mathrm{f}}}=\frac{1}{T} \tag{6-18}$$

根据上式，驱动力中含低频滤波器项可表示为

$$\begin{cases} L^{-1}\left(\dfrac{1}{1-G_{\mathrm{f}}}\right)(\boldsymbol{A}_{\mathrm{m}}\boldsymbol{x}+\boldsymbol{B}_{\mathrm{m}}\boldsymbol{x}_{\mathrm{d}}-\boldsymbol{K}\boldsymbol{e})=\boldsymbol{A}_{\mathrm{m}}\boldsymbol{x}+\boldsymbol{B}_{\mathrm{m}}\boldsymbol{x}_{\mathrm{d}}-\boldsymbol{K}\boldsymbol{e}+\dfrac{1}{T}\displaystyle\int_0^t(\boldsymbol{A}_{\mathrm{m}}\boldsymbol{x}+\boldsymbol{B}_{\mathrm{m}}\boldsymbol{x}_{\mathrm{d}}-\boldsymbol{K}\boldsymbol{e})\mathrm{d}t \\ L^{-1}\left(\dfrac{sG_{\mathrm{f}}}{1-G_{\mathrm{f}}}\right)*\boldsymbol{x}=\dfrac{\boldsymbol{x}}{T} \end{cases} \tag{6-19}$$

根据式（6-16）与式（6-19），驱动力可表示为

$$\boldsymbol{f}^{a}=\boldsymbol{b}^{+}\left(\boldsymbol{A}_{\mathrm{m}}\boldsymbol{x}+\boldsymbol{B}_{\mathrm{m}}\boldsymbol{x}_{\mathrm{d}}-\boldsymbol{K}\boldsymbol{e}+\frac{1}{T}\int_0^t(\boldsymbol{A}_{\mathrm{m}}\boldsymbol{x}+\boldsymbol{B}_{\mathrm{m}}\boldsymbol{x}_{\mathrm{d}}-\boldsymbol{K}\boldsymbol{e})\mathrm{d}t-\boldsymbol{f}-\frac{\boldsymbol{x}}{T}\right) \tag{6-20}$$

根据式（6-13）与式（6-17），模型不确定与扰动项可表示为

$$\hat{\boldsymbol{d}}=L^{-1}(1+Ts)\boldsymbol{d} \tag{6-21}$$

定义为 $\tilde{\boldsymbol{d}}=\boldsymbol{d}-\hat{\boldsymbol{d}}$ 估计误差，根据上式有

$$\dot{\tilde{\boldsymbol{d}}}=-\frac{1}{T}\tilde{\boldsymbol{d}}+\dot{\boldsymbol{d}} \tag{6-22}$$

根据式（6-11）与式（6-14），系统误差方程可表示为

$$\dot{\boldsymbol{e}}=(\boldsymbol{A}_{\mathrm{m}}+\boldsymbol{K}_{\mathrm{m}})\boldsymbol{e}-\tilde{\boldsymbol{d}} \tag{6-23}$$

根据式（6-22）与式（6-23），系统误差方程为

$$\begin{bmatrix}\dot{\boldsymbol{e}}\\ \dot{\tilde{\boldsymbol{d}}}\end{bmatrix}=\begin{bmatrix}\boldsymbol{A}_{\mathrm{m}}+\boldsymbol{K}_{\mathrm{m}} & -\boldsymbol{1}_{6\times3}\\ \boldsymbol{0}_{3\times6} & -\dfrac{1}{\mathrm{T}}\boldsymbol{1}_{3\times3}\end{bmatrix}\begin{bmatrix}\boldsymbol{e}\\ \tilde{\boldsymbol{d}}\end{bmatrix}+\begin{bmatrix}\boldsymbol{0}_{6\times9}\\ \boldsymbol{1}_{3\times9}\end{bmatrix}\begin{bmatrix}\boldsymbol{0}\\ \dot{\boldsymbol{d}}\end{bmatrix} \tag{6-24}$$

根据上式系统矩阵为上三角矩阵，矩阵的特征值方程可表示为

$$|s\boldsymbol{I}-(\boldsymbol{A}_{\mathrm{m}}+\boldsymbol{K})|\left|s+\frac{1}{T}\right|=0 \tag{6-25}$$

由于参考模型与实际模型的状态变量误差具有指数收敛特性，可以通过调整矩阵 $\boldsymbol{K}$ 与 $\boldsymbol{A}_{\mathrm{m}}$ 使得矩阵 $\boldsymbol{A}_{\mathrm{m}}+\boldsymbol{K}$ 的特征值全为负，同时由于时间常数 T 为正，使得上式特征根全为负值，因此采用式（6-20）所示控制律时系统是渐近稳定的。其算法框图如图 6-2 所示。

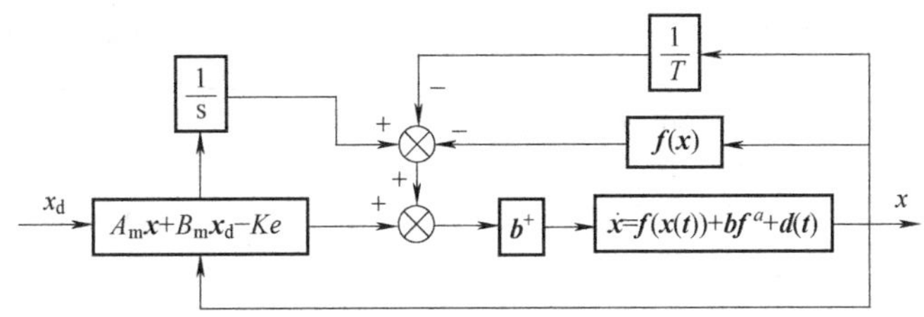

图 6-2　2PUR-PSR 并联机器人 UDE 控制算法框图

刚性机器人控制算法仿真

为验证 2PUR-PSR 并联机器人在理想模型与含模型不确定性及外部扰动情况下的控制算法性能，本节将分别采用反馈线性化及 UDE 方法进行仿真研究。在反馈线性化方法中，比例与微分增益分别取为 $K_{\mathrm{p}}=10000$ 与 $K_{\mathrm{d}}=200$；在 UDE 方法中取 $2\zeta\omega_{\mathrm{n}}=10$，$\omega_{\mathrm{n}}^2=90000$，

$T=0.001\text{s}$，$K=10$。上述参数在两种情况下保持一致。运行轨迹为式（2-74），同时在考虑模型不确定性与外部扰动时取 $\boldsymbol{d}=[\boldsymbol{0}_{3\times3};\ 0.2(\boldsymbol{T}^{\mathrm{T}}\boldsymbol{M}\boldsymbol{T})^{-1}(\boldsymbol{T}^{\mathrm{T}}\boldsymbol{G}\boldsymbol{g}-\boldsymbol{T}^{\mathrm{T}}\boldsymbol{M}\dot{\boldsymbol{T}}\dot{\boldsymbol{\eta}}_{\mathrm{s}}-\boldsymbol{T}^{\mathrm{T}}\boldsymbol{W}\boldsymbol{T}\dot{\boldsymbol{\eta}}_{\mathrm{s}}-10000\sin(4t))]$。

采用反馈线性化方法时，理想模型与含扰动情况下的非理想模型的轨迹跟踪误差如图6-3所示。可以看到，在模型为理想条件下，该方法可以取得良好的跟踪效果，各方向的位置、速度、角度与角加速度跟踪误差均接近0；当存在扰动时，各方向的跟踪误差都显著增加，特别是位置与速度跟踪误差分别接近100mm与400mm/s，显然跟踪误差已超出了可以接受范围内。

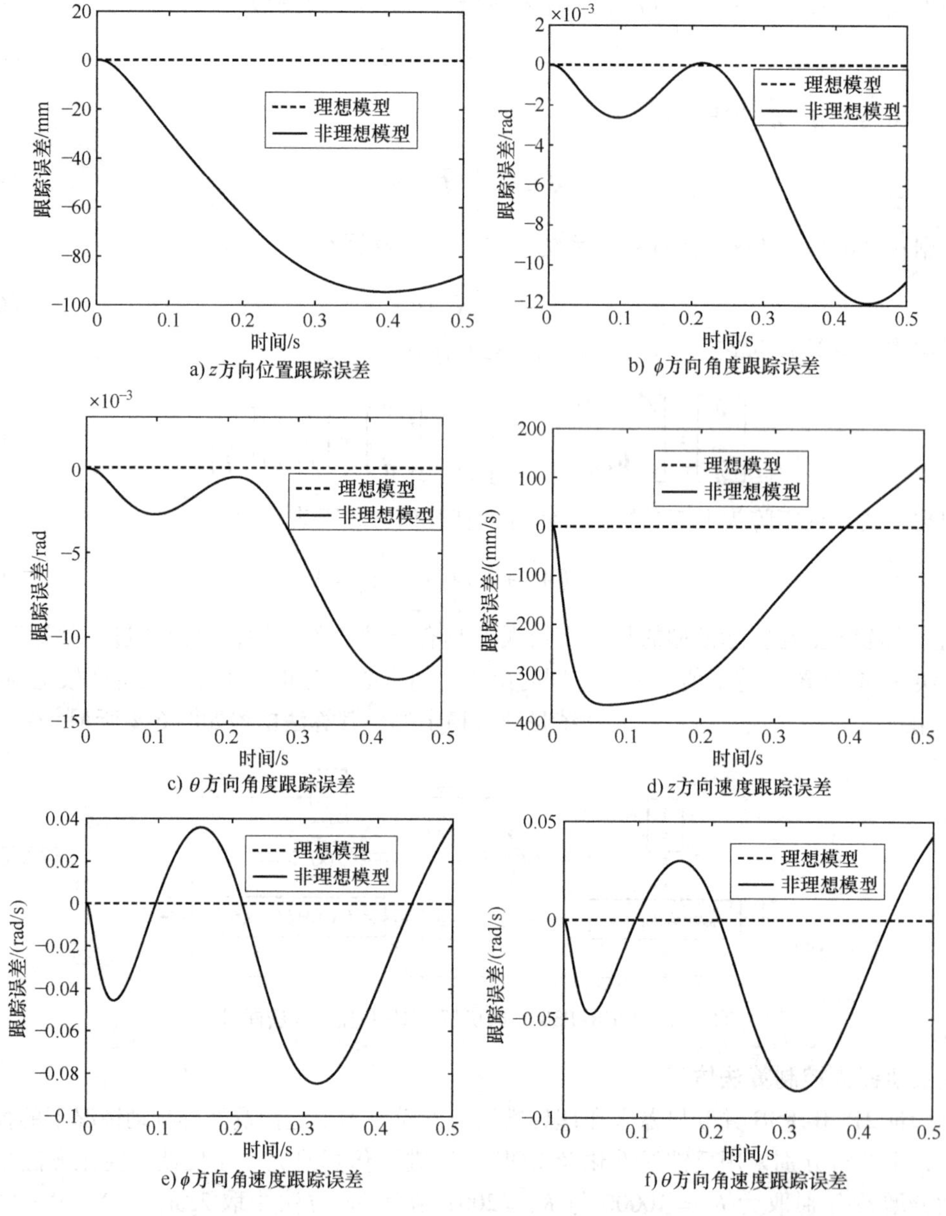

图6-3　基于反馈线性化方法的轨迹跟踪误差

图6-4给出了基于UDE方法的轨迹跟踪误差。可以看到，在模型为理想的条件下反馈线性化方法可以取得更好的效果。采用反馈线性化时最大位置与速度跟踪误差分别为0.0001mm与0.00126mm/s，采用UDE方法时相应的跟踪误差分别接近0.025mm与0.5mm；而考虑模型不确定与外部扰动时，UDE方法表现出了明显的优势，跟踪误差与理想模型的相比并未显著增加，其位置跟踪误差与速度跟踪误差最大值约为0.06mm与1mm/s。图6-5所示为基于UDE方法的两种情况下的驱动力。可以看到，在理想模型条件下驱动力与2.3.3节中仿真结果相比并未出现明显变化，且考虑不确定性与外部扰动时驱动力的量级与扰动相同，并未显著增加。可以看到，UDE方法在两种条件下均可取得良好的跟踪性能，同时其跟踪性能可以通过调节滤波器时间常数 T 与反馈增益矩阵 $\boldsymbol{K}$ 进行改进。

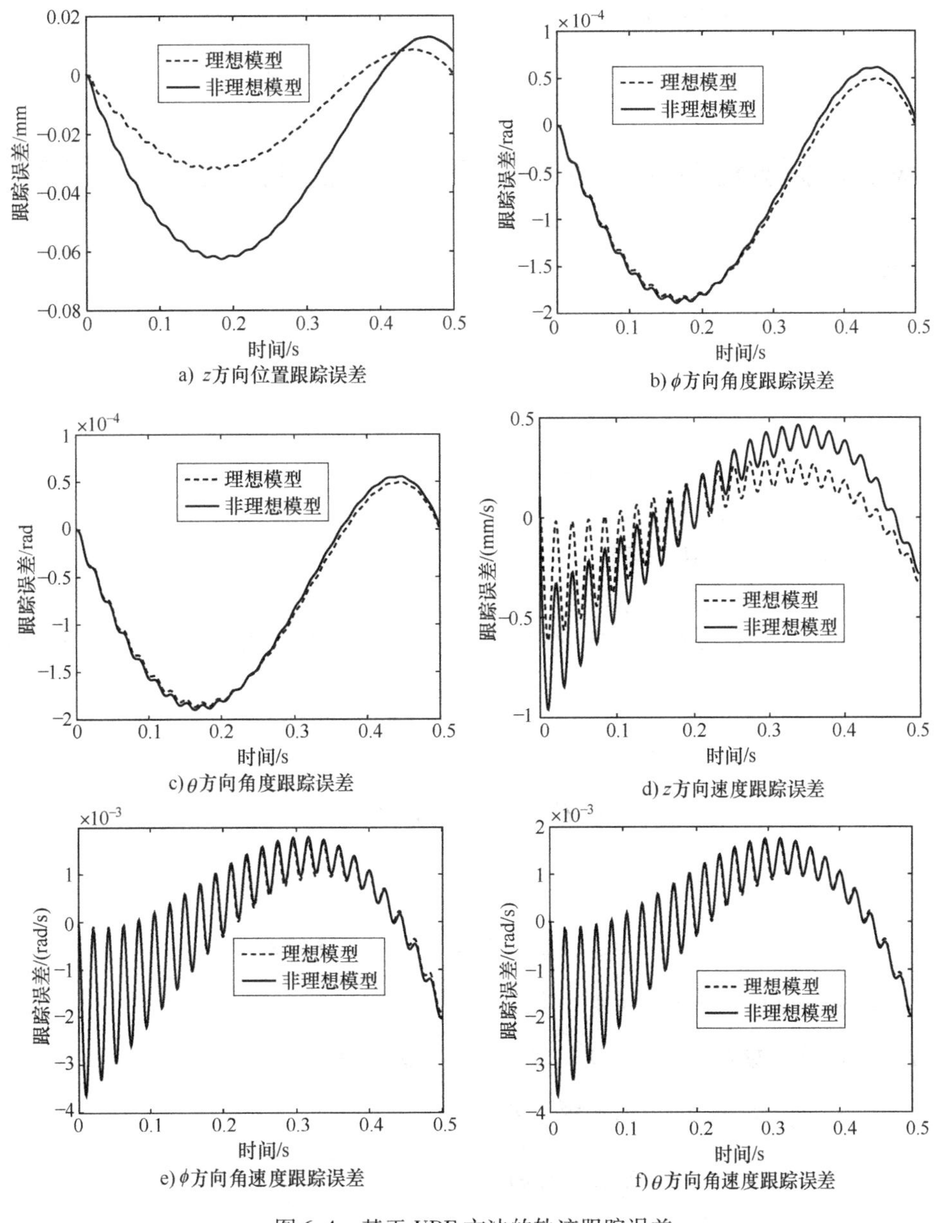

a) z方向位置跟踪误差

b) ϕ方向角度跟踪误差

c) θ方向角度跟踪误差

d) z方向速度跟踪误差

e) ϕ方向角速度跟踪误差

f) θ方向角速度跟踪误差

图6-4 基于UDE方法的轨迹跟踪误差

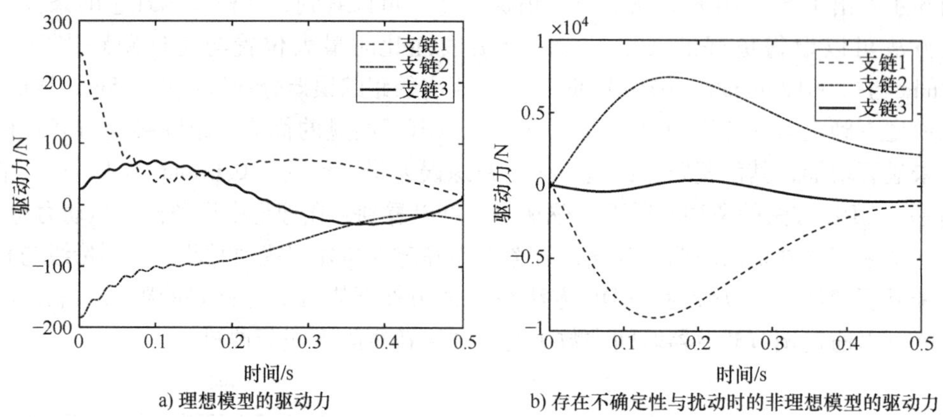

a) 理想模型的驱动力

b) 存在不确定性与扰动时的非理想模型的驱动力

图 6-5　基于 UDE 方法的两种情况下的驱动力

6.3　基于积分流型与观测器的 3RRR 并联机器人轨迹跟踪控制

6.3.1　基于积分流形的模型降阶

为将动力学模型转化为摄动形式，定义如下状态变量[117]：

$$\begin{cases} \boldsymbol{X}_1 = \boldsymbol{\eta},\ \boldsymbol{X}_2 = \dot{\boldsymbol{\eta}} \\ \boldsymbol{z}_1 = \boldsymbol{m}/\varepsilon^2,\ \boldsymbol{z}_2 = \dot{\boldsymbol{m}}/\varepsilon \end{cases} \tag{6-26}$$

式中　$\boldsymbol{X} = [\boldsymbol{X}_1\ \boldsymbol{X}_2]^{\mathrm{T}}$——慢速子系统状态变量；

$\boldsymbol{z} = [\boldsymbol{z}_1\ \boldsymbol{z}_2]^{\mathrm{T}}$——快速子系统状态变量；

$\varepsilon \in \mathbf{R}$——大于零的小实数参数。

根据定义的状态变量及系统方程式（3-98），令 $\boldsymbol{K}_1 = \mathrm{diag}([k_s,\ k_s,\ k_s])$，摄动形式的状态方程可表示为

$$\begin{cases} \dot{\boldsymbol{x}}_1 = \boldsymbol{X}_2 \\ \dot{\boldsymbol{x}}_2 = \boldsymbol{J}_{11}\boldsymbol{J}_{\mathrm{p}\theta}^{\mathrm{T}}\boldsymbol{\tau} - \boldsymbol{J}_{11}\boldsymbol{f}_1 - \boldsymbol{J}_{12}\boldsymbol{f}_2 - \boldsymbol{J}_{12}\tilde{k}\,\boldsymbol{z}_1 \end{cases} \tag{6-27}$$

$$\begin{cases} \varepsilon\,\dot{\boldsymbol{z}}_1 = \boldsymbol{z}_2 \\ \varepsilon\,\dot{\boldsymbol{z}}_2 = \boldsymbol{J}_{12}^{\mathrm{T}}\boldsymbol{J}_{\mathrm{p}\theta}^{\mathrm{T}}\boldsymbol{\tau} - \boldsymbol{J}_{12}^{\mathrm{T}}\boldsymbol{f}_1 - \boldsymbol{J}_{22}\boldsymbol{f}_2 - \boldsymbol{J}_{22}\tilde{k}\,\boldsymbol{z}_1 \end{cases} \tag{6-28}$$

式中　$\tilde{k}$——模型降阶后的刚度系数，$\tilde{k} = k_s\varepsilon^2$；

$\boldsymbol{J}$——质量阵 $\boldsymbol{M}$ 的逆矩阵，$\boldsymbol{J} = [\boldsymbol{J}_{11}\quad \boldsymbol{J}_{12};\quad \boldsymbol{J}_{12}^{\mathrm{T}}\quad \boldsymbol{J}_{22}]$。

对于上述动力学方程，积分流形被定义为[168]

$$\boldsymbol{h}^a(\boldsymbol{X}_1, \boldsymbol{X}_2, t, \varepsilon) = \begin{bmatrix} \boldsymbol{h}_1^a(\boldsymbol{X}_1, \boldsymbol{X}_2, t, \varepsilon) \\ \boldsymbol{h}_2^a(\boldsymbol{X}_1, \boldsymbol{X}_2, t, \varepsilon) \end{bmatrix} \tag{6-29}$$

如果上式满足以下条件，积分流形存在：

$$\begin{aligned} & z(t^*,\varepsilon)=\boldsymbol{h}(\boldsymbol{X}_1(t^*,\varepsilon),\boldsymbol{X}_2(t^*,\varepsilon),\boldsymbol{\tau}(t^*),\varepsilon) \\ \Rightarrow & z(t,\varepsilon)=\boldsymbol{h}^a(\boldsymbol{X}_1(t,\varepsilon),\boldsymbol{X}_2(t,\varepsilon),\boldsymbol{\tau}(t),\varepsilon) \end{aligned} \tag{6-30}$$

式（6-30）可解释为，如果在时刻 t^* 快速子系统变量到达积分流形轨迹，那么对于 $\forall t>t^*$ 时刻该变量将始终保持在该流形轨迹上。即，快速子系统变量与积分流形之差定义的新变量在 $\forall t>t^*$ 时刻是可控的。根据上述积分流形的定义，将 $\boldsymbol{h}^a=[\boldsymbol{h}_1^a\ \boldsymbol{h}_2^a]^{\mathrm{T}}$ 代入系统微分方程可得到

$$\begin{cases} \dot{\boldsymbol{x}}_1=\boldsymbol{X}_2 \\ \dot{\boldsymbol{x}}_2=\boldsymbol{J}_{11}\boldsymbol{J}_{\mathrm{p}\theta}^{\mathrm{T}}\boldsymbol{\tau}-\boldsymbol{J}_{11}\boldsymbol{f}_1-\boldsymbol{J}_{12}\boldsymbol{f}_2-\boldsymbol{J}_{12}\tilde{k}\,\boldsymbol{h}_1^a \end{cases} \tag{6-31}$$

$$\begin{cases} \varepsilon\dot{\boldsymbol{h}}_1^a=\boldsymbol{h}_2^a \\ \varepsilon\dot{\boldsymbol{h}}_2^a=\boldsymbol{J}_{12}^{\mathrm{T}}\boldsymbol{J}_{\mathrm{p}\theta}^{\mathrm{T}}\boldsymbol{\tau}-\boldsymbol{J}_{12}^{\mathrm{T}}\boldsymbol{f}_1-\boldsymbol{J}_{22}\boldsymbol{f}_2-\boldsymbol{J}_{22}\tilde{k}\,\boldsymbol{h}_1^a \end{cases} \tag{6-32}$$

由于 ε 为接近 0 的小变量，积分流形 $\boldsymbol{h}^a$ 及力矩 $\boldsymbol{\tau}$ 均为 ε 的函数，为减小计算复杂度，可对上述变量进行泰勒展开：

$$\boldsymbol{h}_1^a\approx\boldsymbol{h}_1=\boldsymbol{h}_{10}+\varepsilon\boldsymbol{h}_{11}(\boldsymbol{X}_1,\boldsymbol{X}_2,t)+\cdots+\varepsilon^p\boldsymbol{h}_{1p}(\boldsymbol{X}_1,\boldsymbol{X}_2,t)+\boldsymbol{R}_{1(p+1)}(\boldsymbol{X}_1,\boldsymbol{X}_2,t,\varepsilon) \tag{6-33}$$

$$\boldsymbol{h}_2^a\approx\boldsymbol{h}_2=\boldsymbol{h}_{20}+\varepsilon\boldsymbol{h}_{21}(\boldsymbol{X}_1,\boldsymbol{X}_2,t)+\cdots+\varepsilon^p\boldsymbol{h}_{2p}(\boldsymbol{X}_1,\boldsymbol{X}_2,t)+\boldsymbol{R}_{2(p+1)}(\boldsymbol{X}_1,\boldsymbol{X}_2,t,\varepsilon) \tag{6-34}$$

$$\boldsymbol{\tau}\approx\boldsymbol{\tau}_0+\varepsilon\boldsymbol{\tau}_1(\boldsymbol{X}_1,\boldsymbol{X}_2,t)+\varepsilon^2\boldsymbol{\tau}_2(\boldsymbol{X}_1,\boldsymbol{X}_2,t)+\cdots+\varepsilon^p\boldsymbol{\tau}_p(\boldsymbol{X}_1,\boldsymbol{X}_2,t)+\boldsymbol{R}_{p+1}(\boldsymbol{X}_1,\boldsymbol{X}_2,t,\varepsilon) \tag{6-35}$$

式中　$\boldsymbol{h}_1$、$\boldsymbol{h}_2$——$\boldsymbol{h}_1^a$、$\boldsymbol{h}_2^a$ 的逼近值；

$\boldsymbol{h}_{ij}$——积分流形关于小变量 ε 的导数，有

$$\boldsymbol{h}_{ij}=\left.\frac{\partial^j\boldsymbol{h}_i^a}{j!\,\partial\varepsilon^j}\right|_{\varepsilon=0} \tag{6-36}$$

$\boldsymbol{R}_{i(p+1)}$——泰勒展开的估计误差，其中 $i=1,\ 2,\ j=0,\ 1,\ 2,\ \cdots,\ p$，逼近阶数 $p\in\mathbf{N}^+$；

由于杆件弹性位移为快速子系统状态变量 z 的 ε^2 倍，因此 p 至少取 2 才能将弹性位移反映到末端轨迹中。本章主要基于积分流形设计复合控制算法，解决柔性杆件并联机器人轨迹跟踪控制问题，为减小计算复杂度，这里取 $p=2$。因此，系统状态方程式（6-31）及式（6-32）可表示为

$$\begin{cases} \dot{\boldsymbol{x}}_1=\boldsymbol{X}_2 \\ \dot{\boldsymbol{x}}_2=\boldsymbol{J}_{11}\boldsymbol{J}_{\mathrm{p}\theta}^{\mathrm{T}}(\boldsymbol{\tau}_0+\varepsilon\boldsymbol{\tau}_1+\varepsilon^2\boldsymbol{\tau}_2)-\boldsymbol{J}_{11}\boldsymbol{f}_1-\boldsymbol{J}_{12}\boldsymbol{f}_2-\boldsymbol{J}_{12}\tilde{k}\,(\boldsymbol{h}_{10}+\varepsilon\boldsymbol{h}_{11}+\varepsilon^2\boldsymbol{h}_{12}) \end{cases} \tag{6-37}$$

$$\begin{cases} \varepsilon(\dot{\boldsymbol{h}}_{10}+\varepsilon\dot{\boldsymbol{h}}_{11}+\varepsilon^2\dot{\boldsymbol{h}}_{12})=\boldsymbol{h}_{20}+\varepsilon\boldsymbol{h}_{21}+\varepsilon^2\boldsymbol{h}_{22} \\ \varepsilon(\dot{\boldsymbol{h}}_{20}+\varepsilon\dot{\boldsymbol{h}}_{21}+\varepsilon^2\dot{\boldsymbol{h}}_{22})=\boldsymbol{J}_{12}^{\mathrm{T}}\boldsymbol{J}_{\mathrm{p}\theta}^{\mathrm{T}}(\boldsymbol{\tau}_0+\varepsilon\boldsymbol{\tau}_1+\varepsilon^2\boldsymbol{\tau}_2)-\boldsymbol{J}_{12}^{\mathrm{T}}\boldsymbol{f}_1-\boldsymbol{J}_{22}\boldsymbol{f}_2-\boldsymbol{J}_{22}\tilde{k}\,(\boldsymbol{h}_{10}+\varepsilon\boldsymbol{h}_{11}+\varepsilon^2\boldsymbol{h}_{12}) \end{cases} \tag{6-38}$$

由于质量阵的逆矩阵 $\boldsymbol{J}$ 及科氏力和离心力项 $\boldsymbol{f}_1$ 与 $\boldsymbol{f}_2$ 均为小变量 ε 的函数，因此上述变量关于 ε 的泰勒展开可表示为

$$\begin{cases} \boldsymbol{f}_1 = \boldsymbol{f}_{10} + (\boldsymbol{f}_1)_1\varepsilon + (\boldsymbol{f}_1)_2\varepsilon^2/2 \\ \boldsymbol{f}_2 = \boldsymbol{f}_{20} + (\boldsymbol{f}_2)_1\varepsilon + (\boldsymbol{f}_2)_2\varepsilon^2/2 \end{cases} \tag{6-39}$$

$$\begin{cases} \boldsymbol{J}_{11} = (\boldsymbol{J}_{11})_0 + (\boldsymbol{J}_{11})_1\varepsilon + (\boldsymbol{J}_{11})_2\varepsilon^2/2 \\ \boldsymbol{J}_{12} = (\boldsymbol{J}_{12})_0 + (\boldsymbol{J}_{12})_1\varepsilon + (\boldsymbol{J}_{12})_2\varepsilon^2/2 \\ \boldsymbol{J}_{22} = (\boldsymbol{J}_{22})_0 + (\boldsymbol{J}_{22})_1\varepsilon + (\boldsymbol{J}_{22})_2\varepsilon^2/2 \end{cases} \tag{6-40}$$

式中 $(\ )_j = \left.\dfrac{\partial^j(\cdot)}{\partial\varepsilon^j}\right|_{\varepsilon=0}$ $(j=0,\ 1,\ 2)$。

根据动力学方程式（3-94）可知，质量阵 $\boldsymbol{M}$ 中仅 $\boldsymbol{M}_{11}$ 有关于 ε^2 与 ε^4 的小参数项，对小参数的处理仅考虑二阶，因此忽略四次项的影响。逆矩阵 $\boldsymbol{J}$ 分母中的小参数项对系统影响较小，为简化逆矩阵计算复杂度，忽略分母中的小参数项，式（6-40）各项可表示为

$$\begin{cases} \boldsymbol{J}_{11} = (\boldsymbol{J}_{11})_0 \\ \boldsymbol{J}_{12} = (\boldsymbol{J}_{12})_0 \\ \boldsymbol{J}_{22} = (\boldsymbol{J}_{22})_0 + (\boldsymbol{J}_{22})_2\varepsilon^2/2 \end{cases} \tag{6-41}$$

根据动力学方程的结构特点可知，式（6-39）所示的科氏力和离心力项可表示为

$$\begin{cases} \boldsymbol{f}_1 = \boldsymbol{f}_{10} + [(\boldsymbol{f}_1)_{20}\boldsymbol{h}_{10} + (\boldsymbol{f}_1)_{21}\dot{\boldsymbol{h}}_{10}]\varepsilon^2/2 \\ \boldsymbol{f}_2 = \boldsymbol{f}_{20} + \varepsilon^2(\boldsymbol{f}_2)_{21}\dot{\boldsymbol{h}}_{10}/2 \end{cases} \tag{6-42}$$

将式（6-41）及式（6-42）代入状态微分方程式（6-38），积分流形各项可表示为

$$\begin{cases} \boldsymbol{h}_{10} = (\boldsymbol{J}_{22}\tilde{k})_0^{-1}[\boldsymbol{J}_{12}^{\mathrm{T}}\boldsymbol{J}_{\mathrm{p}\theta}^{\mathrm{T}}\boldsymbol{\tau}_0 - \boldsymbol{J}_{12}^{\mathrm{T}}\boldsymbol{f}_{10} - (\boldsymbol{J}_{22})_0\boldsymbol{f}_{20}],\boldsymbol{h}_{11} = (\boldsymbol{J}_{22}\tilde{k})_0^{-1}(\boldsymbol{J}_{12}^{\mathrm{T}}\boldsymbol{J}_{\mathrm{p}\theta}^{\mathrm{T}}\boldsymbol{\tau}_1 - \dot{\boldsymbol{h}}_{20}) \\ \boldsymbol{h}_{12} = (\boldsymbol{J}_{22}\tilde{k})_0^{-1}\{\boldsymbol{J}_{12}^{\mathrm{T}}\boldsymbol{J}_{\mathrm{p}\theta}^{\mathrm{T}}\boldsymbol{\tau}_2 - \dot{\boldsymbol{h}}_{21} - \boldsymbol{J}_{12}^{\mathrm{T}}[(\boldsymbol{f}_1)_{20}\boldsymbol{h}_{10} + (\boldsymbol{f}_1)_{21}\dot{\boldsymbol{h}}_{10}]/2 - \\ \quad (\boldsymbol{J}_{22})_2(\boldsymbol{f}_{20} + \boldsymbol{h}_{10})/2 - (\boldsymbol{J}_{22})_0(\boldsymbol{f}_2)_{21}\dot{\boldsymbol{h}}_{10}/2\} \\ \boldsymbol{h}_{20} = 0,\boldsymbol{h}_{21} = \dot{\boldsymbol{h}}_{10},\boldsymbol{h}_{22} = \dot{\boldsymbol{h}}_{11} \end{cases} \tag{6-43}$$

当不考虑杆件柔性时，即小变量 $\varepsilon=0$ 时，将 $\boldsymbol{h}_{10}$ 代入式（6-37）可得到慢速子系统状态方程为

$$\begin{cases} \dot{\overline{\boldsymbol{X}}}_1 = \overline{\boldsymbol{X}}_2 \\ \dot{\overline{\boldsymbol{X}}}_2 = \boldsymbol{M}_{110}^{-1}\boldsymbol{J}_{\mathrm{p}\theta}^{\mathrm{T}}\boldsymbol{\tau}_0 - \boldsymbol{M}_{110}^{-1}\boldsymbol{f}_{10} \end{cases} \tag{6-44}$$

式中 $\overline{\boldsymbol{X}}_1$ 与 $\overline{\boldsymbol{X}}_2$——慢速子系统变量，为便于叙述，$\overline{\boldsymbol{X}}_1$ 与 $\overline{\boldsymbol{X}}_2$ 标记为 $\boldsymbol{X}_1$ 与 $\boldsymbol{X}_2$。

对于式（6-44）表示的慢速子系统，由于杆件及动平台参数的不确定性、关节处摩擦及未建模随机误差的存在，其模型存在扰动项。其中，前两项起主要作用，可通过参数辨识进行处理；由于第三项数值较小，这里忽略其影响。

由上文可知，为使积分流形存在的条件成立，快速子系统变量逼近偏差应可控，快速子系统变量偏差可表示为

$$\begin{cases} X_{f1} = z_1 - h_{10} - \varepsilon h_{11} - \varepsilon^2 h_{12} \\ X_{f2} = z_2 - h_{20} - \varepsilon h_{21} - \varepsilon^2 h_{22} \end{cases} \tag{6-45}$$

将式（6-45）两边同时乘以 ε，分别对其求导并代入系统状态方程式（6-38），同时根据式（6-43）对 $\boldsymbol{h}_{ij}$进行替代可以得到

$$\begin{cases} \varepsilon \dot{X}_{f1} = X_{f2} \\ \varepsilon \dot{X}_{f2} = J_{12}^{T} J_{p\theta}^{T} \tau_f - (J_{22})_0 \tilde{k} X_{f1} - \varepsilon^2 [(J_{22})_2 + J_{12}^{T} (f_1)_{20}] X_{f1}/2 - \\ \qquad \varepsilon (J_{12}^{T} (f_1)_{21} + (J_{22})_0 (f_2)_{21}) X_{f2}/2 \end{cases} \tag{6-46}$$

式中　τ_f——快速子系统控制力矩。

6.3.2　复合控制算法设计

针对式（6-44）及式（6-46）表示的慢速与快速两个子系统，设计图 6-6 所示的复合控制算法，对于慢速子系统将采用反演控制，实现对机器人末端刚体运动的跟踪控制，同时根据速度映射关系。建立杆件弹性变形及振动量与动平台弹性位移的映射关系。根据刚体运动及弹性位移建立动平台运动表达式，并通过对校正力矩 τ_1 与 τ_2 的设计，实现对动平台弹性位移的补偿。对于快速子系统将采用滑模控制，保证流形成立。考虑到杆件曲率变化率难于测量，将设计高增益观测器，根据曲率值对曲率变化率进行估计。

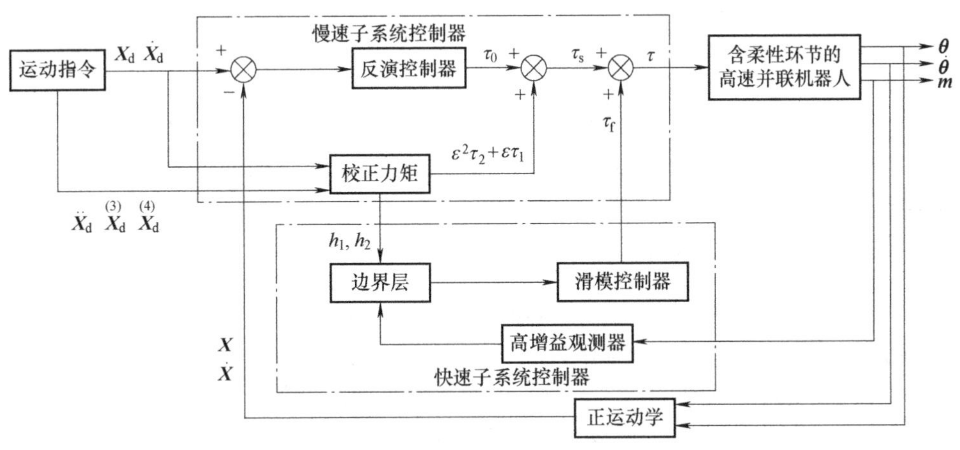

图 6-6　复合控制框图

6.3.3　基于反演算法的慢速子系统控制

反演控制是针对复杂非线性系统的递推控制算法，将原系统分解为不超过系统阶数的子系统，通过对各子系统逐级建立李雅普诺夫（Lyapunov）函数对控制律进行设计，同时保证了系统的稳定性[159]。定义位置误差为

$$e_1 = X_1 - X_d \tag{6-47}$$

式中　X_d——期望轨迹。

对上式位置误差求导可得到

$$\dot{e}_1=\dot{X}_1-\dot{X}_d \tag{6-48}$$

定义虚拟控制量为

$$v_1=-c_1e_1+\dot{X}_d \tag{6-49}$$

式中 c_1——大于零的常数。

速度误差 e_2 可定义为

$$e_2=X_2-v_1 \tag{6-50}$$

根据位置误差方程式（6-47），定义李雅普诺夫函数：

$$V_1=1/2e_1^Te_1 \tag{6-51}$$

对上式进行求导，李雅普诺夫函数的导数可表示为

$$\begin{aligned}\dot{V}_1&=e_1^T\dot{e}_1=e_1^T(X_2-\dot{X}_d)=e_1^T(e_2+v_1-\dot{X}_d)=e_1^T(e_2-c_1e_1+\dot{X}_d-\dot{X}_d)\\&=-c_1e_1^Te_1+e_1^Te_2\end{aligned} \tag{6-52}$$

根据速度误差并结合式（6-51），定义李雅普诺夫函数：

$$V_2=V_1+1/2e_2^Te_2=1/2e_1^Te_1+1/2e_2^Te_2 \tag{6-53}$$

对式（6-53）进行求导，并将式（6-44）及式（6-48）~式（6-50）对相关参数进行替代，可得到

$$\begin{aligned}\dot{V}_2&=-c_1e_1^Te_1+e_1^Te_2+e_2^T\dot{e}_2\\&=-c_1e_1^Te_1+e_1^Te_2+e_2^T\left(M_{110}^{-1}J_{p\theta}^T\tau_0-M_{110}^{-1}f_{10}+c_1\dot{e}_1-\ddot{X}_d\right)\end{aligned} \tag{6-54}$$

根据式（6-54），取慢速子系统控制力矩为

$$\begin{aligned}\tau_0&=(J_{p\theta}^T)^{-1}[f_{10}+M_{110}(-c_1\dot{e}_1+\ddot{X}_d-c_2e_2-e_1)]\\&=(J_{p\theta}^T)^{-1}\{f_{10}+M_{110}[\ddot{X}_d-(c_1+c_2)\dot{e}_1-(c_1c_2+1)e_1]\}\end{aligned} \tag{6-55}$$

式中 c_2——大于零的常数。

将上式代入式（6-54）可得

$$\dot{V}_2=-c_1e_1^Te_1-c_2e_2^Te_2\leqslant 0 \tag{6-56}$$

因此采用式（6-55）给出的控制律时，慢速子系统是稳定的。

由于杆件弹性变形与振动的存在，机器人末端动平台的位置可表示为

$$r=\eta+f_5(\eta,h_{10},h_{11},h_{12},\varepsilon) \tag{6-57}$$

式中 f_5——杆件弹性运动对动平台产生的位移，即弹性位移。

对上式求一阶与二阶导数为

$$\dot{r}=\dot{\eta}+\dot{f}_5(\eta,h_{10},h_{11},h_{12},\varepsilon) \tag{6-58}$$

$$\ddot{r}=\ddot{\eta}+\ddot{f}_5(\eta,h_{10},h_{11},h_{12},\varepsilon) \tag{6-59}$$

根据速度映射关系，动平台弹性位移一阶与二阶导数对应的速度与加速度可表示为

$$\dot{f}_5=\varepsilon^2J_{p\theta}^{-1}\phi_l(\dot{h}_{10}+\varepsilon\dot{h}_{11}+\varepsilon^2\dot{h}_{12})/l_1 \tag{6-60}$$

$$\ddot{f}_5=\varepsilon^2J_{p\theta}^{-1}\phi_l(h_{10}+\varepsilon h_{11}+\varepsilon^2h_{12})/l_1+\varepsilon^2\dot{\overline{J_{p\theta}^{-1}}}\phi_l(\dot{h}_{10}+\varepsilon\dot{h}_{11}+\varepsilon^2\dot{h}_{12})/l_1 \tag{6-61}$$

获得动平台末端弹性位移 f_5 的解析解，需要对并联机器人正运动学求解。然而，对于非

解耦的并联机器人，其正运动解析解计算过程极为复杂或不存在，在实际应用中一般采用数值迭代或被动关节及动平台加传感器等方式获得，上述方式将对计算量及经济性都带来影响。这里关于柔性环节处理全基于小变形假设，而在小变形范围内动平台末端$\boldsymbol{f}_5$的弹性位移可简化为

$$\boldsymbol{f}_5 = \boldsymbol{J}_{p\theta}^{-1}\phi_l \boldsymbol{m}/l_1 = \varepsilon^2 \boldsymbol{J}_{p\theta}^{-1}\phi_l(\boldsymbol{h}_{10} + \varepsilon \boldsymbol{h}_{11} + \varepsilon^2 \boldsymbol{h}_{12})/l_1 \tag{6-62}$$

将式（6-37）及式（6-61）代入式（6-59），考虑刚柔耦合运动的末端动平台加速度可表示为

$$\begin{aligned}\ddot{\boldsymbol{r}} =& \boldsymbol{J}_{11}\boldsymbol{J}_{p\theta}^{\mathrm{T}}(\boldsymbol{\tau}_0 + \varepsilon\boldsymbol{\tau}_1 + \varepsilon^2\boldsymbol{\tau}_2) - \boldsymbol{J}_{11}\{\boldsymbol{f}_{10} + [(\boldsymbol{f}_1)_{20}\boldsymbol{h}_{10} + (\boldsymbol{f}_1)_{21}\dot{\boldsymbol{h}}_{10}]\varepsilon^2/2\} - \\ & \boldsymbol{J}_{12}[\boldsymbol{f}_{20} + \varepsilon^2(\boldsymbol{f}_2)_{21}\dot{\boldsymbol{h}}_{10}/2] - \boldsymbol{J}_{12}\tilde{k}(\boldsymbol{h}_{10} + \varepsilon\boldsymbol{h}_{11} + \varepsilon^2\boldsymbol{h}_{12}) + \varepsilon^2(\boldsymbol{J}_{p\theta}^{-1}\phi_l\ddot{\boldsymbol{h}}_{10} + \dot{\overline{\boldsymbol{J}_{p\theta}^{-1}}}\phi_l\dot{\boldsymbol{h}}_{10})/l_1\end{aligned} \tag{6-63}$$

将式（6-43）代入式（6-63）替换刚体运动项中的$\boldsymbol{h}_1$，整理后可得

$$\begin{aligned}\ddot{\boldsymbol{r}} =& [\boldsymbol{J}_{11} - \boldsymbol{J}_{12}(\boldsymbol{J}_{22})_0^{-1}\boldsymbol{J}_{12}^{\mathrm{T}}]\boldsymbol{J}_{p\theta}^{\mathrm{T}}(\boldsymbol{\tau}_0 + \varepsilon\boldsymbol{\tau}_1 + \varepsilon^2\boldsymbol{\tau}_2) - [\boldsymbol{J}_{11} - \boldsymbol{J}_{12}(\boldsymbol{J}_{22})_0^{-1}\boldsymbol{J}_{12}^{\mathrm{T}}]\boldsymbol{f}_{10} - \\ & [\boldsymbol{J}_{11} - \boldsymbol{J}_{12}(\boldsymbol{J}_{22})_0^{-1}\boldsymbol{J}_{12}^{\mathrm{T}}][(\boldsymbol{f}_1)_{20}\boldsymbol{h}_{10} + (\boldsymbol{f}_1)_{21}\dot{\boldsymbol{h}}_{10}]\varepsilon^2/2 + \varepsilon^2(\boldsymbol{J}_{p\theta}^{-1}\phi_l\ddot{\boldsymbol{h}}_{10} + \dot{\overline{\boldsymbol{J}_{p\theta}^{-1}}}\phi_l\dot{\boldsymbol{h}}_{10})/l_1 + \\ & \boldsymbol{J}_{12}(\boldsymbol{J}_{22})_0^{-1}(\boldsymbol{J}_{22})_2(\boldsymbol{f}_{20} + \boldsymbol{h}_{10})\varepsilon^2/2 + \boldsymbol{J}_{12}(\boldsymbol{J}_{22})_0^{-1}\ddot{\boldsymbol{h}}_{10}\varepsilon^2 + \boldsymbol{J}_{12}(\boldsymbol{f}_2)_{21}\dot{\boldsymbol{h}}_{10}\varepsilon^2/2\end{aligned} \tag{6-64}$$

由矩阵变换$\boldsymbol{M}_{11}^{-1} = \boldsymbol{J}_{11} - (\boldsymbol{J}_{22})_0^{-1}\boldsymbol{J}_{12}^{\mathrm{T}}$，同时将式（6-55）表示的$\boldsymbol{\tau}_0$代入上式：

$$\begin{aligned}\ddot{\boldsymbol{r}} =& \ddot{\boldsymbol{X}}_{\mathrm{d}} + (c_1 + c_2)(\dot{\boldsymbol{X}}_{\mathrm{d}} - \dot{\boldsymbol{\eta}}) + (c_1c_2 + 1)(\boldsymbol{X}_{\mathrm{d}} - \boldsymbol{\eta}) + \boldsymbol{M}_{11}^{-1}\boldsymbol{J}_{p\theta}^{\mathrm{T}}(\varepsilon\boldsymbol{\tau}_1 + \varepsilon^2\boldsymbol{\tau}_2) + \\ & \varepsilon^2(\boldsymbol{J}_{p\theta}^{-1}\phi_l\ddot{\boldsymbol{h}}_{10} + \dot{\overline{\boldsymbol{J}_{p\theta}^{-1}}}\phi_l\dot{\boldsymbol{h}}_{10})/l_1 - \boldsymbol{M}_{11}^{-1}[(\boldsymbol{f}_1)_{20}\boldsymbol{h}_{10} + (\boldsymbol{f}_1)_{21}\dot{\boldsymbol{h}}_{10}]\varepsilon^2/2 + \\ & \boldsymbol{J}_{12}(\boldsymbol{J}_{22})_0^{-1}(\boldsymbol{J}_{22})_2(\boldsymbol{f}_{20} + \boldsymbol{h}_{10})\varepsilon^2/2 + \boldsymbol{J}_{12}(\boldsymbol{J}_{22})_0^{-1}\ddot{\boldsymbol{h}}_{10}\varepsilon^2 + \boldsymbol{J}_{12}(\boldsymbol{f}_2)_{21}\dot{\boldsymbol{h}}_{10}\varepsilon^2/2\end{aligned} \tag{6-65}$$

定义末端动平台的跟踪误差$\boldsymbol{e}_3 = \boldsymbol{X}_{\mathrm{d}} - \boldsymbol{r}$，$\boldsymbol{e}_4 = \dot{\boldsymbol{e}}_3$，式（6-65）可转化为以下的状态方程形式：

$$\begin{cases}\dot{\boldsymbol{e}}_3 = \boldsymbol{e}_4 \\ \dot{\boldsymbol{e}}_4 = -(c_1 + c_2)\boldsymbol{e}_4 - (c_1c_2 + 1)\boldsymbol{e}_3 - \boldsymbol{M}_{11}^{-1}\boldsymbol{J}_{p\theta}^{\mathrm{T}}(\varepsilon\boldsymbol{\tau}_1 + \varepsilon^2\boldsymbol{\tau}_2) - \varepsilon^2\boldsymbol{J}_{12}(\boldsymbol{J}_{22})_0^{-1}\ddot{\boldsymbol{h}}_{10} - \\ \quad \varepsilon^2(\boldsymbol{J}_{p\theta}^{-1}\phi_l\ddot{\boldsymbol{h}}_{10} + \dot{\overline{\boldsymbol{J}_{p\theta}^{-1}}}\phi_l\dot{\boldsymbol{h}}_{10})/l_1 + \varepsilon^2\boldsymbol{M}_{11}^{-1}[(\boldsymbol{f}_1)_{20}\boldsymbol{h}_{10} + (\boldsymbol{f}_1)_{21}\dot{\boldsymbol{h}}_{10}]/2 - \\ \quad \varepsilon^2\boldsymbol{J}_{12}(\boldsymbol{J}_{22})_0^{-1}(\boldsymbol{J}_{22})_2(\boldsymbol{f}_{20} + \boldsymbol{h}_{10})/2 - \varepsilon^2(c_1 + c_2)\boldsymbol{J}_{p\theta}^{-1}\phi_l\dot{\boldsymbol{h}}_{10}/l_1 - \\ \quad \varepsilon^2(c_1c_2 + 1)\boldsymbol{J}_{p\theta}^{-1}\phi_l\boldsymbol{h}_{10}/l_1 - \varepsilon^2\boldsymbol{J}_{12}(\boldsymbol{f}_2)_{21}\dot{\boldsymbol{h}}_{10}/2\end{cases} \tag{6-66}$$

根据式（6-66），定义李雅普诺夫函数：

$$\boldsymbol{V}_3 = 1/2\boldsymbol{e}_3^{\mathrm{T}}(c_1c_2 + 1)\boldsymbol{e}_3 + 1/2\boldsymbol{e}_4^{\mathrm{T}}\boldsymbol{e}_4 \tag{6-67}$$

对上式求导可得

$$\begin{aligned}\dot{\boldsymbol{V}}_3 =& 1/2\boldsymbol{e}_3^{\mathrm{T}}(c_1c_2 + 1)\dot{\boldsymbol{e}}_3 + 1/2\boldsymbol{e}_4^{\mathrm{T}}\dot{\boldsymbol{e}}_4 = -1/2\boldsymbol{e}_4^{\mathrm{T}}(c_1 + c_2)\boldsymbol{e}_4 + \\ & 1/2\boldsymbol{e}_4^{\mathrm{T}}\{-\boldsymbol{M}_{11}^{-1}\boldsymbol{J}_{p\theta}^{\mathrm{T}}(\varepsilon\boldsymbol{\tau}_1 + \varepsilon^2\boldsymbol{\tau}_2) - \varepsilon^2\boldsymbol{J}_{12}(\boldsymbol{J}_{22})_0^{-1}\ddot{\boldsymbol{h}}_{10} - \\ & \varepsilon^2(\boldsymbol{J}_{p\theta}^{-1}\phi_l\ddot{\boldsymbol{h}}_{10} + \dot{\overline{\boldsymbol{J}_{p\theta}^{-1}}}\phi_l\dot{\boldsymbol{h}}_{10})/l_1 + \varepsilon^2\boldsymbol{M}_{11}^{-1}[(\boldsymbol{f}_1)_{20}\boldsymbol{h}_{10} + (\boldsymbol{f}_1)_{21}\dot{\boldsymbol{h}}_{10}]/2 - \\ & \varepsilon^2\boldsymbol{J}_{12}(\boldsymbol{J}_{22})_0^{-1}(\boldsymbol{J}_{22})_2(\boldsymbol{f}_{20} + \boldsymbol{h}_{10})/2 - \varepsilon^2(c_1 + c_2)\boldsymbol{J}_{p\theta}^{-1}\phi_l\dot{\boldsymbol{h}}_{10}/l_1 -\end{aligned}$$

$$\varepsilon^2(c_1c_2+1)\boldsymbol{J}_{\mathrm{p}\theta}^{-1}\phi_l\boldsymbol{h}_{10}/l_1-\varepsilon^2\boldsymbol{J}_{12}(f_2)_{21}\dot{\boldsymbol{h}}_{10}/2\}\tag{6-68}$$

对式(6-68)合并同类项,令 ε 及 ε^2 的系数为零,可得校正力矩为

$$\begin{cases}\boldsymbol{\tau}_1=0\\ \boldsymbol{\tau}_2=-(\boldsymbol{J}_{\mathrm{p}\theta}^{\mathrm{T}})^{-1}\boldsymbol{M}_{11}\{(c_1+c_2)(\boldsymbol{J}_{\mathrm{p}\theta}^{-1}\phi_l\dot{\boldsymbol{h}}_{10})/l_1+(c_1c_2+1)\boldsymbol{J}_{\mathrm{p}\theta}^{-1}\phi_l\boldsymbol{h}_{10}/l_1-\\ \quad\boldsymbol{M}_{11}^{-1}[(\boldsymbol{f}_1)_{20}\boldsymbol{h}_{10}+(\boldsymbol{f}_1)_{21}\dot{\boldsymbol{h}}_{10}]/2+\boldsymbol{J}_{12}(\boldsymbol{J}_{22})_0^{-1}(\boldsymbol{J}_{22})_2(\boldsymbol{f}_{20}+\boldsymbol{h}_{10})/2+\\ \quad(\boldsymbol{J}_{\mathrm{p}\theta}^{-1}\phi_l\ddot{\boldsymbol{h}}_{10}+\dot{\overline{\boldsymbol{J}_{\mathrm{p}\theta}^{-1}}}\phi_l\dot{\boldsymbol{h}}_{10})/l_1+\boldsymbol{J}_{12}(\boldsymbol{f}_2)_{21}\dot{\boldsymbol{h}}_{10}/2+\boldsymbol{J}_{12}(\boldsymbol{J}_{22})_0^{-1}\ddot{\boldsymbol{h}}_{10}\}\end{cases}\tag{6-69}$$

将式（6-69）代入式（6-68）可得到

$$\dot{V}_3=1/2\boldsymbol{e}_1^{\mathrm{T}}(c_1c_2+1)\dot{\boldsymbol{e}}_1+1/2\boldsymbol{e}_2^{\mathrm{T}}\dot{\boldsymbol{e}}_2=-1/2\boldsymbol{e}_2^{\mathrm{T}}(c_1+c_2)\boldsymbol{e}_2\leqslant 0\tag{6-70}$$

根据李雅普诺夫稳定性原理，当慢速子系统控制力矩及校正力矩分别满足式（6-55）与式（6-69）时，闭环系统式（6-65）是稳定的，即实现了对动平台刚体运动跟踪控制时实现了对动平台弹性位移的补偿。

将慢速子系统控制力矩式（6-55）代入式（6-44）可得到

$$\ddot{\boldsymbol{\eta}}=\ddot{\boldsymbol{X}}_{\mathrm{d}}-(c_1+c_2)\dot{\boldsymbol{e}}_1-(c_1c_2+1)\boldsymbol{e}_1\tag{6-71}$$

由式（6-55）、式（6-69）及式（6-43）可以看到，在计算校正力矩时需要状态变量的四阶导数。然而，一般情况下系统仅能提供电机角度与角速度信息，末端动平台的位置与速度得到可通过正运动学计算，加速度信号可通过状态观测器获得，但三阶及以上导数的获得较复杂。根据式（6-71）可以获得末端平台的加速度，对式（6-71）求导，并将加速度代入求导后的方程可得

$$\begin{aligned}\overset{(3)}{\boldsymbol{\eta}}&=\overset{(3)}{\boldsymbol{X}}_{\mathrm{d}}-(c_1+c_2)\ddot{\boldsymbol{e}}_1-(c_1c_2+1)\dot{\boldsymbol{e}}_1=\overset{(3)}{\boldsymbol{X}}_{\mathrm{d}}-(c_1+c_2)(\ddot{\boldsymbol{\eta}}-\ddot{\boldsymbol{X}}_{\mathrm{d}})-(c_1c_2+1)\dot{\boldsymbol{e}}_1\\&=\overset{(3)}{\boldsymbol{X}}_{\mathrm{d}}-(c_1+c_2)[\ddot{\boldsymbol{X}}_{\mathrm{d}}-(c_1+c_2)\dot{\boldsymbol{e}}_1-(c_1c_2+1)\boldsymbol{e}_1-\ddot{\boldsymbol{X}}_{\mathrm{d}}]-(c_1c_2+1)\dot{\boldsymbol{e}}_1\\&=\overset{(3)}{\boldsymbol{X}}_{\mathrm{d}}+[(c_1+c_2)^2-(c_1c_2+1)]\dot{\boldsymbol{e}}_1+(c_1+c_2)(c_1c_2+1)\boldsymbol{e}_1\end{aligned}\tag{6-72}$$

对上式三阶导数求导，并将加速度与三阶导数代入求导后的方程可得到

$$\begin{aligned}\overset{(4)}{\boldsymbol{\eta}}&=\overset{(4)}{\boldsymbol{X}}_{\mathrm{d}}+[(c_1+c_2)^2-(c_1c_2+1)][\ddot{\boldsymbol{X}}_{\mathrm{d}}-(c_1+c_2)\dot{\boldsymbol{e}}_1-(c_1c_2+1)\boldsymbol{e}_1-\ddot{\boldsymbol{X}}_{\mathrm{d}}]+(c_1+c_2)(c_1c_2+1)\dot{\boldsymbol{e}}_1\\&=\overset{(4)}{\boldsymbol{X}}_{\mathrm{d}}-[(c_1+c_2)^3-2(c_1+c_2)(c_1c_2+1)]\dot{\boldsymbol{e}}_1-[(c_1+c_2)^2-(c_1c_2+1)](c_1c_2+1)\boldsymbol{e}_1\end{aligned}\tag{6-73}$$

根据式（6-69）可知，在计算 $\boldsymbol{\tau}_2$ 时需要 $\dot{\boldsymbol{h}}_{10}$ 及 $\ddot{\boldsymbol{h}}_{10}$ 的信息，将式（6-71）代入式（6-43）可知

$$\begin{aligned}\boldsymbol{h}_{10}&=(\boldsymbol{J}_{22})_0^{-1}\boldsymbol{J}_{12}^{\mathrm{T}}(\boldsymbol{M})_{110}[\ddot{\boldsymbol{X}}_{\mathrm{d}}-(c_1+c_2)\dot{\boldsymbol{e}}_1-(c_1c_2+1)\boldsymbol{e}_1]-\boldsymbol{f}_{20}\\&=-\boldsymbol{M}_{12}^{\mathrm{T}}[\ddot{\boldsymbol{X}}_{\mathrm{d}}-(c_1+c_2)\dot{\boldsymbol{e}}_1-(c_1c_2+1)\boldsymbol{e}_1]-\boldsymbol{f}_{20}\end{aligned}\tag{6-74}$$

分别对上式求一阶与二阶导数,可得到 $\dot{\boldsymbol{h}}_{10}$ 与 $\ddot{\boldsymbol{h}}_{10}$ 表达式为

$$\begin{aligned}\dot{\boldsymbol{h}}_{10}&=-\dot{\boldsymbol{M}}_{12}^{\mathrm{T}}[\overset{(3)}{\boldsymbol{X}}_{\mathrm{d}}-(c_1+c_2)\ddot{\boldsymbol{e}}_1-(c_1c_2+1)\dot{\boldsymbol{e}}_1]-\dot{\boldsymbol{f}}_{20}\\&=-\dot{\boldsymbol{M}}_{12}^{\mathrm{T}}[\overset{(3)}{\boldsymbol{X}}_{\mathrm{d}}-(c_1+c_2)(\ddot{\boldsymbol{\eta}}-\ddot{\boldsymbol{X}}_{\mathrm{d}})-(c_1c_2+1)\dot{\boldsymbol{e}}_1]-\dot{\boldsymbol{f}}_{20}\\ \ddot{\boldsymbol{h}}_{10}&=-\ddot{\boldsymbol{M}}_{12}^{\mathrm{T}}[\overset{(4)}{\boldsymbol{X}}_{\mathrm{d}}-(c_1+c_2)\overset{(3)}{\boldsymbol{e}}_1-(c_1c_2+1)\overset{(2)}{\boldsymbol{e}}_1]-\ddot{\boldsymbol{f}}_{20}\end{aligned}\tag{6-75}$$

$$= -\ddot{\boldsymbol{M}}_{12}^{\mathrm{T}}[\overset{(4)}{\boldsymbol{X}}_{\mathrm{d}} - (c_1 + c_2)(\overset{(3)}{\boldsymbol{\eta}} - \overset{(3)}{\boldsymbol{X}}_{\mathrm{d}}) - (c_1c_2 + 1)(\ddot{\boldsymbol{\eta}} - \ddot{\boldsymbol{X}}_{\mathrm{d}})] - \ddot{\boldsymbol{f}}_{20} \tag{6-76}$$

6.3.4　基于滑模变结构的快速子系统控制

根据式(6-46)的形式,定义新的时间变量:

$$t_{\mathrm{f}} = \frac{t}{\varepsilon} \tag{6-77}$$

根据式(6-77)定义的时间变量,快速子系统状态方程式(6-46)可转化为

$$\begin{cases} \dfrac{\mathrm{d}\boldsymbol{X}_{\mathrm{f1}}}{\mathrm{d}t_{\mathrm{f}}} = \boldsymbol{X}_{\mathrm{f2}} \\ \dfrac{\mathrm{d}\boldsymbol{X}_{\mathrm{f2}}}{\mathrm{d}t_{\mathrm{f}}} = \boldsymbol{J}_{12}^{\mathrm{T}}\boldsymbol{J}_{\mathrm{p}\theta}^{\mathrm{T}}\boldsymbol{\tau}_{\mathrm{f}} - (\boldsymbol{J}_{22})_0\tilde{k}\boldsymbol{X}_{\mathrm{f1}} - \varepsilon^2[(\boldsymbol{J}_{22})_2 + \boldsymbol{J}_{12}^{\mathrm{T}}(\boldsymbol{f}_1)_{20}]\boldsymbol{X}_{\mathrm{f1}}/2 - \\ \qquad \varepsilon[\boldsymbol{J}_{12}^{\mathrm{T}}(\boldsymbol{f}_1)_{21} + (\boldsymbol{J}_{22})_0(\boldsymbol{f}_2)_{21}]\boldsymbol{X}_{\mathrm{f2}}/2 \end{cases} \tag{6-78}$$

由上式可知,第二个方程后两项为含小参数 ε,相对于其他项其控制量较小,可以将其视为扰动,表示为

$$\boldsymbol{\Delta}_1 = \varepsilon^2[(\boldsymbol{J}_{22})_2 + \boldsymbol{J}_{12}^{\mathrm{T}}(\boldsymbol{f}_1)_{20}]\boldsymbol{X}_{\mathrm{f1}}/2 - \varepsilon[\boldsymbol{J}_{12}^{\mathrm{T}}(\boldsymbol{f}_1)_{21} + (\boldsymbol{J}_{22})_0(\boldsymbol{f}_2)_{21}]\boldsymbol{X}_{\mathrm{f2}}/2 \tag{6-79}$$

由于扰动项的存在，快速子系统采用滑模变结构控制，选择滑模面为

$$\boldsymbol{S}(t) = \boldsymbol{K}_1\boldsymbol{X}_{\mathrm{f1}} + \boldsymbol{X}_{\mathrm{f2}} \tag{6-80}$$

式中　$\boldsymbol{K}_1$——正对角阵。

对式（6-80）滑模面进行求导可得

$$\dot{\boldsymbol{S}}(t) = \boldsymbol{K}_1\boldsymbol{X}_{\mathrm{f2}} + \boldsymbol{J}_{12}^{\mathrm{T}}\boldsymbol{J}_{\mathrm{p}\theta}^{\mathrm{T}}\boldsymbol{\tau}_{\mathrm{f}} - (\boldsymbol{J}_{22})_0\boldsymbol{X}_{\mathrm{f1}} - \boldsymbol{\Delta}_1 \tag{6-81}$$

根据滑模面定义李雅普诺夫函数:

$$V_4 = 1/2\boldsymbol{S}^{\mathrm{T}}\boldsymbol{S} \tag{6-82}$$

对上式求导可得

$$\dot{V}_4 = \boldsymbol{S}^{\mathrm{T}}\dot{\boldsymbol{S}} = \boldsymbol{S}^{\mathrm{T}}(\boldsymbol{K}_1\boldsymbol{X}_{\mathrm{f2}} + \boldsymbol{J}_{12}^{\mathrm{T}}\boldsymbol{J}_{\mathrm{p}\theta}^{\mathrm{T}}\boldsymbol{\tau}_{\mathrm{f}} - (\boldsymbol{J}_{22})_0\boldsymbol{X}_{\mathrm{f1}} - \boldsymbol{\Delta}_1) \tag{6-83}$$

根据式（6-83），取快速子系统控制律为

$$\boldsymbol{\tau}_{\mathrm{f}} = (\boldsymbol{J}_{12}^{\mathrm{T}}\boldsymbol{J}_{\mathrm{p}\theta}^{\mathrm{T}})^{-1}[-\boldsymbol{K}_1\boldsymbol{X}_{\mathrm{f2}} + (\boldsymbol{J}_{22})_0\boldsymbol{X}_{\mathrm{f1}} - \boldsymbol{K}_1\boldsymbol{S} + \boldsymbol{\Delta}_1\mathrm{sgn}(\boldsymbol{S})] \tag{6-84}$$

式中　sgn( )——符号函数。

将式（6-84）代入式（6-83）可得

$$\dot{V}_4 = \boldsymbol{S}^{\mathrm{T}}(-\boldsymbol{K}_1\boldsymbol{S} + \boldsymbol{\Delta}_1\mathrm{sgn}(\boldsymbol{S}) - \boldsymbol{\Delta}_1) = -\boldsymbol{\Delta}_1|\boldsymbol{S}| - \boldsymbol{\Delta}_1\boldsymbol{S} - \boldsymbol{S}^{\mathrm{T}}\boldsymbol{K}_1\boldsymbol{S} \leqslant -\boldsymbol{S}^{\mathrm{T}}\boldsymbol{K}_1\boldsymbol{S} \leqslant 0 \tag{6-85}$$

因此，根据李雅普诺夫稳定性原理可知，在式（6-84）表示的控制律作用下快速子系统是收敛的。

根据研究[169]可知，符号函数的切换特性会对系统产生抖动，为了降低抖动的产生，将饱和函数 sat( ) 代替符号函数，饱和函数可定义为

$$\mathrm{sat}(s_1) = \begin{cases} 1 & \text{当 } s_1 > \Delta_2 \\ s_1/\Delta_2 & \text{当 } |s_1| \leqslant \Delta_2 \\ -1 & \text{当 } s_1 < -\Delta_2 \end{cases} \tag{6-86}$$

式中　Δ_2——缓冲层。

此时快速子系统控制律可表示为

$$\boldsymbol{\tau}_{\mathrm{f}} = (\boldsymbol{J}_{12}^{\mathrm{T}}\boldsymbol{J}_{\mathrm{p}\theta}^{\mathrm{T}})^{-1}(-\boldsymbol{K}_1\boldsymbol{X}_{\mathrm{f}2} + (\boldsymbol{J}_{22})_0\boldsymbol{X}_{\mathrm{f}1} - \boldsymbol{K}_1\boldsymbol{S} + \boldsymbol{\Delta}_1\mathrm{sat}(\boldsymbol{S})) \tag{6-87}$$

6.3.5　曲率变化率高增益观测器设计

快速子系统控制律中涉及快速子系统变量逼近偏差 $\boldsymbol{X}_{\mathrm{f}1}$ 与 $\boldsymbol{X}_{\mathrm{f}2}$，根据式（6-45），两者可通过曲率与曲率变化率计算得到。曲率可通过应变片测量的杆件应力换算得到，曲率变化率与应力变化率直接相关，而应力变化率难于直接测量。另外，由于测量噪声的存在，直接对曲率微分得到的曲率变化率将产生跳变，无法应用于控制律的设计。本节将设计高增益观测器，通过杆件曲率值观测曲率变化率，从而避免对曲率直接求导产生的跳变问题。

为了便于后续稳定性证明，在对观测器设计时选择 $\boldsymbol{X}_{\mathrm{f}1}$ 与 $\boldsymbol{X}_{\mathrm{f}2}$ 为变量。根据相关研究[170]与式（6-46），观测器可设计为

$$\begin{cases} \varepsilon\dot{\hat{\boldsymbol{X}}}_{\mathrm{f}1} = \hat{\boldsymbol{X}}_{\mathrm{f}2} + \dfrac{1}{\varepsilon_1}\boldsymbol{H}_{\mathrm{p}}(\boldsymbol{X}_{\mathrm{f}1} - \hat{\boldsymbol{X}}_{\mathrm{f}1}) \\ \varepsilon\dot{\hat{\boldsymbol{X}}}_{\mathrm{f}2} = \dfrac{1}{\varepsilon_1^2}\boldsymbol{H}_{\mathrm{v}}(\boldsymbol{X}_{\mathrm{f}1} - \hat{\boldsymbol{X}}_{\mathrm{f}1}) \end{cases} \tag{6-88}$$

式中　$\hat{\boldsymbol{X}}_{\mathrm{f}1}$——$\boldsymbol{X}_{\mathrm{f}1}$ 估计值；

$\hat{\boldsymbol{X}}_{\mathrm{f}2}$——$\boldsymbol{X}_{\mathrm{f}2}$ 的估计值；

ε_1——极小的正数；

$\boldsymbol{H}_{\mathrm{p}}$、$\boldsymbol{H}_{\mathrm{v}}$——常矩阵。

定义状态观测器的跟踪误差为

$$\begin{cases} \tilde{\boldsymbol{X}}_{\mathrm{f}1} = \hat{\boldsymbol{X}}_{\mathrm{f}1} - \boldsymbol{X}_{\mathrm{f}1} \\ \tilde{\boldsymbol{X}}_{\mathrm{f}2} = \hat{\boldsymbol{X}}_{\mathrm{f}2} - \boldsymbol{X}_{\mathrm{f}2} \end{cases} \tag{6-89}$$

为证明系统稳定性，定义新的误差变量：

$$\begin{cases} \tilde{\boldsymbol{Z}}_{\mathrm{f}1} = \tilde{\boldsymbol{X}}_{\mathrm{f}1} \\ \tilde{\boldsymbol{Z}}_{\mathrm{f}2} = \varepsilon_1\tilde{\boldsymbol{X}}_{\mathrm{f}2} \end{cases} \tag{6-90}$$

将式（6-78）及式（6-90）代入式（6-88），状态观测器可表示为

$$\begin{cases} \varepsilon\varepsilon_1\dot{\tilde{\boldsymbol{Z}}}_{\mathrm{f}1} = \tilde{\boldsymbol{Z}}_{\mathrm{f}2} - \boldsymbol{H}_{\mathrm{p}}\tilde{\boldsymbol{Z}}_{\mathrm{f}1} \\ \varepsilon\varepsilon_1\dot{\tilde{\boldsymbol{Z}}}_{\mathrm{f}2} = -\boldsymbol{H}_{\mathrm{v}}\tilde{\boldsymbol{Z}}_{\mathrm{f}1} + \varepsilon\varepsilon_1^2[\boldsymbol{J}_{12}^{\mathrm{T}}\boldsymbol{J}_{\mathrm{p}\theta}^{\mathrm{T}}\boldsymbol{\tau}_{\mathrm{f}} - (\boldsymbol{J}_{22})_0\tilde{k}\boldsymbol{X}_{\mathrm{f}1} - \boldsymbol{\Delta}_1] \end{cases} \tag{6-91}$$

上式可改写为

$$\varepsilon\varepsilon_1\dot{\tilde{\boldsymbol{Z}}}_{\mathrm{f}} = \boldsymbol{A}_0\tilde{\boldsymbol{Z}}_{\mathrm{f}} + \varepsilon\varepsilon_1^2\boldsymbol{B}_0[\boldsymbol{J}_{12}^{\mathrm{T}}\boldsymbol{J}_{\mathrm{p}\theta}^{\mathrm{T}}\boldsymbol{\tau}_{\mathrm{f}} - (\boldsymbol{J}_{22})_0\tilde{k}\boldsymbol{X}_{\mathrm{f}1} - \boldsymbol{\Delta}_1] \tag{6-92}$$

式中　$\boldsymbol{A}_0 = \begin{bmatrix} -\boldsymbol{H}_{\mathrm{p}} & \boldsymbol{I}_{3\times3} \\ -\boldsymbol{H}_{\mathrm{v}} & \boldsymbol{0}_{3\times3} \end{bmatrix}$，$\boldsymbol{B}_0 = \begin{bmatrix} \boldsymbol{0}_{3\times3} \\ \boldsymbol{I}_{3\times3} \end{bmatrix}$。通过选择 $\boldsymbol{H}_{\mathrm{p}}$ 与 $\boldsymbol{H}_{\mathrm{v}}$，可保证 $\boldsymbol{A}_0$ 特征值的实部均为

负，即 $\boldsymbol{A}_0$为赫尔维茨（Hurwitz）矩阵。根据式（6-92）定义李雅普诺夫函数：

$$V_6 = \tilde{\boldsymbol{Z}}_{\mathrm{f}}^{\mathrm{T}}\boldsymbol{P}_1\tilde{\boldsymbol{Z}}_{\mathrm{f}} \tag{6-93}$$

式中　$\boldsymbol{P}_1$——正定对称矩阵。

对上式求导可得

$$\dot{V}_6 = \frac{1}{\varepsilon\varepsilon_1}[\tilde{\boldsymbol{Z}}_{\mathrm{f}}^{\mathrm{T}}(\boldsymbol{A}_0^{\mathrm{T}}\boldsymbol{P}_1 + \boldsymbol{P}_1\boldsymbol{A}_0)\tilde{\boldsymbol{Z}}_{\mathrm{f}} + 2\varepsilon\varepsilon_1^2(\boldsymbol{J}_{12}^{\mathrm{T}}\boldsymbol{J}_{\mathrm{p\theta}}^{\mathrm{T}}\boldsymbol{\tau}_{\mathrm{f}} - (\boldsymbol{J}_{22})_0\tilde{k}\boldsymbol{X}_{\mathrm{f1}} - \boldsymbol{\Delta}_1)^{\mathrm{T}}\boldsymbol{B}_0^{\mathrm{T}}\boldsymbol{P}_1\tilde{\boldsymbol{Z}}_{\mathrm{f}}] \tag{6-94}$$

由于 $\boldsymbol{A}_0$为赫尔维茨矩阵，根据赫尔维茨矩阵性质可知，存在正定矩阵 $\boldsymbol{P}_1$，使得下式成立：

$$\boldsymbol{A}_0^{\mathrm{T}}\boldsymbol{P}_1 + \boldsymbol{P}_1\boldsymbol{A}_0 = -\boldsymbol{I}_{3\times 3} \tag{6-95}$$

因此根据式（6-95），$\dot{V}_6$可改写为

$$\begin{aligned}\dot{V}_6 &= -\frac{1}{\varepsilon\varepsilon_1}\tilde{\boldsymbol{Z}}_{\mathrm{f}}^{\mathrm{T}}\tilde{\boldsymbol{Z}}_{\mathrm{f}} + 2\varepsilon_1(\boldsymbol{J}_{12}^{\mathrm{T}}\boldsymbol{J}_{\mathrm{p\theta}}^{\mathrm{T}}\boldsymbol{\tau}_{\mathrm{f}} - (\boldsymbol{J}_{22})_0\tilde{k}\boldsymbol{X}_{\mathrm{f1}} - \boldsymbol{\Delta}_1)^{\mathrm{T}}B_0^{\mathrm{T}}\boldsymbol{P}_1\tilde{\boldsymbol{Z}}_{\mathrm{f}} \\ &\leqslant -\frac{1}{\varepsilon\varepsilon_1}\|\tilde{\boldsymbol{Z}}_{\mathrm{f}}\|^2 + 2\varepsilon_1\|(\boldsymbol{J}_{12}^{\mathrm{T}}\boldsymbol{J}_{\mathrm{p\theta}}^{\mathrm{T}}\boldsymbol{\tau}_{\mathrm{f}} - (\boldsymbol{J}_{22})_0\tilde{k}\boldsymbol{X}_{\mathrm{f1}} - \boldsymbol{\Delta}_1)^{\mathrm{T}}B_0^{\mathrm{T}}\boldsymbol{P}_1\|\|\tilde{\boldsymbol{Z}}_{\mathrm{f}}\|\end{aligned} \tag{6-96}$$

根据式（6-96）可知，当 ε_1^2满足以下关系时，$\dot{V}_6\leqslant 0$ 成立，即高增益观测器渐进收敛：

$$\varepsilon_1^2 \leqslant \frac{2\|(\boldsymbol{J}_{12}^{\mathrm{T}}\boldsymbol{J}_{\mathrm{p\theta}}^{\mathrm{T}}\boldsymbol{\tau}_{\mathrm{f}} - (\boldsymbol{J}_{22})_0\tilde{k}\boldsymbol{X}_{\mathrm{f1}} - \boldsymbol{\Delta}_1)^{\mathrm{T}}B_0^{\mathrm{T}}\boldsymbol{P}_1\|}{\varepsilon\|\tilde{\boldsymbol{Z}}_{\mathrm{f}}\|} \tag{6-97}$$

因此根据上式即可求出观测器小参数上界，在实际应用中合理选择小参数可保证高增益观测器收敛。根据式（6-87），快速子系统控制律可表示为

$$\boldsymbol{\tau}_{\mathrm{f}} = (\boldsymbol{J}_{12}^{\mathrm{T}}\boldsymbol{J}_{\mathrm{p\theta}}^{\mathrm{T}})^{-1}[-\boldsymbol{K}_1\hat{\boldsymbol{X}}_{\mathrm{f2}} + (\boldsymbol{J}_{22})_0\tilde{k}\hat{\boldsymbol{X}}_{\mathrm{f1}} - \boldsymbol{K}_1\hat{\boldsymbol{S}} + \boldsymbol{\Delta}_1\mathrm{sat}(\hat{\boldsymbol{S}})] \tag{6-98}$$

式中，$\hat{\boldsymbol{S}} = \boldsymbol{K}_1\hat{\boldsymbol{X}}_{\mathrm{f1}} + \hat{\boldsymbol{X}}_{\mathrm{f2}}$。

根据式（6-98）、式（6-91）及式（6-46），考虑观测器时快速子系统的误差方程可表示为

$$\varepsilon\dot{\boldsymbol{\xi}} = \boldsymbol{A}_{\xi}\boldsymbol{\xi} + \boldsymbol{h}_{\xi} \tag{6-99}$$

其中

$$\boldsymbol{\xi} = [\boldsymbol{X}_{\mathrm{f}}\quad \tilde{\boldsymbol{Z}}_{\mathrm{f}}]^{\mathrm{T}},\quad \boldsymbol{X}_{\mathrm{f}} = [\boldsymbol{X}_{\mathrm{f1}}\quad \boldsymbol{X}_{\mathrm{f2}}]^{\mathrm{T}} \tag{6-100}$$

$$\boldsymbol{A}_{\xi} = \begin{bmatrix}\boldsymbol{A}_{\xi 11} & \boldsymbol{A}_{\xi 12} \\ \boldsymbol{0}_{6\times 6} & A_0/\varepsilon_1\end{bmatrix},\quad \boldsymbol{h}_{\xi} = \begin{bmatrix}\boldsymbol{\Delta}_1\mathrm{sat}(\hat{\boldsymbol{S}}) - \boldsymbol{\Delta}_1 \\ \varepsilon\varepsilon_1 B_0(\boldsymbol{J}_{12}^{\mathrm{T}}\boldsymbol{J}_{\mathrm{p\theta}}^{\mathrm{T}}\boldsymbol{\tau}_{\mathrm{f}} - (\boldsymbol{J}_{22})_0\tilde{k}\boldsymbol{X}_{\mathrm{f1}} - \boldsymbol{\Delta}_1)\end{bmatrix} \tag{6-101}$$

$$\boldsymbol{A}_{\xi 11} = \begin{bmatrix}\boldsymbol{0}_{3\times 3} & \boldsymbol{I}_{3\times 3} \\ -\boldsymbol{K}_1^2 & -2\boldsymbol{K}_1\end{bmatrix},\quad \boldsymbol{A}_{\xi 12} = \begin{bmatrix}\boldsymbol{0}_{3\times 3} & \boldsymbol{0}_{3\times 3} \\ (\boldsymbol{J}_{22})_0 - \boldsymbol{K}_1^2 & -2\boldsymbol{K}_1\end{bmatrix} \tag{6-102}$$

根据误差式（6-99），可定义李雅普诺夫函数：

$$V_5 = \varepsilon\boldsymbol{\xi}^{\mathrm{T}}\boldsymbol{P}_{\xi}\boldsymbol{\xi} \tag{6-103}$$

式中　$\boldsymbol{P}_{\xi}$——对称正定矩阵。

对上式求导可得

$$\dot{V}_5=\varepsilon\boldsymbol{\xi}^{\mathrm{T}}(\boldsymbol{A}_{\xi}^{\mathrm{T}}\boldsymbol{P}_{\xi}+\boldsymbol{P}_{\xi}^{\mathrm{T}}\boldsymbol{A}_{\xi})\boldsymbol{\xi}+2\boldsymbol{h}_{\xi}^{\mathrm{T}}\boldsymbol{P}_{\xi}\boldsymbol{\xi}+\varepsilon\boldsymbol{\xi}^{\mathrm{T}}\dot{\boldsymbol{P}}_{\xi}\boldsymbol{\xi} \tag{6-104}$$

由于$\boldsymbol{A}_{\xi 11}$与$\boldsymbol{A}_0$均为赫尔维茨矩阵，因此对于给定的对称正定阵$\boldsymbol{S}_{\xi}$，存在对称正定阵$\boldsymbol{P}_{\xi}$满足以下条件：

$$\boldsymbol{A}_{\xi}^{\mathrm{T}}\boldsymbol{P}_{\xi}+\boldsymbol{P}_{\xi}^{\mathrm{T}}\boldsymbol{A}_{\xi}=-\boldsymbol{S}_{\xi} \tag{6-105}$$

根据瑞利-里兹（Rayleigh-Ritz）不等式可知

$$-\boldsymbol{\xi}^{\mathrm{T}}\boldsymbol{S}_{\xi}\boldsymbol{\xi}\leqslant-\lambda_{\min}(\boldsymbol{S}_{\xi})\|\boldsymbol{\xi}\|^2 \tag{6-106}$$

$$\|\boldsymbol{h}_{\xi}^{\mathrm{T}}\boldsymbol{P}_{\xi}\boldsymbol{\xi}\|\leqslant(\chi_0+\chi_1\varepsilon_1)\|\boldsymbol{\xi}\| \tag{6-107}$$

$$\|\dot{\boldsymbol{P}}_{\xi}\|\leqslant\chi_2 \tag{6-108}$$

式中　$\lambda_{\min}(\,)$——对应矩阵的最小特征值；

χ_0，χ_1，χ_2——正实数。

根据式（6-105）~式（6-108），式（6-104）可表示为

$$\dot{V}_5\leqslant-\lambda_{\min}(\boldsymbol{S}_{\xi})\|\boldsymbol{\xi}\|^2+\varepsilon\chi_2\|\boldsymbol{\xi}\|^2+2(\chi_0+\chi_1\varepsilon_1)\|\boldsymbol{\xi}\| \tag{6-109}$$

根据式（6-109），当高增益观测器的小参数满足$0\leqslant\varepsilon_1\leqslant\varepsilon_{1\max}$时，$\dot{V}_5\leqslant 0$，即采用高增益观测器时快速子系统是稳定的，其中小参数的上界为

$$\varepsilon_{1\max}\leqslant[\lambda_{\min}(\boldsymbol{S}_{\xi})\|\boldsymbol{\xi}\|-\varepsilon\chi_2\|\boldsymbol{\xi}\|-2\chi_0]/\chi_1 \tag{6-110}$$

6.3.6 系统稳定性证明

前面分别对两个子系统进行控制律设计，设计了高增益观测器对杆件曲率变化率进行估计，并证明了各子系统稳定性。然而，各子系统稳定性并不能保证系统整体稳定性，因此需要综合各子系统对整体系统稳定性进行证明。将式（6-43）、式（6-55）及式（6-69）分别代入动力学方程式（6-37），并结合式（6-99）可得到系统的误差方程为

$$\begin{cases}\dot{\boldsymbol{e}}_{\mathrm{s}}=\boldsymbol{A}_{\mathrm{s}}\boldsymbol{e}_{\mathrm{s}}+\boldsymbol{h}_{\mathrm{s}}\\ \varepsilon\dot{\boldsymbol{\xi}}=\boldsymbol{A}_{\xi}\boldsymbol{\xi}+\boldsymbol{h}_{\xi}\end{cases} \tag{6-111}$$

其中

$$\boldsymbol{e}_{\mathrm{s}}=[\boldsymbol{X}_1-\boldsymbol{X}_{\mathrm{d}}\quad \dot{\boldsymbol{X}}_1-\dot{\boldsymbol{X}}_{\mathrm{d}}]^{\mathrm{T}},\quad \boldsymbol{A}_{\mathrm{s}}=\begin{bmatrix}\boldsymbol{0}_{3\times3} & \boldsymbol{I}_{3\times3}\\ -(c_1c_2+1)\boldsymbol{I}_{3\times3} & -(c_1+c_2)\boldsymbol{I}_{3\times3}\end{bmatrix},\quad \boldsymbol{h}_{\mathrm{s}}=\begin{bmatrix}\boldsymbol{0}_{3\times1}\\ \boldsymbol{h}_{\mathrm{s1}}\end{bmatrix} \tag{6-112}$$

$$\begin{aligned}\boldsymbol{h}_{\mathrm{s1}}=&\boldsymbol{J}_{11}\boldsymbol{J}_{\mathrm{p\theta}}^{\mathrm{T}}\boldsymbol{\tau}_{\mathrm{f}}-\boldsymbol{J}_{12}\boldsymbol{X}_{\mathrm{f1}}-\varepsilon^2\boldsymbol{J}_{11}\boldsymbol{M}_{11}[(c_1+c_2)\boldsymbol{J}_{\mathrm{p\theta}}^{-1}\phi_l\dot{\boldsymbol{h}}_{10}/l_1+(c_1c_2+1)\boldsymbol{J}_{\mathrm{p\theta}}^{-1}\phi_l\boldsymbol{h}_{10}/l_1+\\&(\boldsymbol{J}_{\mathrm{p\theta}}^{-1}\phi_l\ddot{\boldsymbol{h}}_{10}+\dot{\overline{\boldsymbol{J}_{\mathrm{p\theta}}^{-1}}}\phi_l\dot{\boldsymbol{h}}_{10})/l_1]\end{aligned} \tag{6-113}$$

根据误差方程式（6-111），定义包含整体系统的李雅普诺夫函数为

$$V_6=\boldsymbol{e}_{\mathrm{s}}^{\mathrm{T}}\boldsymbol{P}_{\mathrm{s}}\boldsymbol{e}_{\mathrm{s}}+\varepsilon\boldsymbol{\xi}^{\mathrm{T}}\boldsymbol{P}_{\xi}\boldsymbol{\xi} \tag{6-114}$$

式中　$\boldsymbol{P}_{\mathrm{s}}$、$\boldsymbol{P}_{\xi}$——对称正定矩阵。

对上式求导可得

$$\dot{V}_6=\boldsymbol{e}_{\mathrm{s}}^{\mathrm{T}}(\boldsymbol{A}_{\mathrm{s}}^{\mathrm{T}}P_{\mathrm{s}}+\boldsymbol{P}_{\mathrm{s}}^{\mathrm{T}}\boldsymbol{A}_{\mathrm{s}})\boldsymbol{e}_{\mathrm{s}}+\boldsymbol{\xi}^{\mathrm{T}}(\boldsymbol{A}_{\xi}^{\mathrm{T}}\boldsymbol{P}_{\xi}+\boldsymbol{P}_{\xi}^{\mathrm{T}}\boldsymbol{A}_{\xi})\boldsymbol{\xi}+2\boldsymbol{h}_{\mathrm{s}}^{\mathrm{T}}\boldsymbol{P}_{\mathrm{s}}\boldsymbol{e}_{\mathrm{s}}+2\boldsymbol{h}_{\xi}^{\mathrm{T}}\boldsymbol{P}_{\xi}\boldsymbol{\xi}+\varepsilon\boldsymbol{\xi}^{\mathrm{T}}\dot{\boldsymbol{P}}_{\xi}\boldsymbol{\xi} \tag{6-115}$$

由于$\boldsymbol{A}_{\mathrm{s}}$为赫尔维茨矩阵，因此对于给定的对称正定阵$\boldsymbol{S}_{\mathrm{s}}$存在对称正定阵$\boldsymbol{P}_{\mathrm{s}}$满足以下条件：

$$\boldsymbol{A}_{\mathrm{s}}^{\mathrm{T}}\boldsymbol{P}_{\mathrm{s}}+\boldsymbol{P}_{\mathrm{s}}^{\mathrm{T}}\boldsymbol{A}_{\mathrm{s}}=-\boldsymbol{S}_{\mathrm{s}} \tag{6-116}$$

根据式（6-105）及式（6-116），$\dot{\boldsymbol{V}}_6$可改写为

$$\dot{\boldsymbol{V}}_6=-\boldsymbol{e}_{\mathrm{s}}^{\mathrm{T}}\boldsymbol{S}_{\mathrm{s}}\boldsymbol{e}_{\mathrm{s}}-\boldsymbol{\xi}^{\mathrm{T}}\boldsymbol{S}_{\xi}\boldsymbol{\xi}+2\boldsymbol{h}_{\mathrm{s}}^{\mathrm{T}}P_{\mathrm{s}}\boldsymbol{e}_{\mathrm{s}}+2\boldsymbol{h}_{\xi}^{\mathrm{T}}P_{\xi}\boldsymbol{\xi}+\varepsilon\boldsymbol{\xi}^{\mathrm{T}}\dot{\boldsymbol{P}}_{\xi}\boldsymbol{\xi} \tag{6-117}$$

根据瑞利-里兹不等式可知

$$-\boldsymbol{e}_{\mathrm{s}}^{\mathrm{T}}\boldsymbol{S}_{\mathrm{s}}\boldsymbol{e}_{\mathrm{s}}\leqslant-\lambda_{\min}(\boldsymbol{S}_{\mathrm{s}})\|\boldsymbol{e}_{\mathrm{s}}\|^2 \tag{6-118}$$

$$-\boldsymbol{\xi}^{\mathrm{T}}\boldsymbol{S}_{\xi}\boldsymbol{\xi}\leqslant-\lambda_{\min}(\boldsymbol{S}_{\xi})\|\boldsymbol{\xi}\|^2 \tag{6-119}$$

$$\|\boldsymbol{h}_{\mathrm{s}}^{\mathrm{T}}\boldsymbol{P}_{\mathrm{s}}\boldsymbol{e}_{\mathrm{s}}\|\leqslant(\chi_3+\chi_4\varepsilon+\chi_5\varepsilon^2)\|\boldsymbol{e}_{\mathrm{s}}\|\|\boldsymbol{\xi}\| \tag{6-120}$$

$$\|\boldsymbol{h}_{\xi}^{\mathrm{T}}\boldsymbol{P}_{\xi}\boldsymbol{\xi}\|\leqslant(\chi_6+\chi_7\varepsilon+\chi_8\varepsilon^2)\|\boldsymbol{\xi}\|^2 \tag{6-121}$$

式中　$\chi_i(i=6,7,8)$——正数。

由式（6-118）~式（6-121）所示不等式关系可知，$\dot{\boldsymbol{V}}_6$满足以下关系：

$$\dot{\boldsymbol{V}}_6\leqslant-[\|\boldsymbol{e}_{\mathrm{s}}\|\quad\|\boldsymbol{\xi}\|]\begin{bmatrix}\lambda_{\min}(\boldsymbol{S}_{\mathrm{s}}) & -(\chi_3+\chi_4\varepsilon+\chi_5\varepsilon^2)\\ -(\chi_3+\chi_4\varepsilon+\chi_5\varepsilon^2) & \lambda_{\min}(\boldsymbol{S}_{\xi})-2(\chi_6+\chi_7\varepsilon+\chi_8\varepsilon^2)-\chi_2\varepsilon\end{bmatrix}\begin{bmatrix}\|\boldsymbol{e}_{\mathrm{s}}\|\\ \|\boldsymbol{\xi}\|\end{bmatrix} \tag{6-122}$$

闭环系统是渐进稳定的条件是$\dot{\boldsymbol{V}}_6\leqslant0$，从式（6-122）可知，$\dot{\boldsymbol{V}}_6\leqslant0$的条件为系数矩阵正定，即

$$\lambda_{\min}(\boldsymbol{S}_{\mathrm{s}})[\lambda_{\min}(\boldsymbol{S}_{\xi})-2(\chi_6+\chi_7\varepsilon+\chi_8\varepsilon^2)-\chi_2\varepsilon]-(\chi_3+\chi_4\varepsilon+\chi_5\varepsilon^2)^2\geqslant0 \tag{6-123}$$

忽略$O(\varepsilon^2)$的影响，小参数ε的最大值满足以下条件时，式（6-123）成立：

$$\varepsilon_{\max}=\frac{-\lambda_{\mathrm{b}}+\sqrt{\lambda_{\mathrm{b}}^2+4\lambda_{\mathrm{a}}\lambda_{\mathrm{c}}}}{2\lambda_{\mathrm{a}}} \tag{6-124}$$

式中

$$\begin{cases}\lambda_{\mathrm{a}}=\lambda_{\min}(S_{\mathrm{s}})\chi_8+\chi_4^2+2\chi_3\chi_5\\ \lambda_{\mathrm{b}}=-2\lambda_{\min}(S_{\mathrm{s}})\chi_7-\lambda_{\min}(S_{\mathrm{s}})\chi_2-2\chi_3\chi_4\\ \lambda_{\mathrm{c}}=\lambda_{\min}(S_{\mathrm{s}})\lambda_{\min}(S_{\xi})-2\lambda_{\min}(S_{\mathrm{s}})\chi_6-\chi_3^2\end{cases} \tag{6-125}$$

根据式（6-124）可知，当ε的取值满足$0<\varepsilon\leqslant\varepsilon_{\max}$时，整体系统是稳定的。

6.3.7　算法仿真

当泰勒展开阶数$p=0$时，这里提出的基于积分流形与观测器的复合控制为基于奇异摄动的振动抑制方法。为对复合控制进行验证，本节将其与奇异摄动控制及仅考虑刚体动力学模型的反演控制进行对比。根据式（6-76）可知，复合控制算法中末端动平台的期望轨迹要求四阶导数连续，同时为保证期望轨迹在起始与末端点处的平滑性，采用式（6-126）所示的九次多项式规划，保证了期望轨迹在起始与末端点的速度、加速度、三阶与四阶导数为零。

$$\begin{cases}p_x=A_0(125t^5/t_{\mathrm{d}}^5-420t^6/t_{\mathrm{d}}^6+540t^7/t_{\mathrm{d}}^7-315t^8/t_{\mathrm{d}}^8+70t^9/t_{\mathrm{d}}^9)+p_{x0}\\ p_y=p_{y0}\\ \phi=0\end{cases} \tag{6-126}$$

取运行时间 $t_d = 0.06$s，期望轨迹为起始位置 $p_{x0} = 187.5$，$p_{y0} = 187.5/\sqrt{3}$，幅度 $A_0 = 30$。根据图 6-8 所示的奇异摄动的仿真结果，取 $\boldsymbol{\Delta}_1 = 1\times10^{-3}$，取 $\varepsilon = \sqrt{1/k_s}$，$\boldsymbol{H}_p = \mathrm{diag}([40, 40, 40])$，$\boldsymbol{H}_v = \mathrm{diag}([400, 400, 400])$，$c_1 = c_2 = 50$，$\Delta_2 = 0.05$，$\boldsymbol{K}_1 = \mathrm{diag}([60, 60, 60])$。根据式（6-110），取 $\boldsymbol{\varepsilon}_1 = 0.001$。

采用复合控制算法时，各杆件曲率变化率观测值与观测误差如图 6-7 所示。根据仿真结果，各主动杆曲率变化率最大观测误差分别为 $1.476\times10^{-4}\mathrm{mm}^{-1}/\mathrm{s}$、$6.989\times10^{-5}\mathrm{mm}^{-1}/\mathrm{s}$、$7.771\times10^{-5}\mathrm{mm}^{-1}/\mathrm{s}$，而被观测的曲率变化率峰值分别为 $0.002878\mathrm{mm}^{-1}$、$0.0313\mathrm{mm}^{-1}$、$0.0321\mathrm{mm}^{-1}$，三个杆件最大观测误差分别为 5.13%、0.22% 与 0.24%。最大观测误差都发生在起始时刻，且其他时刻的观测误差均在 0.25% 以内。因此，设计的高增益观测器可实现较高的估计精度。

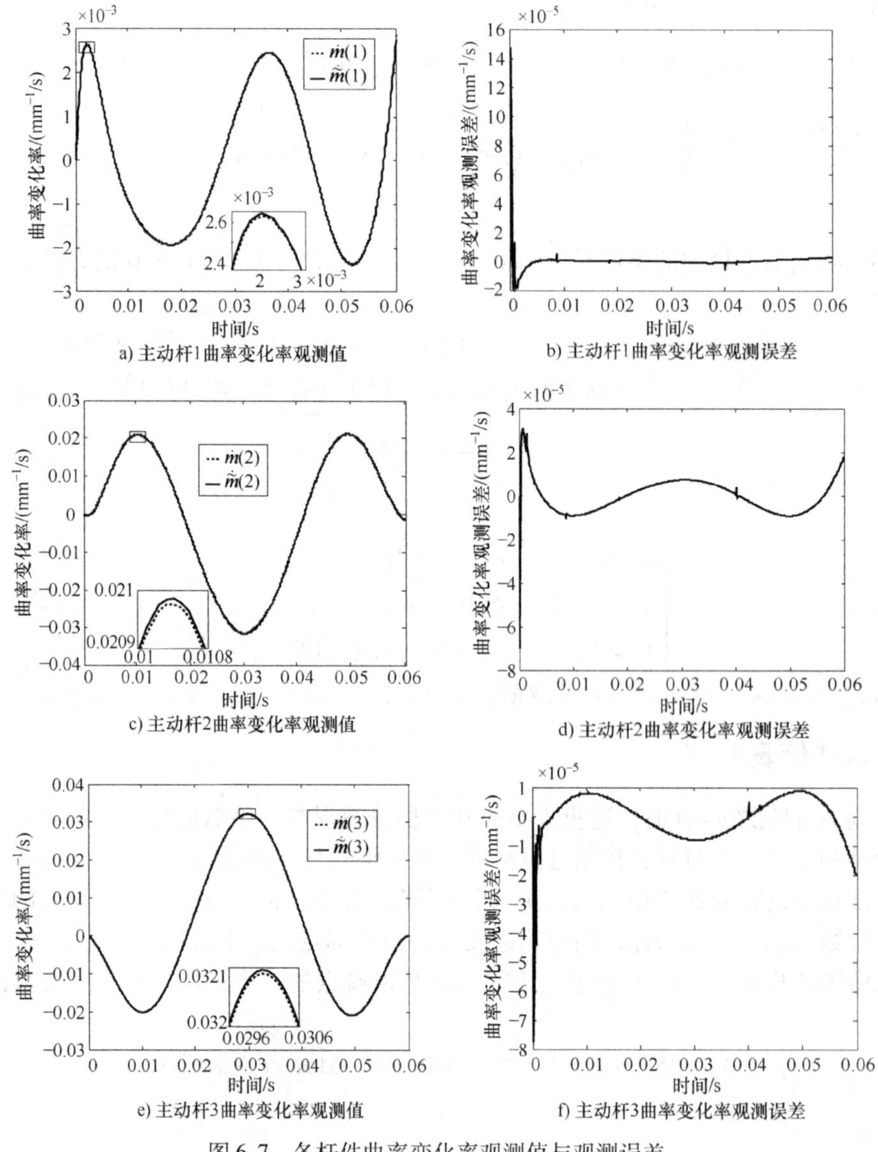

图 6-7　各杆件曲率变化率观测值与观测误差

在复合控制算法中，快速子系统变量偏差与系统稳定性相关。该参数越小，系统稳定性越高。图 6-8 所示为采用三种控制算法时的快速子系统变量偏差 $\boldsymbol{x}_{f1}$ 与 $\boldsymbol{x}_{f2}$。在平稳运行时间阶段，对于 $\boldsymbol{x}_{f1}$，三个杆件对应最大值从反演控制时的 $1.82\times10^{8}\mathrm{mm}^{-1}$、$1.41\times10^{9}\mathrm{mm}^{-1}$、$1.51\times10^{9}\mathrm{mm}^{-1}$，下降到了奇异摄动时的 $93.18\mathrm{mm}^{-1}$、$2057.23\mathrm{mm}^{-1}$、$2208.41\mathrm{mm}^{-1}$。对于快速子系统变量 $\boldsymbol{x}_{f2}$，三杆件对应的最大值从反演控制时 $1.75\times10^{4}\mathrm{mm}^{-1}$、$1.42\times10^{5}\mathrm{mm}^{-1}$、$1.54\times10^{5}\mathrm{mm}^{-1}$下降到了奇异摄动时的 $2236.25\mathrm{mm}^{-1}$、$4.94\times10^{4}\mathrm{mm}^{-1}$、$5.3\times10^{4}\mathrm{mm}^{-1}$。从上述数据可知，与反演控制相比，采用奇异摄动时的快速子系统变量偏差明显减小。采用复

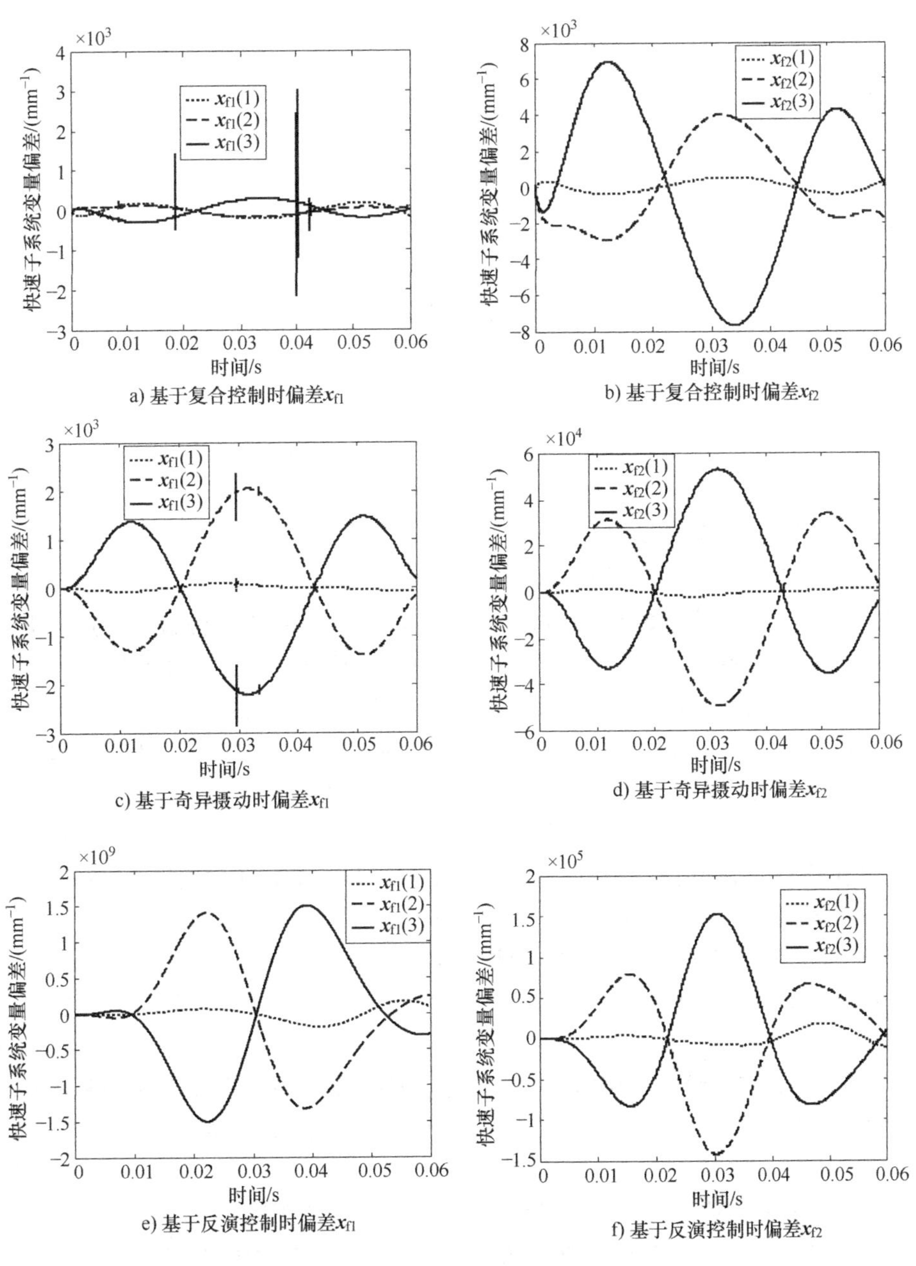

图 6-8　快速子系统变量偏差

合控制时，$\boldsymbol{x}_{f1}$分别为奇异摄动对应分量的228.42%、8.15%、14.92%，$\boldsymbol{x}_{f2}$分别为对应分量的22.84%、8.14%、14.52%。可以看到，主动杆2与主动杆3对应的偏差量显著减小，主动杆1对应的偏差加大。这是由于主动杆2与主动杆3的快速子系统变量偏差数值较大，对系统稳定性及跟踪性能起主要作用，而杆件1的偏差分量数值较小；同时由于并联机器人模型的耦合特性，在提高系统稳定性与跟踪性能时牺牲了偏差较小的分量。由于输入力矩的改变，采用奇异摄动与复合控制算法时偏差出现了阶跃。

根据式（6-62）可知，杆曲率与动平台弹性位移存在线性关系，对于只考虑单个节点的情况，常数矩阵$\boldsymbol{\phi}_l$可表示为

$$\boldsymbol{\phi}_l=\begin{bmatrix}(l_1-2R_1)(2l_1-R_1)/6 & & \\ & (l_1-2R_1)(2l_1-R_1)/6 & \\ & & (l_1-2R_1)(2l_1-R_1)/6\end{bmatrix} \tag{6-127}$$

为了对末端性能进行描述，引入平均误差概念，定义为

$$\begin{cases}\text{RMSE\_tr}=\sqrt{\dfrac{1}{t_\text{d}}\displaystyle\int_0^{t_\text{d}}[\mathbf{CR}(1)^2+\mathbf{CR}(2)^2]\,\mathrm{d}t}\\ \text{RMSE\_ro}=\sqrt{\dfrac{1}{t_\text{d}}\displaystyle\int_0^{t_\text{d}}\mathbf{CR}(3)^2\,\mathrm{d}t}\end{cases} \tag{6-128}$$

式中　**CR**——末端平台三个方向性能指标；

RMSE_tr——平动方向的平均误差；

RMSE_ro——转动方向的平均误差。

根据式（6-62）及式（6-127）可计算动平台弹性位移$\boldsymbol{f}_5$。假设 **vi** 与 **vi _RS** 分别表示运行过程中动平台各方向最大弹性位移及平动与转动方向的平均弹性位移矢量。**vi _end** 表示终点时刻弹性位移，即残余振动矢量。对于相同的输入轨迹，动平台弹性位移的大小可反映三种控制算法的振动抑制效果。各方向的弹性位移如图6-9与图6-10所示。可以看到，奇异摄动与反演控制相比，各方向的最大弹性位移幅值都下降了28%以上；复合控制与奇异摄动相比又下降了4.75%、33.42%与33.52%。对于平动方向的平均弹性位移，从反演控制及奇异摄动的1.5794mm及1.1115mm下降到复合控制的0.9702mm；在转动方向，从反演控制及奇异摄动的0.0014rad及9.8628×10^{-4}rad下降到6.872×10^{-4}rad。与上述算法相比，复合控制在两个方向的弹性位移都下降了14%以上。同时与反演控制相比，采用复合控制与奇异摄动算法时的残余振动都有较大幅度降低，且两种算法都接近0。

假设，**tr** 表示整个运行过程中动平台各方向的最大跟踪误差矢量，**tr _RS** 表示运行过程中平动与转动方向的平均跟踪误差矢量，**tr _end** 表示终点时刻的跟踪误差矢量。如图6-11与图6-12所示，与奇异摄动及反演控制器相比，基于积分流形与观测器的复合控制在轨迹跟踪方面具有明显的优势。对于最大跟踪误差，*X* 方向分别下降了85.56%和91.41%，*Y* 方向分别下降了57.55%和90.57%，转动方向分别下降了53.34%和61.5%；对于平均跟踪误差，平动方向分别下降了88.2%和92.62%，转动方向分别下降了37.26%和49.57%；

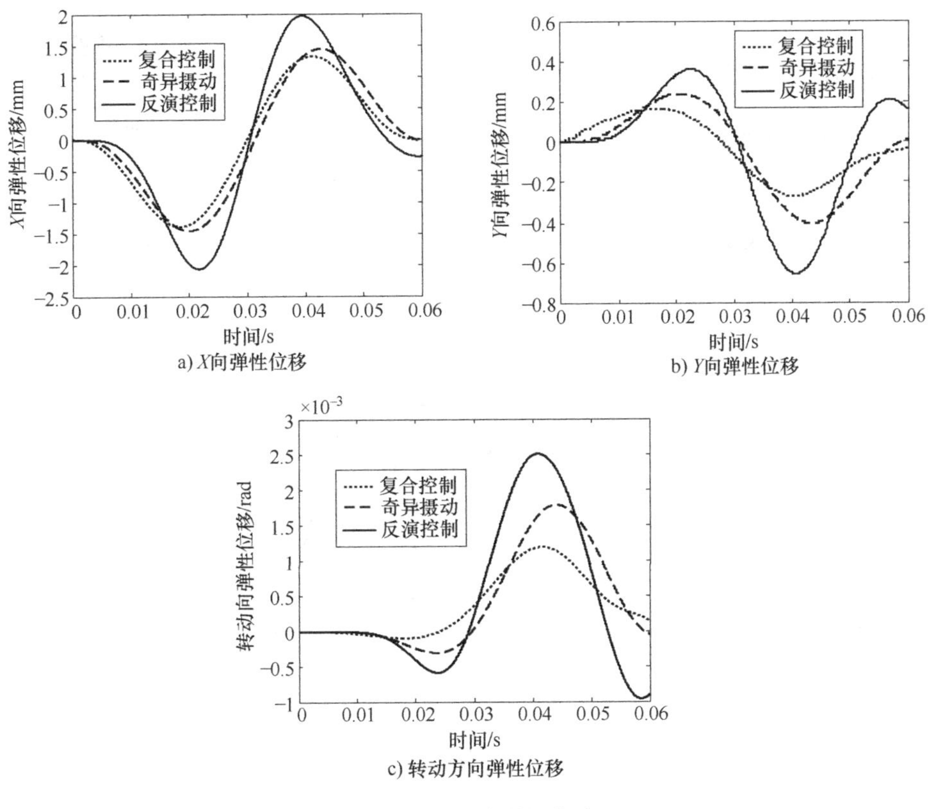

a) X向弹性位移

b) Y向弹性位移

c) 转动方向弹性位移

图 6-9　动平台弹性位移

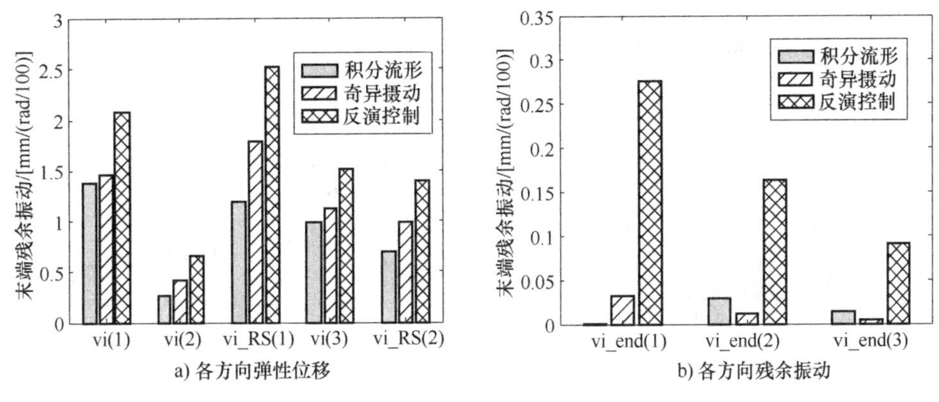

a) 各方向弹性位移

b) 各方向残余振动

图 6-10　动平台末端振动

在终点时刻跟踪误差方面，X 方向分别下降了 92.8% 和 72.34%，Y 方向分别下降了 89.73% 和 83.62%，转动方向分别下降了 85.96% 和 70.85%。对于终点时刻跟踪误差，奇异摄动方法与反演控制器相比在各方向都明显变差，这主要是因为奇异摄动算法只考虑了振动抑制，由于调节的延迟，在实现振动抑制时牺牲了末端点的轨迹跟踪性能。从上述分析可以看到，在轨迹跟踪精度方面，基于积分流形与观测器的复合控制具有显著的优势。

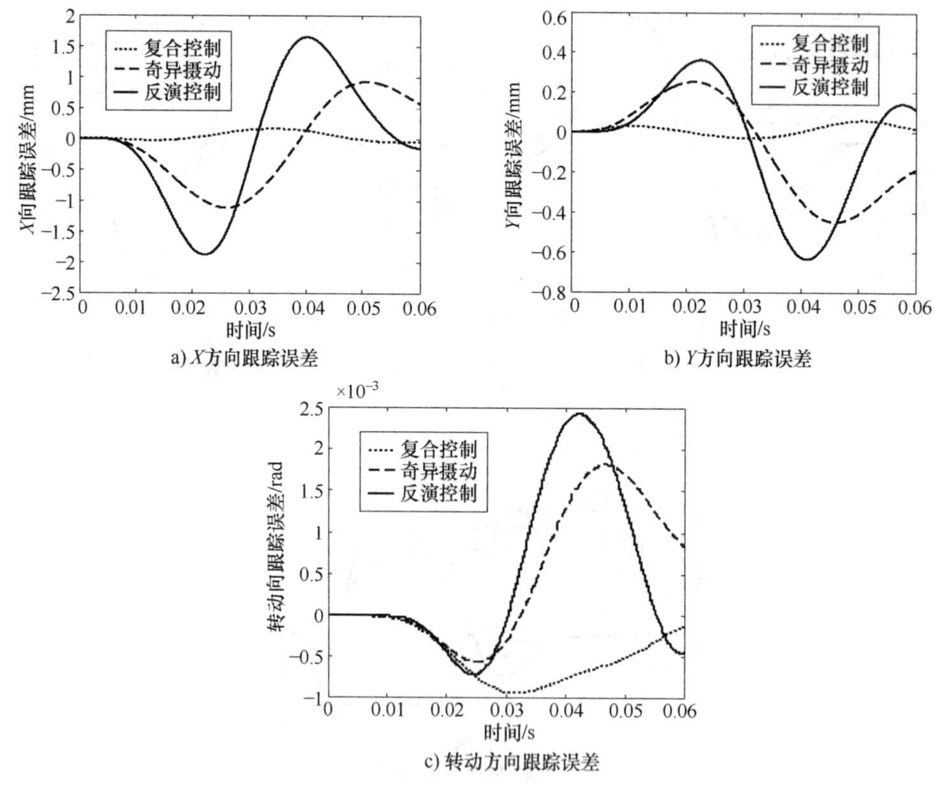

a) X方向跟踪误差

b) Y方向跟踪误差

c) 转动方向跟踪误差

图 6-11　动平台末端跟踪误差

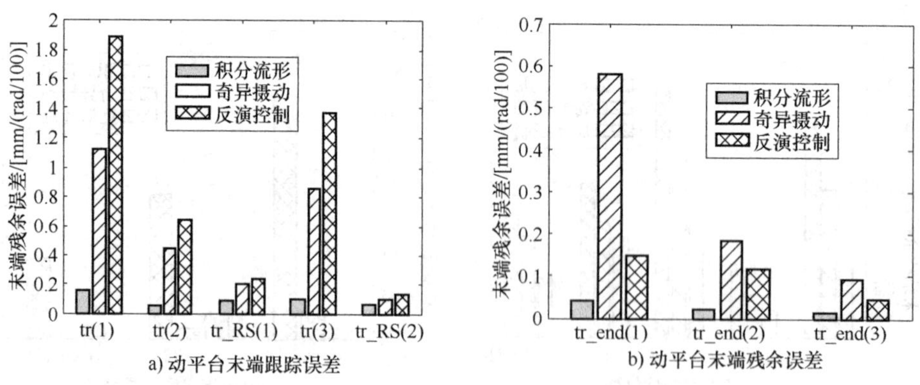

a) 动平台末端跟踪误差

b) 动平台末端残余误差

图 6-12　动平台末端误差

6.4　本章小结

为解决并联机器人高速运行时轨迹跟踪控制问题，针对不考虑柔性环节时的刚体动力学模型，分别采用反馈线性化方法及 UDE 方法进行控制算法设计与仿真；针对含柔性环节高速并联机器人的轨迹跟踪控制问题，本章提出了基于积分流形与高增益观测器的复合控制算法。首先，引入小参数，基于积分流形将刚柔耦合动力学模型降阶为快速与慢速两个子系统；然后，分别对两个子系统进行控制算法设计。为对刚体运动进行控制，在慢速子系统中采用了反演控制，基于李雅普诺夫原理推导了慢速子系统控制律，同时考虑杆件弹性位移对末端轨迹的影响，设计了校正力矩，实现了对机器人末端平台运动的弹性补偿。为了保证流形成立，在快速子系统中采用了滑模变结构控制。同时，为解决曲率变化率无法直接测量的问题，设计了高增益观测器，并证明了其稳定性。对于上述复合控制算法，采用李雅普诺夫原理证明了整体系统的稳定性，并给出了小参数的选取条件。最后，为验证算法有效性，以 3RRR 并联机器人为对象开展了仿真研究，将提出的复合控制算法与奇异摄动及基于刚体动力学的反演控制算法进行了仿真及对比。结果表明，与上述方法相比，本章提出的基于积分流形与观测器的复合控制算法，在振动抑制与轨迹跟踪方面均具有明显的优势，实现了对高速并联机器人高性能的轨迹跟踪控制要求。

第7章 性能测试与实验验证

7.1 引言

为对前文介绍的含柔性杆件并联机器人的理论研究进行验证，本章将参考集成优化设计结果开展3RRR并联机器人的本体设计及驱动与传动部件选型，采用工控机、实时操作系统及高速通信总线的控制结构开展控制系统设计，从而完成机器人样机的搭建。首先进行重复定位精度测试，之后将对机器人进行模态及加速度响应测试，并与理论分析进行对比验证，最后，将对给定轨迹与点到点快速运动两种情况下的轨迹优化算法进行实验研究。

7.2 实验系统搭建

参考本书第3章集成优化设计结果，设计并制造了图7-1所示3RRR并联机器人机械本体，并完成了电机与减速机选型，其中电机选用德国倍福（Beckhoff）公司的AM504x系列交流同步伺服电机，减速机采用日本新宝公司的VRT系列行星减速机。

图7-1　机器人本体

并联机器人在高速运行时，其非线性的动力学特性对系统影响显著，传统基于PID的解耦控制难以满足对动态性能及控制精度要求较高的场合，因此必须采用基于模型的非线性控制算法。然而，这将使得系统计算量与通信量增大，一般运动控制卡无法满足要求。为此，本节采用基于工业控制计算机、实时控制系统和高速通信总线的控制结构，控制系统硬件如图7-2所示。工控机采用Core2 Duo处理器，主频为2.26GHz。控制系统为德国倍福（Beckhoff）公司开发的基于 Windows 环境的实时内核 TWINCAT（The Windows Control and Automation Technology）与软 PLC，并自行开发了控制系统软件，操作界面如图 7-3 所示。驱动器与工控机之间采用 EtherCAT 总线进行通信，在同时连接 1000 个 I/O 类型的从站节点时，能稳定运行的最小循环时间可达到 62.5μs，同时 EtherCAT 总线可通过总线耦合器对数据采集模块进行扩展。

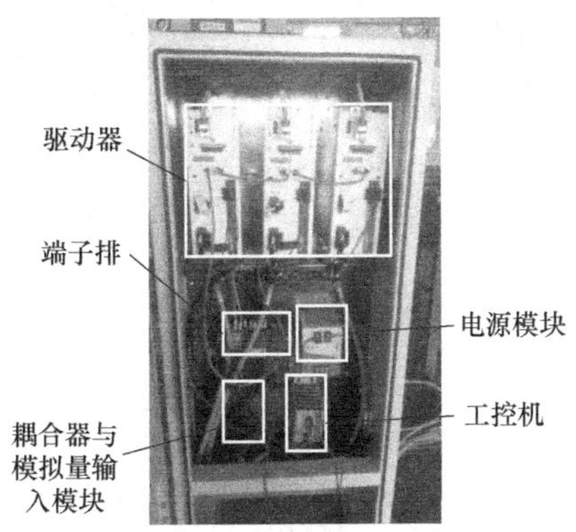

图 7-2　控制系统硬件

3RRR并联机器人测试软件

单轴运动　高速　低速　1轴+　1轴-　2轴+　2轴-　3轴+　3轴-

1轴当前位置	2轴当前位置	3轴当前位置
PX: %.4f	PY: %.4f	FI: %.4f
1轴当前速度	2轴当前速度	3轴当前速度
PX: %.4f	PY: %.4f	FI: %.4f
x轴坐标	y轴坐标	姿态
PX: %.4f	PY: %.4f	FI: %.4f

重复定位精度测试　运行下一点　循环次数　%i

加速度测试　运行轨迹1　运行轨迹2

轨迹规划　五次多项式　伪谱法　单模态整形　两模态整形　三模态整形　单模态整形+伪谱法　两模态整形+伪谱法

使能　开始　结束

图 7-3　测试系统软件界面

7.3　重复定位精度测试

机器人在快速定位应用时对重复定位精度要求较高，本节将参考国家标准 GB/T 12642—2001，采用美国 API 公司生产的 T3 型激光跟踪仪及配套软件对机器人的末端位置进行测量，如图 7-4 所示。激光跟踪仪的部分技术参数如下：三维空间测量精度为，静态精度 5×10^{-6}（即 ppm），动态精度 10×10^{-6}，坐标重复性大于 2.5×10^{-6}；绝对测量精度为，测量分辨率 1μm，测量精度 15μm（10m 之内）及 1.5ppm（10m 之外）。根据国家标准 GB/T 12642—2001 的规定，取机器人工作空间中最大内接正方体棱面上的 5 个点为测试点。由于 3RRR 并联机器人具有两个平动及一个转动自由度，因此选择动平台姿态为零度时绘制圆心为工作空间中心点且半径为 60mm 的圆，取其最大内接正方形 $\overline{C_1}\,\overline{C_2}\,\overline{C_3}\,\overline{C_4}$ 上的五个点（$\overline{P_1}$，$\overline{P_2}$，$\overline{P_3}$，$\overline{P_4}$，$\overline{P_5}$）为测试点。其中，$\overline{P_1}$ 为对角线的中心点；$\overline{P_2}\sim\overline{P_5}$ 为对角线上靠近各顶点处的测试点，国标中规定其与顶点距离为对角线长度 L_2 的 10% ±2%，此处取 10%。测试平面及测试点的位置如图 7-5 所示。经计算，正方形顶点及测试点坐标见表 7-1。

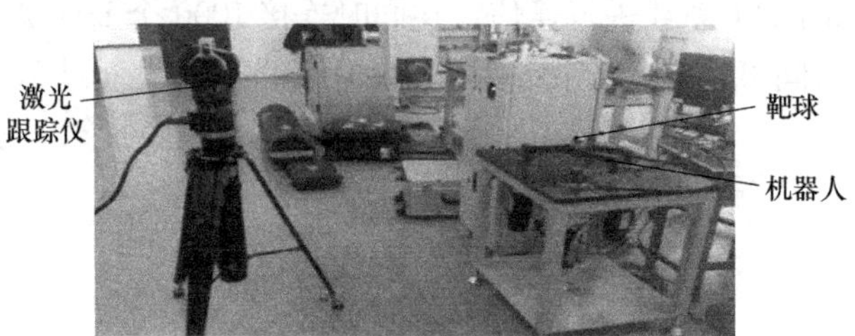

图 7-4　参数标定与精度测试测试

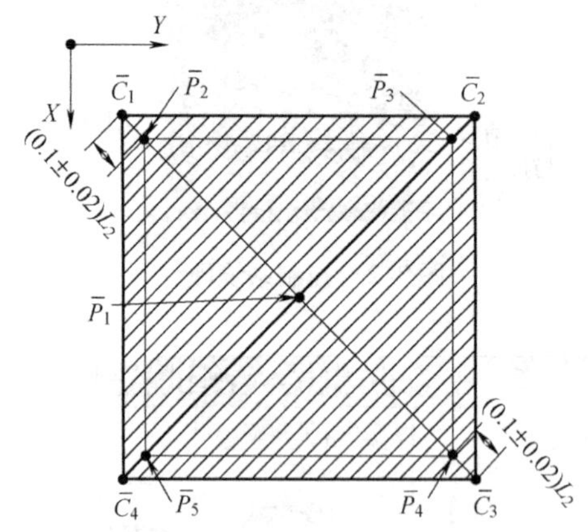

图 7-5　重复定位测试点位置

表 7-1　最大内接正方形顶点坐标及测试点坐标

位置	X 坐标/mm	Y 坐标/mm	位置	X 坐标/mm	Y 坐标/mm
$\overline{C}_1$	145.0736	65.8267	$\overline{P}_1$	187.5	108.2532
$\overline{C}_2$	145.0736	150.6796	$\overline{P}_2$	149.3162	70.0694
$\overline{C}_3$	229.9264	150.6796	$\overline{P}_3$	149.3162	146.4369
$\overline{C}_4$	229.9264	65.8267	P_4	225.6838	146.4369
			P_5	225.6838	70.0694

在进行重复定位精度测试时，机器人末端点 G 依次运行至 $\overline{P}_1 \to \overline{P}_2 \to \overline{P}_3 \to \overline{P}_4 \to \overline{P}_5 \to \overline{P}_1$。各点间采用式（3-99）所示的五次多项式规划，点与点之间的运行时间 $t_d = 2\mathrm{s}$，到达上述位置后停止 1s，并采用激光跟踪仪测试并记录各点在基坐标系下的坐标。重复上述步骤 30 次，即每一个测试点 $\overline{P}_i$（$i=1, 2, \cdots, 5$）处有 30 个测量数据，然后在每个测试点处构造一个包络 30 个数据的外接圆，如图 7-6 所示。

外接圆圆心（$p_{\overline{X}}$, $p_{\overline{Y}}$）位于点集中心，圆心半径 r_p 表示了末端的重复位置精度，参考国家标准 GB/T 12642—2001，可采用如下近似计算方法：

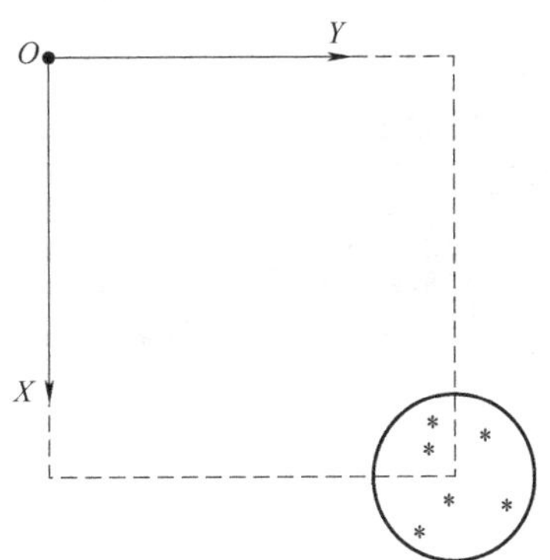

图 7-6　重复定位精度定义

$$
\begin{cases}
r_{\mathrm{p}} = \overline{W} + 3S_{\mathrm{D}} \\
\overline{W} = \sum_{j=1}^{n} D_j/n,\ W_j = \sqrt{(p_{Xj} - p_{\overline{X}})^2 + (p_{Yj} - p_{\overline{Y}})^2} \\
S_{\mathrm{D}} = \sqrt{\dfrac{\sum_{j=1}^{n} (W_j - \overline{W})^2}{n-1}} \\
p_{\overline{X}} = \sum_{j=1}^{n} p_{Xj}/n,\ p_{\overline{Y}} = \sum_{j=1}^{n} p_{Yj}/n
\end{cases}
\tag{7-1}
$$

式中　p_{Xj}、p_{Yj}——第 j 次到达该测试点所测位置坐标；

n——测量次数，$n=30$。

根据以上步骤，重复定位精度测试结果见表 7-2，还给出了各测试点半径均值及其标准偏差。根据结果可知，重复定位误差最大值为 0.015mm 以下，满足了 0.02mm 的设计要求。

表 7-2　重复定位精度测试结果

指标	测试点				
	$\overline{P}_1$	$\overline{P}_2$	$\overline{P}_3$	$\overline{P}_4$	$\overline{P}_5$
r_{p}/mm	0.0089	0.0142	0.0102	0.0095	0.0081
$\overline{W}$/mm	0.0032	0.0052	0.0033	0.0044	0.003
S_{D}/mm	0.0019	0.003	0.0023	0.0021	0.0017

7.4　动力学模型验证

为了对动力模型进行验证，本节采用 LMS 振动测试仪分别对 3RRR 并联机器人进行模态测试与加速度响应测试。测试设备采用图 7-7 所示的比利时 LMS 公司振动测试仪，具体型号及参数如下：PCB086C03 型力锤、PCB3506A02 压电式三轴加速度传感器（x 轴灵敏度 10.22mV/g、y 轴灵敏度 9.86mV/g 及 z 轴灵敏度 9.95mV/g）、信号采集与调理计算机及数据前后处理计算机，两台计算机通过网线通信。

图 7-7　振动测试原理

7.4.1　模态测试

模态是含柔性环节的系统的重要指标，可在一定程度上验证对柔性环节处理的合理性。3RRR 并联机器人的频率随末端位置与姿态改变而变化，本节将对本书第 2 章选取的三个位置进行测量，即位置 1 为（187.5，187.5/$\sqrt{3}$，0），位置 2 为（187.5，187.5/$\sqrt{3}$，15°），位置 3 为（247.5，187.5/$\sqrt{3}$，0）。测试原理为锤击法，首先根据测量位置、机构尺寸及锤击方向，在 LMS 软件在建立图 7-8 所示的原理图，并将加速度传感器按照预定方向安装在图 7-9所示的①②③处；然后，采用力锤按照图 7-8 所示的箭头指示方向对①～⑨处进行锤击，并记录加速度传感器的响应，测试完毕后，采用内部处理软件对各位置处的加速度信号进行频响分析及信号叠加，从而计算出系统在三个位置处的各阶频率与振型。

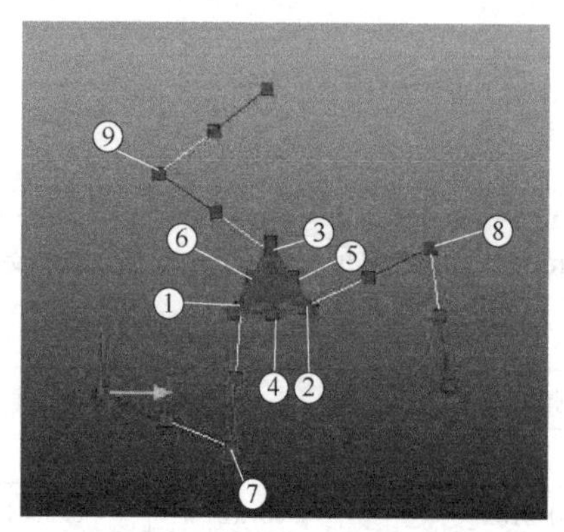

图 7-8　振动测试原理图

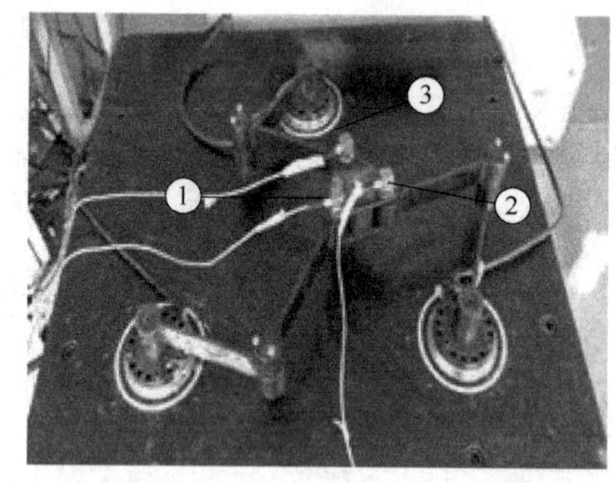

图 7-9　加速度传感器放置

图 7-10～图 7-12 分别给出了所选三个位置处测试得到的频率响应曲线及测试与理论推导模型得到的模态振型，表 7-3 给出了三个位置处机器人的前三阶频率测试值与理论值。可以看出，三个位置处一阶频率的理论值与测量值偏差分别为 1.40717Hz、1.53876Hz 及 2.30796Hz，二阶频率对应的偏差为 1.33017Hz、1.25676Hz 及 1.4096Hz，三阶频率对应的偏差为 2.38948Hz、2.0113Hz 及 0.80394Hz。因此，在各位置处，前三阶频率计算偏差均小于 9.1%。从振型图可以看出，测试与理论分析所得到的杆件振型对应较好，但在部分测量位置处，动平台的振型有明显的偏差，这是由于锤击点较多，敲击方向变化大且难以准确定向所致。由于建模时仅考虑了主动杆柔性，杆件振型的对应表明了理论分析得到的模态振型与测试所得振型的一致性。因此，从上述对比可知，本章对柔性环节的处理是合理的。

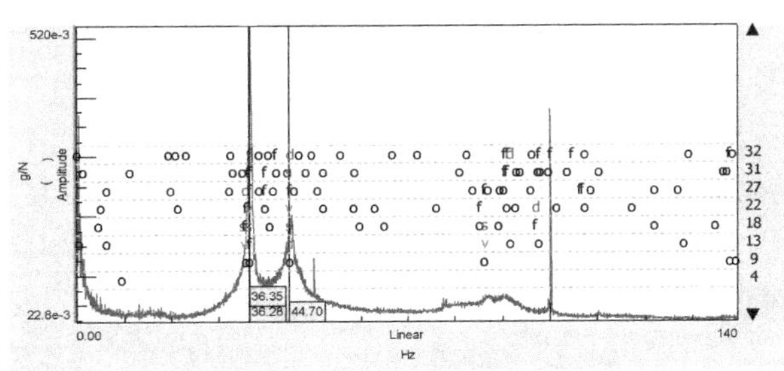

a) 位置1处系统频响函数叠加的截屏图

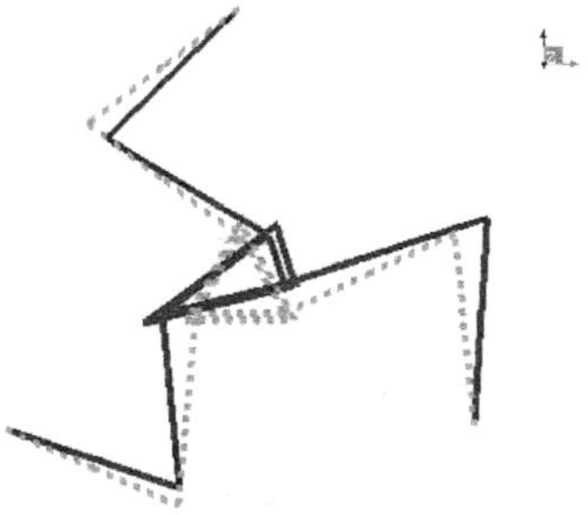

b) 测试得到的一阶振型

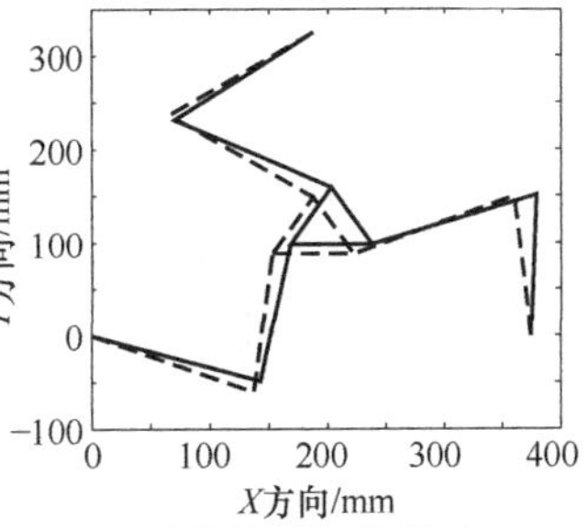

c) 计算得到的一阶振型

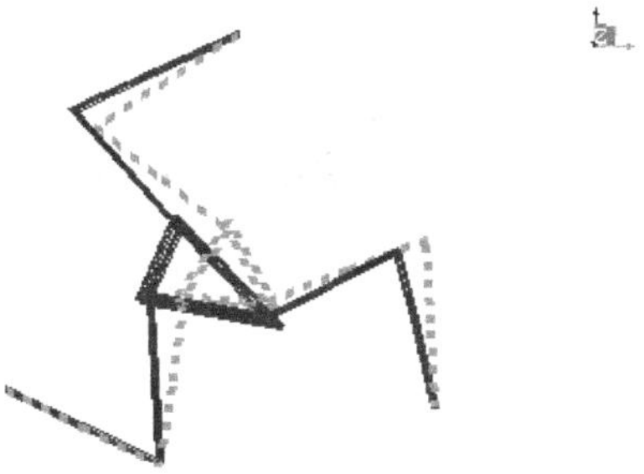

d) 测试得到的二阶振型

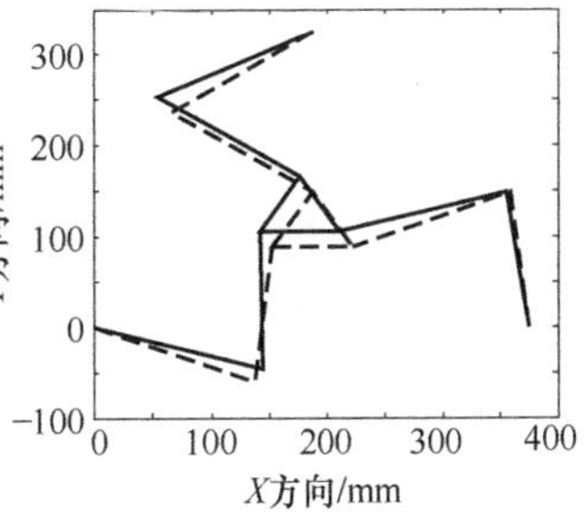

e) 计算得到的二阶振型

f) 测试得到的三阶振型

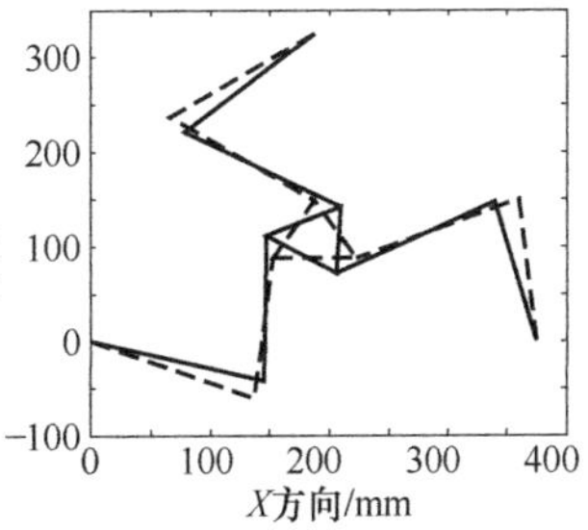

g) 计算得到的三阶振型

图 7-10　位置 1 处系统频率响应与振型

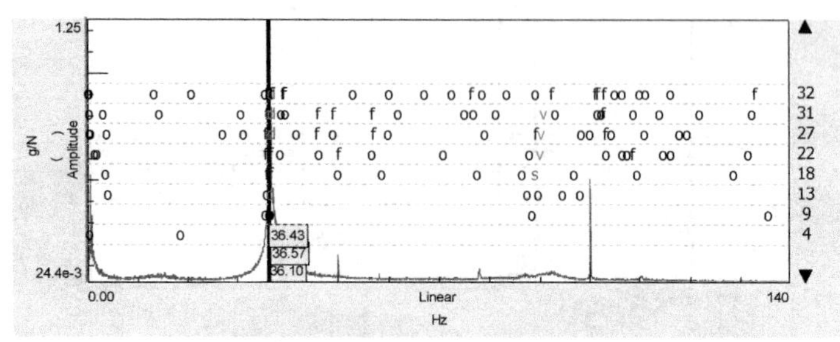

a) 位置2处系统频响函数叠加的截屏图

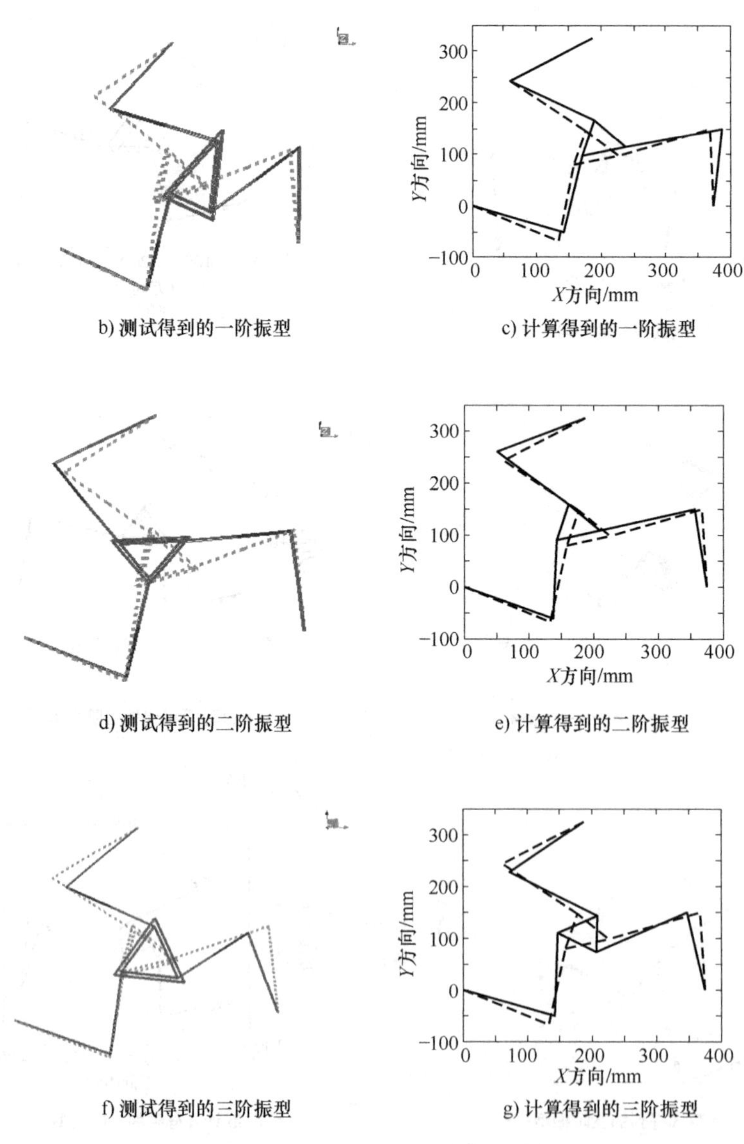

b) 测试得到的一阶振型　c) 计算得到的一阶振型

d) 测试得到的二阶振型　e) 计算得到的二阶振型

f) 测试得到的三阶振型　g) 计算得到的三阶振型

图 7-11　位置 2 处系统频率响应与振型

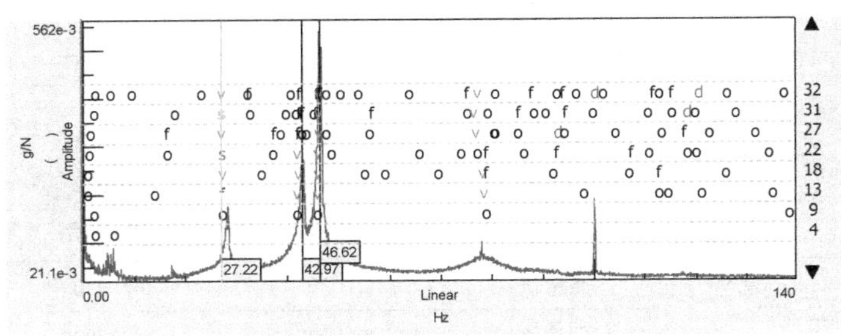

a) 位置3处系统频响函数叠加的截屏图

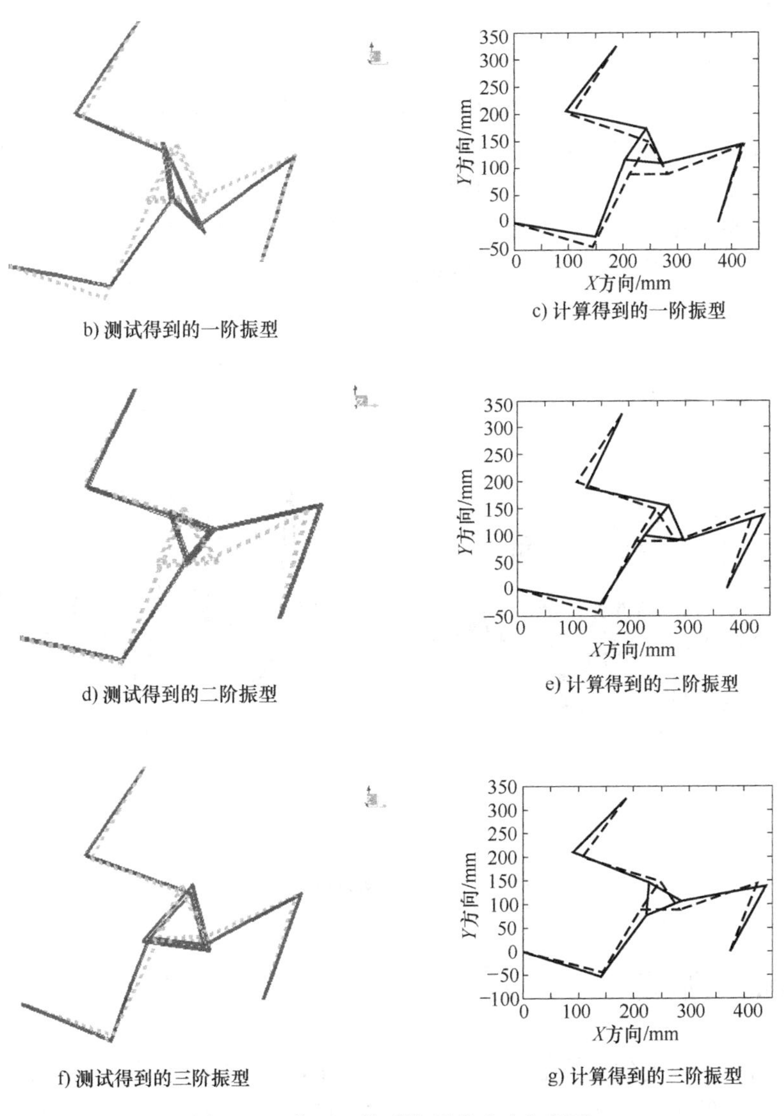

b) 测试得到的一阶振型

c) 计算得到的一阶振型

d) 测试得到的二阶振型

e) 计算得到的二阶振型

f) 测试得到的三阶振型

g) 计算得到的三阶振型

图 7-12　位置 3 处系统频率响应与振型

表 7-3　三个位置处机器人的前三阶频率测试值与理论值

位置		1 阶	2 阶	3 阶
(187.5，187.5/$\sqrt{3}$，0)	测量值	36.278	36.355	44.705
	理论值	37.68517	37.68517	47.09448
(187.5，187.5/$\sqrt{3}$，15°)	测量值	36.04	36.332	36.554
	理论值	37.57876	37.57876	38.5653
(247.5，187.5/$\sqrt{3}$，0)	测量值	27.215	42.970	46.618
	理论值	29.52296	44.37096	47.42194

7.4.2　加速度响应测试

加速度响应是对模型精度较为全面的描述，测试时将加速度传感器安装在图 7-7 所示的动平台中心处，当机器人运行在预定轨迹时记录加速度传感器信号。运行轨迹如图 3-7 所示，分为 P_1P_2、P_2P_3、P_3P_4、P_4P_5共四段，其参数为式（3-99）。图 7-13 所示为仿真及实验得到的动平台中心点 G 处 X 及 Y 方向的加速度响应曲线。可以看到，由于惯性力作用，描述杆件柔性的高阶项及轴承柔性等未建模部分被激发。同时，由于加速度传感器测量误差的存在，测试曲线伴随着高频响应；从模态测试可看出，由于理论与实际系统频率偏差的存在，每段轨迹运行结束时残余振动存在相位偏差；由于摩擦等未建模项及参数不确定等因素，各时刻系统实际运行位置与仿真不同，使得加速度幅值及振动部分频率均有偏差。同时，可以看出，两种模型的加速度曲线总体上具有良好的对应趋势。

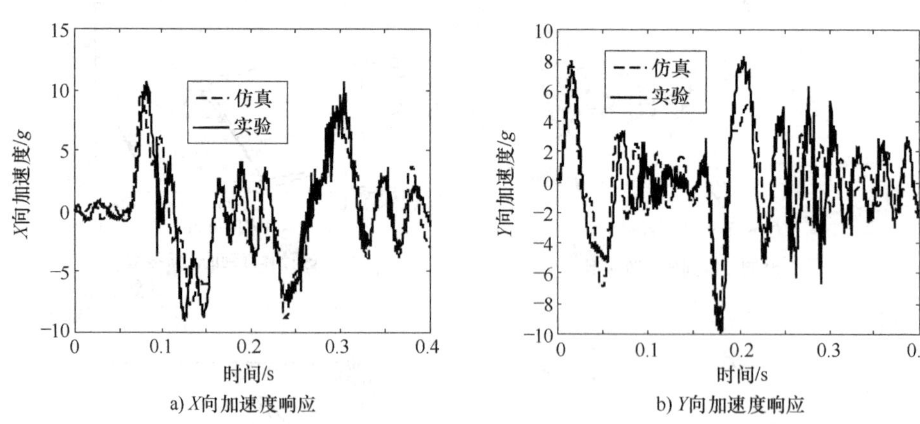

a) X向加速度响应　　b) Y向加速度响应

图 7-13　动平台平动方向冲击响应

7.5　轨迹优化验证

为对本书研究的轨迹优化算法进行验证，搭建了图 7-14 所示的应变测试系统。整个系统由 3RRR 并联机器人、应变片、应变放大器与电桥模块、模拟量输入模块及 EtherCAT 总线耦合器组成。应变片黏贴在各主动杆距电机安装端部 1/4 处，应变信号通过应变片传递到 1/4 电桥，之后经过应变放大器滤波及放大等处理，最后通过模拟量输入模块及 EtherCAT

总线耦合器传输到控制器。应变片采用中航电测生产的 BQ120 系列应变片，灵敏度为 2.09。应变测量部分选用东华测试生产的 DH3840 应变放大器及电桥模块，部分技术参数为，供桥电压精度为 0.1%，供桥电压稳定度小于 0.05%，增益准确度为 0.5%，失真度不大于 1%，桥臂电阻误差小于 5%，通道数为 16。

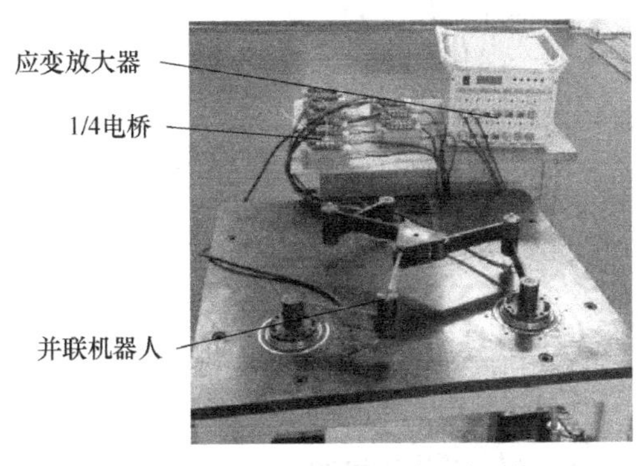

a) 应变测试系统组成

b) 应变片黏贴位置

图 7-14　应变测试系统

在对轨迹验证时，选取 PLC 扫描周期为 0.5ms，并以扫描周期为时间间隔对输入轨迹进行离散，以离散后的各轨迹别作为输入，运行机器人，采用图 7-14 所示应变测试系统测量机器人运行过程中及停止时各杆件应变。PLC 测量得到的原始数据与应变 strain 的换算关系为

$$\text{strain} = UI/IN \times 1000 \times VL \times Se/VI \tag{7-2}$$

式中　UI——PLC 测得的原始数据；

IN——PLC 对原始信号的换算关系，IN = 32767；

VL——模拟量输入模块电压幅值，VL = 10V；

Se——应变片灵敏度，Se = 2.09；

VI——应变放大器工作电压，VI = 2V。

7.5.1　基于多模态输入整形与 PSO 的残余振动抑制实验

为对本书 5.2 节提出的基于多模态输入整形与 PSO 的残余振动抑制方法进行验证，本节将根据式（5-42）给出的五次多项式及表 5-1 所示的优化得到的各整形器参数计算整形后的轨迹，并将其作为输入运行机器人。根据式（7-2）换算关系可得到图 7-15 所示各杆件应变量，表 7-4 所示的残余振动量为运动结束时各杆件残余振动对应的应变量。与整形前相比，在采用单模态整形器时，各杆件残余振动分别减小了 88.17%、94.73% 及 93.05%，采用两模态整形器时残余振动在单模态整形器基础上又分别减小了 53.87%、38.06% 及 39.25%，同时三模态整形器与两模态整形器相比，残余振动又得到了进一步减小。因此从实验结果可知，多模态输入整形及 PSO 轨迹规划方法可实现对机器人残余振动的显著抑制。

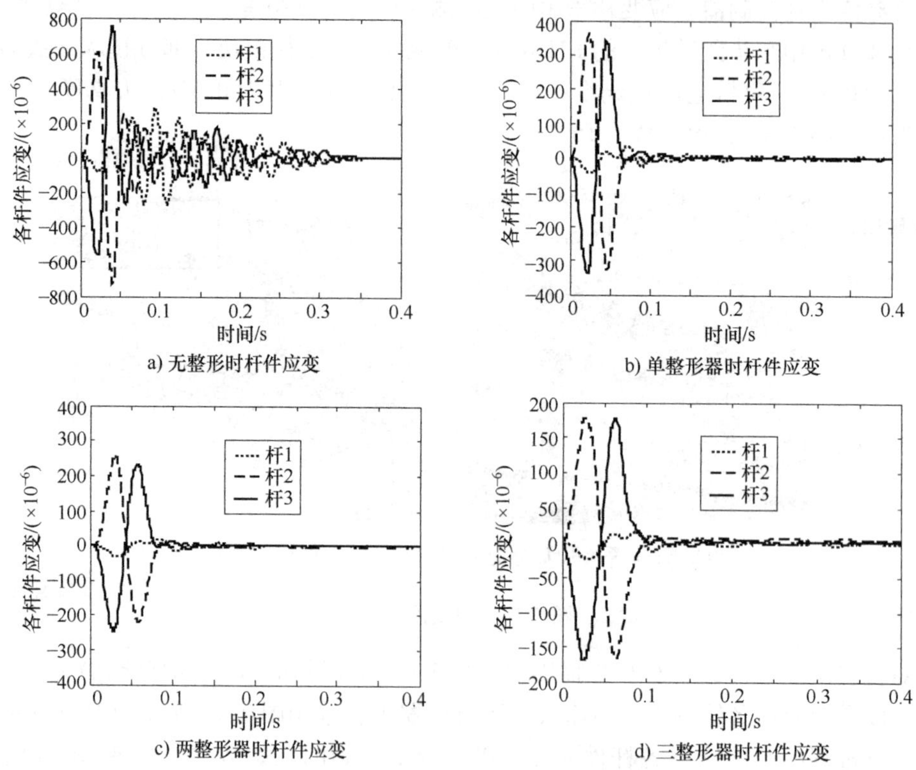

a) 无整形时杆件应变

b) 单整形器时杆件应变

c) 两整形器时杆件应变

d) 三整形器时杆件应变

图 7-15　不同整形器作用下杆件应变

表 7-4　不同整形器时五次多项式规划的残余振动量

整形器数目	杆件 1/($\times10^{-6}$)	杆件 2/($\times10^{-6}$)	杆件 3/($\times10^{-6}$)
无整形	284. 1	254. 2	267. 6
单模态整形器	33. 6	13. 4	18. 6
两模态整形器	15. 5	8. 3	11. 3
三模态整形器	13. 4	6. 9	4. 5

7. 5. 2　基于分段伪谱法与多模态输入整形的轨迹优化实验

为了验证 5. 4 节提出的基于分段伪谱法与多模态输入整形的点到点轨迹优化算法，本节将表 5-2 所示的优化结果与相同运行时间的五次多项式规划分别作为输入，测量各杆件的应变。图 7-16 所示的标件应变为根据式（7-2）换算的结果，表 7-5 所示的最大应变为采用普通整形器时杆件的应变。与五次多项式规划相比，基于多段伪谱法的各杆件残余振动分别下降了 47. 43%、41. 61% 及 35. 74%，最大应变分别减小了 41. 13%、39. 61% 及 38. 82%，残余振动与最大应变都得到了限制。当伪谱法与单模态输入整形相结合时，各杆件残余振动与伪谱法相比减小幅度都超过 65%。当与两模态整形结合时，残余振动比采用单模态整形器时又减小了 60% 以上。同时，随着整形器数目的增加，最大应变不断减小。因此，基于两步优化的点到点轨迹规划方法在保证在时间最优时，实现了对弹性位移幅值的限制与残余振动的抑制。

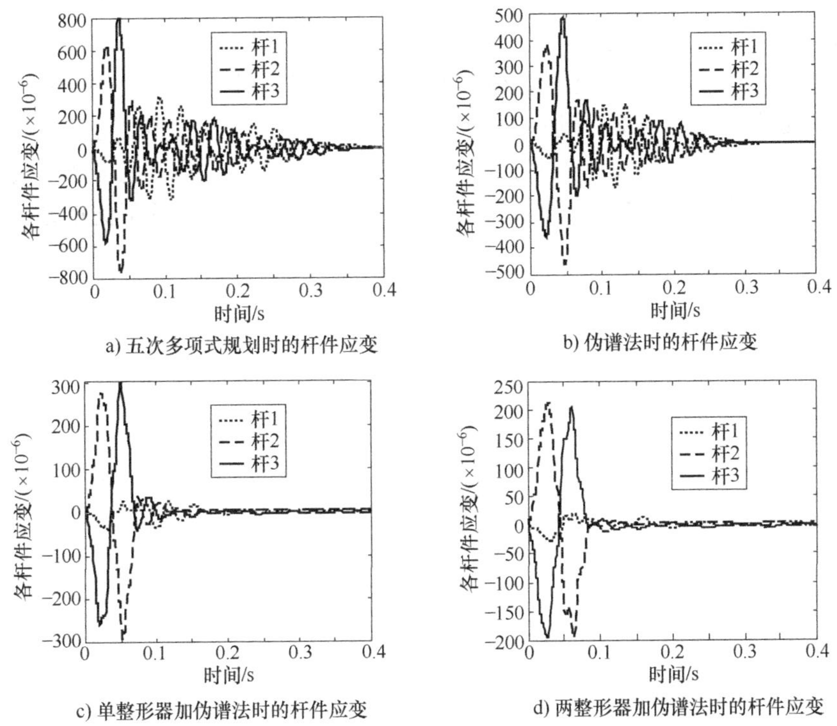

a) 五次多项式规划时的杆件应变

b) 伪谱法时的杆件应变

c) 单整形器加伪谱法时的杆件应变

d) 两整形器加伪谱法时的杆件应变

图 7-16 基于伪谱法与输入整形规划时杆件应变

表 7-5 基于伪谱法与输入整形规划时杆件最大应变与残余振动

整形器数目	指标	杆件 1/($\times10^{-6}$)	杆件 2/($\times10^{-6}$)	杆件 3/($\times10^{-6}$)
五次多项式	残余振动	317.7	292.7	309.2
	最大应变	85.1	769.7	796.2
伪谱法	残余振动	166.9	170.9	198.7
	最大应变	50.1	464.8	487.1
单模态整形 + 伪谱法	残余振动	38.15	35.1	43.2
	最大应变	39.7	294.5	299.1
两模态整形 + 伪谱法	残余振动	13.4	6.1	6.4
	最大应变	29.0	210.6	204.5

7.6 本章小结

为对本书开展的高速轻型并联机器人相关理论研究进行验证，本章在参考优化设计结果基础上搭建了 3RRR 并联机器人样机，开展了重复定位精度测试及相关算法的实验研究。实验结果表明，系统的重复定位精度小于 0.015mm，满足设计要求；对于动力学模型验证，采用 LMS 振动测试仪分别开展了模态测试及加速度响应测试。模态测试结果表明，前三阶频率的理论与实测误差小于 10%，其对应的各阶振型具有较好的一致性，加速度响应具有相同的趋势。在轨迹规划方面，首先对基于多模态输入整形与 PSO 的轨迹规划结果进行了测试。结果表明，与整形前相比，采用单模态输入整形时各杆件残余振动都减少了 88% 以上，采用两模态输入整形时残余振动在单模态输入整形基础上又减少了 38% 以上；同时，随着整形器阶数的增加，残余振动得不断减小。然后，开展了基于多段伪谱法与多模态输入整形的轨迹优化实验研究。结果表明，与五次多项式规划相比，多段伪谱法实现了对杆件最大应变的限制及残余振动的抑制；同时，随着整形器数目的增加，两部优化方法实现了对杆件残余振动的显著抑制。

结　　论

本书获得了国家自然基金“并联机构奇异摄动方法建模与控制理论研究（项目编号：51075086）”的支持，从提高并联机器人轨迹跟踪精度及动态性能的目的出发，针对高速运行条件下由于杆件柔性产生的弹性变形与振动的问题，开展了刚体与刚柔耦合动力建模、集成优化设计、轨迹优化及控制算法设计的研究，并进行了仿真与部分实验验证，为高速轻型并联机器人的设计与性能的提升提供了理论支持。具体工作如下：

（1）首先，用牛顿-欧拉方程建立了3RRR并联机器刚体动力学模型，以此为基础，对带有伴随运动的2PUR-PSR并联机构过约束并联机器人进行了系统的动力学建模和性能分析。基于牛顿-欧拉方程和自然正交补法建立了包含和不包含受约束力与力矩的机构动力学模型，并通过数值仿真与商业软件计算结果的对比方法对提出的模型进行了验证。然后，采用动力学操作椭圆的概念来评估2PUR-PSR并联机构的动态可操作性性能。之后，研究了并联机构工作空间内的平移和旋转条件数及其平均值的分布特征，结果表明通过运动学和结构优化可以提高动态性能。

（2）根据杆件模型及小变形假设，建立了杆件弹性位移与机器人刚体耦合运动模型，结合曲率有限元方法与凯恩方程建立了3RRR并联机器人的刚柔耦合动力学模型。为对模型进行验证，开展了模态分析与加速度响应分析，并将理论模型的计算结果与ABAQUS软件仿真值及实验结果进行对比。结果显示，与仿真及实验结果相比，机器人在给定位置的前三阶频率计算偏差分别在3.12%及10%以内，同时各阶振型基本吻合；对于加速度响应分析，理论模型计算值与ABAQUS软件仿真值及实验结果具有良好的对应趋势。

（3）提出了集机构运动学及动力学性能、驱动与传动部件性能及控制系统性能于一体的集成优化设计方法。根据集成优化设计方法，建立了包含连续变量及离散变量的多目标优化模型，采用NSGA Ⅱ遗传算法对该模型进行了求解，实现了对机器人机构与结构参数、驱动与传动部件参数及控制系统参数的同步优化。优化结果表明，集成优化设计方法保证了机构指标设计要求，揭示了机构性能、驱动与传动性能及控制性能三部分的相互作用关系，有效提高了机器人的综合性能。根据优化结果完成了并联机器人样机的搭建。

（4）从运动规划与优化角度出发，首先采用三次样条曲线与辅助高次多项式规划了并联机器人常用的直线、圆弧及任意点的平滑轨迹，接着对给定轨迹的残余振动抑制问题及点到点运动最优规划问题开展了研究。针对给定轨迹的残余振动问题，提出了基于多模态输入整形与PSO及反馈控制相结合的方法。结果表明，与五次多项式规划相比，采用单整形器时残余振动的仿真与实验值分别降低了74.17%与88%以上，且随着整形器数目的增加，残余振动量会进一步减小。针对点到点最优规划问题，将时间最优规划与多模态输入整形相结合，提出了两步优化方法。仿真结果表明，优化后动平台运动方向的弹性位移被限制在设定的1.5mm以内，且杆件残余振动的仿真与实验结果分别下降了89.7%与35%以上。

（5）分别针对刚体动力学模型与刚柔耦合动力学模型，开展了轨迹跟踪控制算法研究。基于UDE方法实现了考虑模型不确定与扰动条件下的高速并联机器人轨迹跟踪控制，并提出了基于积分流形与观测器的复合控制算法，开展了含柔性杆件并联机器人轨迹跟踪控制研究。基于积分流形将动力学模型降阶为快慢两个子系统，分别对降阶子系统开展控制算法设计。设计了校正力矩，实现对末端动运动的弹性补偿，同时设计了观测器对曲率变化率进行估计。针对上述复合控制算法，采用李雅普诺夫原理证明了整体系统稳定性，并给出了小参数的选取条件。为了验证算法有效性，开展了仿真研究，将复合算法与奇异摄动及基于考虑刚体动力学的反演控制方法进行了对比。仿真结果表明，复合控制算法在运动方向上的最大弹性位移与最大跟踪误差都分别下降了4%与85%以上，实现了高速并联机器人的高性能轨迹跟踪控制要求。

本书研究内容的主要创新性工作及成果如下：

（1）建立了考虑柔性杆件曲率的有限元模型，并结合凯恩方程，建立了考虑杆件弹性位移与机器人刚体耦合运动的并联机器人动力学模型，通过动力学仿真与实验验证了上述模型的正确性。

（2）综合机构运动学与动力学性能、驱动与传动部件性能及控制系统性能，提出了考虑柔性环节高速并联机器人的集成优化设计方法，提高了并联机器人的综合性能。

（3）基于分段伪谱法与多模态输入整形，提出了考虑柔性杆件并联机器人的轨迹优化方法，建立了考虑弹性环节的时间最优规划模型，通过仿真与实验验证了对残余振动的抑制与弹性位移的限制。

（4）基于积分流形与高增益观测器，提出了考虑柔性杆件并联机器人的轨迹跟踪控制算法，通过仿真验证了算法的有效性。

另外，对考虑柔性杆件的并联机器人开展的动力学建模与控制研究，是提高并联机器人动态性能的必要手段，也是目前国内外的研究热点与难点。结合本书研究中存在的不足，作者认为以下两个方面还需要进一步的研究：

（1）动力学模型的完善与辨识。本书主要针对杆件柔性进行了建模，缺少对减速机与轴承摩擦、间隙及柔性的建模，实际系统中这些因素都是具体存在的，后续工作应该引入这些环节以保证了模型的完整性。为提高模型的准确性，应该采用参数辨识方法对系统参数进行修正，以为后续研究提供支持。

（2）多种复合控制算法的研究与对比。本书主要采用了积分流形方法对柔性杆件并联振动抑制与轨迹跟踪控制，后续工作中应该开展多种算法研究，提出针对不同应用背景各种算法优缺点，为工程应用提供参照与指导。

附　录

附录 A　理论模型与 ABAQUS 软件分析振型图

1）位置 1 处系统的第二及第三阶振型（见图 A-1）

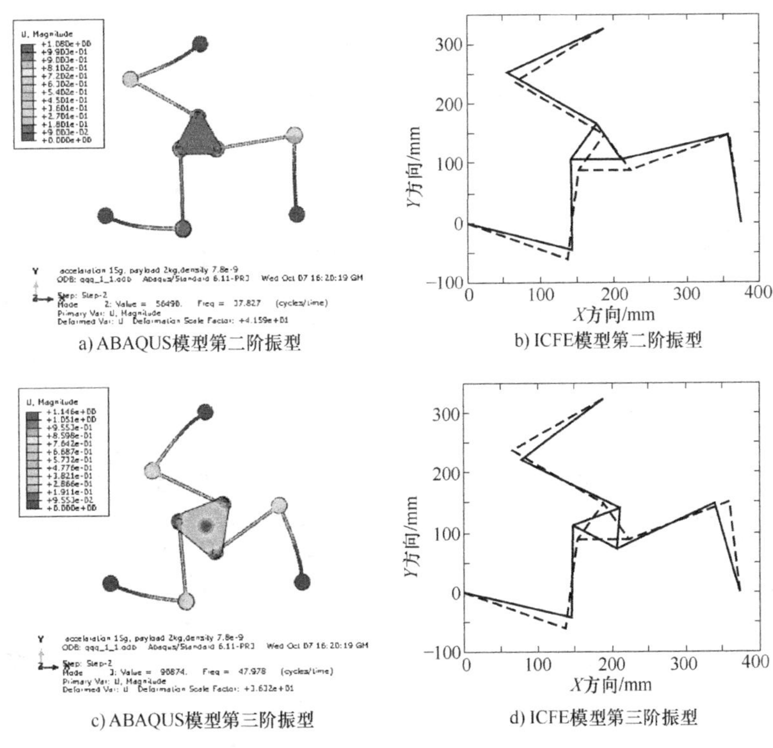

a) ABAQUS模型第二阶振型　b) ICFE模型第二阶振型

c) ABAQUS模型第三阶振型　d) ICFE模型第三阶振型

图 A-1　位置 1 处系统第二及第三阶振型

2）位置 2 处系统第二及第三阶振型（见图 A-2）

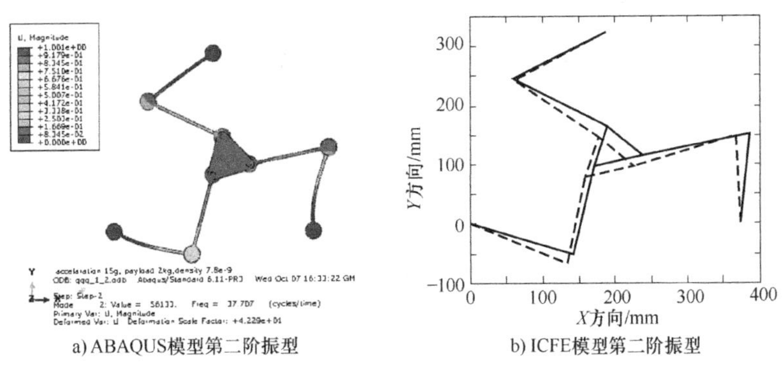

a) ABAQUS模型第二阶振型　b) ICFE模型第二阶振型

图 A-2　位置 2 处系统第二及第三阶振型

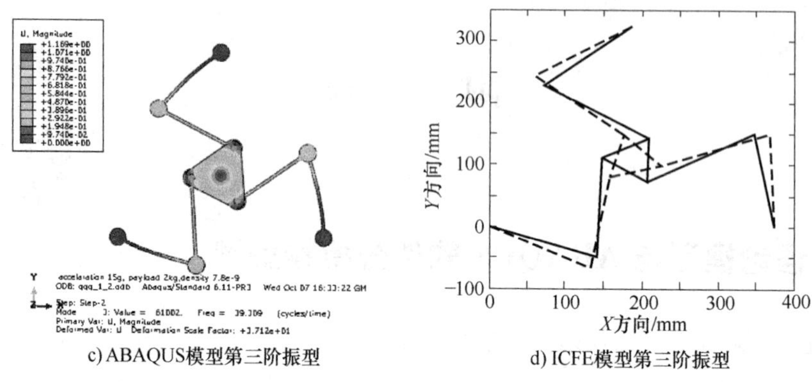

c) ABAQUS模型第三阶振型　　d) ICFE模型第三阶振型

图 A-2　位置 2 处系统第二及第三阶振型（续）

3）位置 3 处系统第二及第三阶振型（见图 A-3）

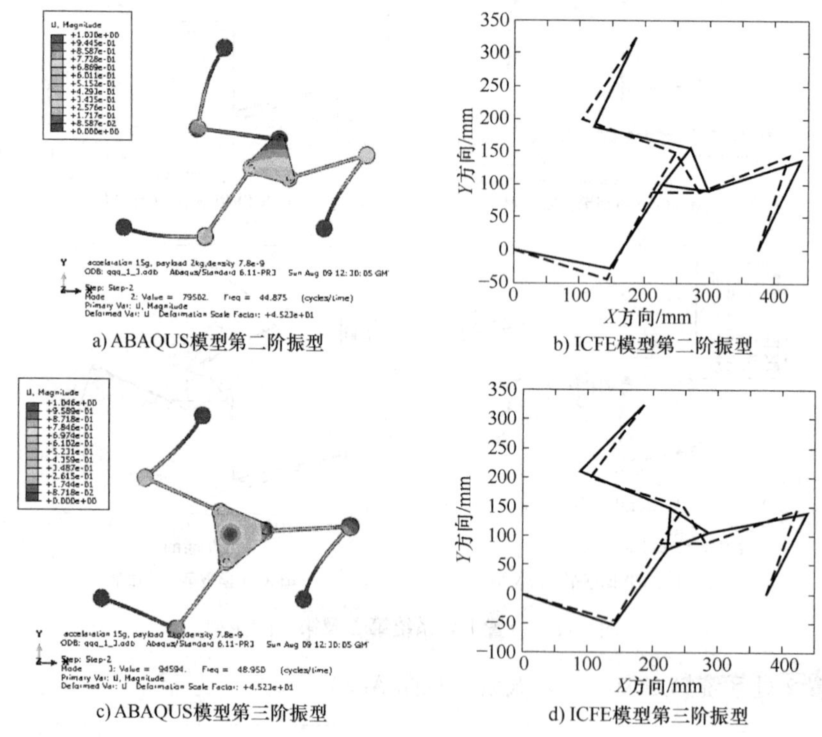

a) ABAQUS模型第二阶振型　　b) ICFE模型第二阶振型

c) ABAQUS模型第三阶振型　　d) ICFE模型第三阶振型

图 A-3　位置 3 处系统第二及第三阶振型

附录 B　2PUR-PSR 并联机构部分公式

$$C_{\lambda}^{0}=\begin{pmatrix}\dfrac{l_3^3 e_3^{\mathrm{T}} R_{L,1}^{-1} L_{B_{1,T}}^{c}}{3}+\dfrac{l_3^2 e_1^{\mathrm{T}} R_{L,1}^{-1} L_{B_{1,R}}^{c}}{2} & -\dfrac{l_3^3 e_3^{\mathrm{T}} R_{L,2}^{-1} L_{B_{2,T}}^{c}}{3}-\dfrac{l_3^2 e_1^{\mathrm{T}} R_{L,2}^{-1} L_{B_{2,R}}^{c}}{2} \\ l_3 e_4^{\mathrm{T}} R_{L,1}^{-1} L_{B_{1,R}}^{c} & -l_3 e_4^{\mathrm{T}} R_{L,2}^{-1} L_{B_{2,R}}^{c}\end{pmatrix}$$

$$C_{M}^{O}=\begin{pmatrix}\left[\dfrac{(l_3-r_{L,2,1})^3}{3}+\dfrac{r_{L,2,1}(l_3-r_{L,2,1})^2}{2}\right] e_3^{\mathrm{T}} R_{L,1}^{-1} m_{L,1} & \mathbf{0}_{1\times 3} & -\left[\dfrac{(l_3-r_{L,2,2})^3}{3}+\dfrac{r_{L,2,2}(l_3-r_{L,2,2})^2}{2}\right] e_3^{\mathrm{T}} R_{L,2}^{-1} m_{L,2} & \mathbf{0}_{1\times 3} \\ \mathbf{0}_{1\times 3} & e_4^{\mathrm{T}} R_{L,1}^{-1} R_{L,1} I_{L,1}^{l} R_{L,1}^{\mathrm{T}} & \mathbf{0}_{1\times 3} & -e_4^{\mathrm{T}} R_{L,2}^{-1} R_{L,2} I_{L,2}^{l} R_{L,2}^{\mathrm{T}}\end{pmatrix}$$

$$C_{G}^{0}=\begin{pmatrix}\left[\dfrac{(l_3-r_{L_{2,1}})^3}{3}+\dfrac{r_{L_{2,1}}(l_3-r_{L_{2,1}})^2}{2}\right] e_3^{\mathrm{T}} R_{L,1}^{-1} m_{L,1}-\left[\dfrac{(l_3-r_{L_{2,2}})^3}{3}+\dfrac{r_{L_{2,2}}(l_3-r_{L_{2,2}})^2}{2}\right] e_3^{\mathrm{T}} R_{L,2}^{-1} m_{L,2} \\ \mathbf{0}_{1\times 3}\end{pmatrix}$$

$$C_{W}^{0}=\begin{pmatrix}0 & 0 & 0 & 0 \\ 0 & e_4^{\mathrm{T}} R_{L,1}^{-1}\tilde{\omega}_{L,1} R_{L,1} \mathrm{I}_{L,1}^{l} R_{L,1}^{\mathrm{T}} & 0 & -e_4^{\mathrm{T}} R_{L,2}^{-1}\tilde{\omega}_{L,2} R_{L,2} I_{L,2}^{l} R_{L,2}^{\mathrm{T}}\end{pmatrix}$$

$$C_{\lambda,1}^{0}=[\,C_{\lambda,1}^{0}(:,1)\quad C_{\lambda,1}^{0}(:,5)\,]$$

$$C_{\lambda,2}^{0}=[\,C_{\lambda,1}^{0}(:,2{:}4)\quad C_{\lambda,1}^{0}(:,6{:}10)\,]$$

$$C_{\lambda,1,2}^{0}=-(C_{\lambda,1}^{0})^{-1}C_{\lambda,2}^{0},\ C_{M,1,2}^{0}=(C_{\lambda,1}^{0})^{-1}C_{M}^{0},C_{W,1,2}^{0}=(C_{\lambda,1}^{0})^{-1}C_{W}^{0},\ C_{G,1,2}^{0}=(C_{\lambda,1}^{0})^{-1}C_{G}^{0}$$

$$\Delta G=(C_{\lambda}\quad w_{\mathrm{CS}}^{a})(\mathbf{0}_{9\times 3}\quad C_{G,1,2}^{0\mathrm{T}}(:,1)\quad \mathbf{0}_{3}\quad C_{G,1,2}^{0\mathrm{T}}(:,2)\quad \mathbf{0}_{3\times 30})^{\mathrm{T}}$$

$$\Delta M=(C_{\lambda}\quad w_{\mathrm{CS}}^{a})\begin{pmatrix}\mathbf{0}_{9\times 6} & \mathbf{0}_{9\times 6} & \mathbf{0}_{9\times 6} & \mathbf{0}_{9\times 6} & \mathbf{0}_{9\times 18} \\ \mathbf{0}_{1\times 6} & C_{M,1,2}^{0}(1,1{:}6) & \mathbf{0}_{1\times 6} & C_{M,1,2}^{0}(1,7{:}12) & \mathbf{0}_{1\times 18} \\ \mathbf{0}_{3\times 6} & \mathbf{0}_{3\times 6} & \mathbf{0}_{3\times 6} & \mathbf{0}_{3\times 6} & \mathbf{0}_{3\times 18} \\ \mathbf{0}_{1\times 6} & C_{M,1,2}^{0}(2,1{:}6) & \mathbf{0}_{1\times 6} & C_{M,1,2}^{0}(2,7{:}12) & \mathbf{0}_{1\times 18} \\ \mathbf{0}_{30\times 6} & \mathbf{0}_{30\times 6} & \mathbf{0}_{30\times 6} & \mathbf{0}_{30\times 6} & \mathbf{0}_{30\times 18}\end{pmatrix}$$

$$\Delta C_{\lambda}=(C_{\lambda}\quad w_{\mathrm{CS}}^{a})\begin{pmatrix}E_9 & \mathbf{0}_{9\times 3} & \mathbf{0}_{9\times 9} & \mathbf{0}_{9\times 5} & \mathbf{0}_{9\times 16} \\ \mathbf{0}_{1\times 9} & C_{\lambda,1,2}^{0}(1,1{:}3) & \mathbf{0}_{1\times 9} & C_{\lambda,1,2}^{0}(1,4{:}8) & \mathbf{0}_{1\times 16} \\ \mathbf{0}_{3\times 9} & E_3 & \mathbf{0}_{3\times 9} & \mathbf{0}_{3\times 5} & \mathbf{0}_{3\times 16} \\ \mathbf{0}_{1\times 9} & C_{\lambda,1,2}^{0}(2,1{:}3) & \mathbf{0}_{1\times 9} & C_{\lambda,1,2}^{0}(2,4{:}8) & \mathbf{0}_{1\times 16} \\ \mathbf{0}_{30\times 2} & \mathbf{0}_{30\times 3} & \mathbf{0}_{30\times 2} & \mathbf{0}_{30\times 5} & E_{30}\end{pmatrix}$$

$$\Delta \boldsymbol{W} = \begin{pmatrix} \boldsymbol{C}_{\lambda} & \boldsymbol{w}_{\mathrm{CS}}^{a} \end{pmatrix} \begin{pmatrix} \boldsymbol{0}_{9\times 6} & \boldsymbol{0}_{9\times 6} & \boldsymbol{0}_{9\times 6} & \boldsymbol{0}_{9\times 6} & \boldsymbol{0}_{9\times 18} \\ \boldsymbol{0}_{1\times 6} & \boldsymbol{C}_{W,1,2}^{\mathrm{O}}(1,1:6) & \boldsymbol{0}_{1\times 6} & \boldsymbol{C}_{W,1,2}^{\mathrm{O}}(1,7:12) & \boldsymbol{0}_{1\times 18} \\ \boldsymbol{0}_{3\times 6} & \boldsymbol{0}_{3\times 6} & \boldsymbol{0}_{3\times 6} & \boldsymbol{0}_{3\times 6} & \boldsymbol{0}_{3\times 18} \\ \boldsymbol{0}_{1\times 6} & \boldsymbol{C}_{W,1,2}^{\mathrm{O}}(2,1:6) & \boldsymbol{0}_{1\times 6} & \boldsymbol{C}_{W,1,2}^{\mathrm{O}}(2,7:12) & \boldsymbol{0}_{1\times 18} \\ \boldsymbol{0}_{30\times 6} & \boldsymbol{0}_{30\times 6} & \boldsymbol{0}_{30\times 6} & \boldsymbol{0}_{30\times 6} & \boldsymbol{0}_{30\times 18} \end{pmatrix}$$

参考文献

[1] PIETSCH I T, KREFFT M, BECKER O T, et al. How to reach the dynamic limits of parallel robots? An autonomous control approach [J]. IEEE Transactions on Automation Science and Engineering, 2005, 2 (4): 369-380.

[2] PATEL Y, GEORGE P. Parallel manipulators applications—a Survey [J]. Modern Mechanical Engineering, 2012, 2: 57-64.

[3] KUO Y L, CLEGHORN W L, BEHDINAN K. Stress-based finite element method for Euler-Bernoulli beams [J]. Transactions of the Canadian Society for Mechanical Engineering, 2006, 30 (1): 1-6.

[4] DWIVEDY S K, EBERHARD P. Dynamic analysis of flexible manipulators, a literature review [J]. Mechanism and Machine Theory, 2006, 41 (7): 749-777.

[5] HUANG Z L Q, DING H. Theory of Parallel Mechanisms [M]. Berlin: Springer, 2013.

[6] LIN R, GUO W, GAO F. On parasitic motion of parallel mechanisms [C] //American Society of Mechanical Engineers. ASME 2016 International Design Engineering Technical Conferences and Computers and Information in Engineering Conference, August 21, 2016, Charlotte, North Carolina. New York: ASME, 2016: 1-13.

[7] TSAI L-W. Robot analysis: the mechanics of serial and parallel manipulators [M]. Hoboken: John Wiley & Sons, 1999.

[8] DASGUPTA B, CHOUDHURY P. A general strategy based on the Newton-Euler approach for the dynamic formulation of parallel manipulators [J]. Mechanism and machine theory, 1999, 34 (6): 801-824.

[9] DASGUPTA B, MRUTHYUNJAYA T. A Newton-Euler formulation for the inverse dynamics of the Stewart platform manipulator [J]. Mechanism and machine theory, 1998, 33 (8): 1135-1152.

[10] CHEN G, YU W, LI Q, et al. Dynamic modeling and performance analysis of the 3-PRRU 1T2R parallel manipulator without parasitic motion [J]. Nonlinear Dynamics, 2017, 90 (1): 339-353.

[11] BI Z, KANG B. An inverse dynamic model of over-constrained parallel kinematic machine based on Newton-Euler formulation [J]. Journal of Dynamic Systems, Measurement, and Control, 2014, 136 (4): 041001 1-9.

[12] AHMADI M, DEHGHANI M, EGHTESAD M, et al. Inverse dynamics of hexa parallel robot using lagrangian dynamics formulation [C] //Institute of Electrical and Electronics Engineers. 2008 International Conference on Intelligent Engineering Systems. September 28-October 2, 2008, Hawaii. New York: IEEE, c2008: 145-149.

[13] STAICU S, ZHANG D. A novel dynamic modelling approach for parallel mechanisms analysis [J]. Robotics and Computer-Integrated Manufacturing, 2008, 24 (1): 167-172.

[14] STAICU S, ZHANG D, RUGESCU R. Dynamic modelling of a 3-DOF parallel manipulator using recursive matrix relations [J]. Robotica, 2006, 24 (1): 125.

[15] STAICU S. Dynamics analysis of the Star parallel manipulator [J]. Robotics and Autonomous Systems, 2009, 57 (11): 1057-1064.

[16] HUANG J, CHEN Y-H, ZHONG Z. Udwadia-Kalaba approach for parallel manipulator dynamics [J]. Journal of Dynamic Systems, Measurement, and Control, 2013, 135 (6): 1012-1030.

[17] XIN G, DENG H, ZHONG G. Closed-form dynamics of a 3-DOF spatial parallel manipulator by combining

the Lagrangian formulation with the virtual work principle [J]. Nonlinear Dynamics, 2016, 86 (2): 1329-1347.

[18] ABDELLATIF H, HEIMANN B. Computational efficient inverse dynamics of 6-DOF fully parallel manipulators by using the Lagrangian formalism [J]. Mechanism and Machine Theory, 2009, 44 (1): 192-207.

[19] LIANG D, SONG Y, SUN T, et al. Optimum design of a novel redundantly actuated parallel manipulator with multiple actuation modes for high kinematic and dynamic performance [J]. Nonlinear Dynamics, 2016, 83 (1-2): 631-658.

[20] BRIOT S, ARAKELIAN V. On the dynamic properties of rigid-link flexible-joint parallel manipulators in the presence of type 2 singularities [J]. Journal of Mechanisms and Robotics, 2010, 2 (2): 31009 1-8.

[21] BRIOT S, ARAKELIAN V. On the dynamic properties of flexible parallel manipulators in the presence of type 2 singularities [J]. Journal of Mechanisms and Robotics, 2011, 3 (3): 31009 1-8.

[22] KANE T R, LEVINSON D A. The use of Kane's dynamical equations in robotics [J]. The International Journal of Robotics Research, 1983, 2 (3): 3-21.

[23] CHEN Z, KONG M, JI C, et al. An efficient dynamic modelling approach for high-speed planar parallel manipulator with flexible links [J]. Proceedings of the Institution of Mechanical Engineers: Journal of Mechanical Engineer, 2015, 229 (4): 663-678.

[24] CHENG G, SHAN X. Dynamics analysis of a parallel hip joint simulator with four degree of freedoms (3R1T) [J]. Nonlinear Dynamics, 2012, 70 (4): 2475-2486.

[25] GALLARDO-ALVARADO J, RODR GUEZ-CASTRO R, DELOSSANTOS-LARA P J. Kinematics and dynamics of a 4-PRUR Schönflies parallel manipulator by means of screw theory and the principle of virtual work [J]. Mechanism and Machine Theory, 2018, 122: 347-360.

[26] HU B, YU J, LU Y. Inverse dynamics modeling of a (3 – UPU) + (3 – UPS + S) serial-parallel manipulator [J]. Robotica, 2016, 34 (3): 687-702.

[27] LI M, HUANG T, MEI J P, et al. Dynamic formulation and performance comparison of the 3-DOF modules of two reconfigurable PKM -The tricept and the TriVariant [J]. Journal of Mechanical Design, 2005, 127 (6): 1129-1136.

[28] LIU S, HUANG T, MEI J, et al. Optimal design of a 4-DOF SCARA type parallel robot using dynamic performance indices and angular constraints [J]. Journal of Mechanisms and Robotics, 2012, 4 (3): 246-253.

[29] ANGELES J, LEE S K. The formulation of dynamical equations of holonomic mechanical systems using a natural orthogonal complement [J]. Journal of Applied Mechanics 1988, 55 (1): 243-244.

[30] GANESH S S, RAO A K. Inverse dynamics of a 3-DOF translational parallel kinematic machine [J]. Journal of Mechanical Science and Technology, 2015, 29 (11): 4583-4591.

[31] SPONG M W. Modeling and Control of Robots with Elastic Joints [J]. Journal of Dynamic Systems, Measurement, and Control, 1987, 109 (4): 310-318.

[32] DU Z-J, XIAO Y-Q, DONG W. Method for optimizing manipulator's geometrical parameters and selecting reducers [J]. Journal of Central South University, 2013, 20: 1235-1244.

[33] ZOHOOR H, KAKAVAND F. Timoshenko versus Euler-Bernoulli beam theories for high speed two-link manipulator [J]. Scientia Iranica, 2013, 20 (1): 172-178.

[34] KORAYEM M H, RAHIMI H, NIKOOBIN A. Mathematical modeling and trajectory planning of mobile manipulators with flexible links and joints [J]. Applied Mathematical Modelling, 2012, 36 (7): 3229-3244.

[35] KUO Y L, CLEGHORN W. Curvature-and displacement-based finite element analyses of flexible four-bar mechanisms [J]. Journal of Vibration and Control, 2011, 17 (6): 827-844.

[36] KUO Y, CLEGHORN W. Curvature-and displacement-based finite element analyses of flexible slider crank mechanisms [J]. International Journal for Numerical Methods in Biomedical Engineering, 2011, 26 (10): 1228-1245.

[37] FARID M, CLEGHORN W L. Dynamic modeling of multi-flexible-link planar manipulators using curvature-based finite element method [J]. Journal of Vibration and Control, 2013, 20 (11): 1682-1696.

[38] RAIBERT M H. Analytical equations vs. table look-up for manipulation: A unifying concept [C] //Institute of Electrical and Electronics Engineers. 1977 IEEE Conference on Decision and Control, December 7-9, 1977, New Orleans, Louisiana. New York: IEEE, c1977: 576-579.

[39] BR LS O, DUYSINX P, GOLINVAL J C. A Model Reduction Method for the Control of Rigid Mechanisms [J]. Multibody System Dynamics, 2006, 15 (3): 213-227.

[40] GUTIERREZ L B, LEWIS F, LOWE J A. Implementation of a neural network tracking controller for a single flexible link: comparison with PD and PID controllers [J]. IEEE Transactions on Industrial Electronics, 1998, 45 (2): 307-318.

[41] FATTAH A, ANGELES J, MISRA A K. Dynamics of a 3-DOF spatial parallel manipulator with flexible links [C] //Institute of Electrical and Electronics Engineers. 1995 IEEE International Conference on Robotics and Automation, May 21-27, 1995, Nagoya, Aichi. New York: IEEE, c1995: 627-633.

[42] LIMIN Z, YIMIN S. Optimal design of the Delta robot based on dynamics [C] //Institute of Electrical and Electronics Engineers. 2011 IEEE International Conference on Robotics and Automation, May 9-13, 2011, Shanghai. New York: IEEE, c2011: 336-341.

[43] LI H, YANG Z, HUANG T. Dynamics and elasto-dynamics optimization of a 2-DOF planar parallel pick-and-place robot with flexible links [J]. Structural and Multidisciplinary Optimization, 2009, 38 (2): 195-204.

[44] PIRAS G, CLEGHORN W L, MILLS J K. Dynamic finite-element analysis of a planar high-speed, high-precision parallel manipulator with flexible links [J]. Mechanism and Machine Theory, 2010, 40 (7): 849-862.

[45] WANG X, MILLS J K. Dynamic modeling of a flexible-link planar parallel platform using a substructuring approach [J]. Mechanism and Machine Theory, 2006, 41 (6): 671-687.

[46] ZHANG X. Dynamic modeling and active vibration control of a planar 3-PRR parallel manipulator with three flexible links [D]. Toronto: University of Toronto, 2009.

[47] ZHANG Q, MILLS J K, CLEGHORN W L, et al. Dynamic model and input shaping control of a flexible link parallel manipulator considering the exact boundary conditions [J]. Robotica, 2015, 33 (6): 1201-1230.

[48] ZHANG Q, MILLS J K, CLEGHORN W L, et al. Trajectory tracking and vibration suppression of a 3-PRR parallel manipulator with flexible links [J]. Multibody System Dynamics, 2015, 33 (1): 27-60.

[49] ZHANG Q, JIN J, ZHANG J, et al. Active vibration suppression of a 3-DOF flexible parallel manipulator using efficient modal control [EB/OL]. London: Hindawi Journal, 2014. https://www.hindawi.com/journals/sv/2014/953694.

[50] 张泉, 周丽平, 金家楣, 等. 高速柔性并联平台的动力学分析 [J]. 振动工程学报, 2015, 28 (1): 27-37.

[51] 张泉, 王瑞洲, 周丽平, 等. 柔性并联平台的动力学建模及主动振动控制 [J]. 振动测试与诊断, 2013, 33 (6): 1025-1031.

[52] 杜兆才, 余跃庆, 张绪平. 平面柔性并联机器人动力学建模 [J]. 机械工程学报, 2007, 43 (9): 96-101.

[53] YUE-QING Y, ZHAO-CAI D, JIAN-XIN Y, et al. An Experimental Study on the Dynamics of a 3-RRR

Flexible Parallel Robot [J]. Robotics, IEEE Transactions on, 2011, 27 (5): 992-997.

[54] SALISBURY J K, CRAIG J J. Articulated hands force control and kinematic issues [J]. The International Journal of Robotics Research, 1982, 1 (1): 4-17.

[55] GOSSELIN C, ANGELES J. A global performance index for the kinematic optimization of robotic manipulators [J]. Journal of Mechanical Design, 1991, 113 (3): 220-226.

[56] ANGELES J. Fundamentals of robotic mechanical systems [M]. 3rd ed. Berlin: Springer, 2006.

[57] GOSSELIN C M. Dexterity indices for planar and spatial robotic manipulators [C] //Institute of Electrical and Electronics Engineers. 1990 IEEE International Conference on Robotics and Automation. New York: IEEE, c1990: 650-655.

[58] YOSHIKAWA T. Translational and rotational manipulability of robotic manipulators [C] //Institute of Electrical and Electronics Engineers. 1991 IEEE International Conference on Industrial Electronics, Control and Instrumentation October 28-November 1, 1991, Kobe, Hyogo. New York: IEEE, c1991: 1170-1175.

[59] CHABLAT D, WENGER P, MAJOU F, et al. An interval analysis based study for the design and the comparison of three-degrees-of-freedom parallel kinematic machines [J]. The International Journal of Robotics Research, 2004, 23 (6): 615-624.

[60] YUNJIANG L, GUANFENG L, NI C, et al. Optimal design of parallel manipulators for maximum effective regular workspace [C] //Institute of Electrical and Electronics Engineers. 2005 IEEE/RSJ International Conference on Intelligent Robots and Systems, August 2-6, 2005, Edmonton, Alberta. New York: IEEE, 2005: 795-800.

[61] ZHANG L, MEI J, ZHAO X, et al. Dimensional synthesis of the Delta robot using transmission angle constraints Dimensional synthesis of the Delta robot using transmission angle constraints [J]. Robotica, 2012, 30 (3): 343-349.

[62] ASADA H. A geometrical representation of manipulator dynamics and its application to arm design [J]. Journal of Dynamic Systems, Measurement, and Control, 1983, 105 (3): 131-142.

[63] WU J, WANG J, LI T, et al. Dynamic dexterity of a planar 2-DOF parallel manipulator in a hybrid machine tool [J]. Robotica, 2008, 26 (1): 93-98.

[64] YOSHIKAWA T. Manipulability of robotic mechanisms [J]. The international journal of Robotics Research, 1985, 4 (2): 3-9.

[65] BOWLING A P, KIM C. Velocity effects on robotic manipulator dynamic performance [J]. Journal of Mechanical Design, 2006, 128 (6): 1236-1245.

[66] YAMAWAKI T, YASHIMA M. Effect of gravity on manipulation performance of a robotic arm [C] //Institute of Electrical and Electronics Engineers. 2007 IEEE International Conference on Robotics and Automation, April 10-14, 2007, Roma. New York: IEEE, c2007: 4407-4413.

[67] SHIRAZI A, FAKHRABADI M M S, GHANBARI A. Optimal design of a 6-DOF parallel manipulator using particle swarm optimization [J]. Advanced Robotics, 2012, 26 (13): 1419-1441.

[68] KELAIAIA R, COMPANY O, ZAATRI A. Multiobjective optimization of a linear Delta parallel robot [J]. Mechanism and Machine Theory, 2012, 50: 159-178.

[69] GANESH S S, RAO A K, DARVEKAR S. Multi-objective optimization of a 3-DOF translational parallel kinematic machine [J]. Journal of Mechanical Science and Technology, 2013, 27 (12): 3797-3804.

[70] PETTERSSON M, OLVANDER J. Drive train optimization for industrial robots [J]. IEEE Transactions on Robotics, 2009, 25 (6): 1419-1424.

[71] ELMQVIST H, OLSSON H, MATTSSON S E, et al. Optimization for design and parameter estimation [C] //Modelica Association. Proceedings of the 4th International Modelica Conference, March 7-8, 2005,

Hamburg: Modelica, c2005: 255-266.

[72] ZHOU L, BAI S, HANSEN M R. Design optimization on the drive train of a light-weight robotic arm [J]. Mechatronics, 2011, 21 (3): 560-569.

[73] MAGHAMI P, JOSHI S, LIM K. Integrated Controls-Structures Design: A Practical Design Tool for Modern Spacecraft [C] //Institute of Electrical and Electronics Engineers. 1991 American Control Conference, June 26-28, 1991, Boston, Massachusetts. New York: IEEE, c1991: 1465-1473.

[74] CRUZ-VILLAR C A, ALVAREZ-GALLEGOS J, VILLARREAL-CERVANTES M G. Concurrent redesign of an underactuated robot manipulator [J]. Mechatronics, 2009, 19 (2): 178-183.

[75] VILLARREAL-CERVANTES M G, CRUZ-VILLAR C A, ALVAREZ-GALLEGOS J, et al. Differential evolution techniques for the structure-control design of a five-bar parallel robot [J]. Engineering Optimization, 2010, 42 (6): 535-565.

[76] VILLARREAL-CERVANTES M G, CRUZ-VILLAR C, ALVAREZ-GALLEGOS J, et al. Robust structure-control design approach for mechatronic systems [J]. Mechatronics, IEEE/ASME Transactions on, 2013, 18 (5): 1592-1601.

[77] YAN H-S, YAN G-J. Integrated control and mechanism design for the variable input-speed servo four-bar linkages [J]. Mechatronics, 2009, 19 (2): 274-285.

[78] ZHOU L, BAI S, HANSEN M R. Integrated design optimization of a 5-DOF assistive light-weight anthropomorphic arm [C] //Institute of Electrical and Electronics Engineers. 2011 15th International Conference on Advanced Robotics (ICAR), June 20-23, 2011, Tallinn, Estonia. New York: IEEE, c2011: 659-644.

[79] HERMLE M, EBERHARD P. Control and Parameter Optimization of Flexible Robots [J]. Mechanics of Structures and Machines, 2000, 28 (2-3): 137-168.

[80] SHI J. Integrated design for high-performance lower-mobility parallel manipulators [D]. Hong Kong: Hong Kong University of Science and Technology, 2012.

[81] LOU Y, ZHANG Y, HUANG R, et al. Integrated structure and control design for a flexible planar manipulator [C] //2011 4th International Conference on Intelligent Robotics and Applications, December 6-8, 2011, Aachen, Nordrhein-Westfalen. Berlin: Springer, c2011: 260-269.

[82] HOMAEI H, KESHMIRI M. Optimal path planning for flexible redundant robot manipulators [C] //2005 WSEAS international conference on Dynamical systems and control, November 2-4, 2005, Venice, Veneto. Athens: WSEAS, c2005: 363-368.

[83] KORAYEM M, NIKOOBIN A. Maximum payload for flexible joint manipulators in point-to-point task using optimal control approach [J]. The International Journal of Advanced Manufacturing Technology, 2008, 38 (9-10): 1045-1060.

[84] KORAYEM M H, DAVARZANI E, BAMDAD M. Optimal trajectory planning with the dynamic load carrying capacity of a flexible cable-suspended manipulator [J]. Scientia Iranica, 2010, 17 (4 B): 315-326.

[85] KORAYEM M H, NIKOOBIN A, AZIMIRAD V. Trajectory optimization of flexible link manipulators in point-to-point motion [J]. Robotica, 2009, 27 (6): 825.

[86] RAHIMI H, KORAYEM M, NIKOOBIN A. Optimal motion planning of manipulators with elastic links and joints in generalized point-to-point task [C] //American Society of Mechanical Engineers. International Design Engineering Technical Conferences and Computers and Information in Engineering Conference, August 30-September 2, San Diego, California. New York: ASME, c2009: 1167-1174.

[87] HEIDARI H, KORAYEM M, HAGHPANAHI M, et al. Optimal Trajectory Planning for Flexible Link Manipulators with Large Deflection Using a New Displacements Approach [J]. Journal of Intelligent & Robotic Systems, 2013, 72 (3-4): 287-300.

[88] HABIB NEZHAD KORAYEM M, BAMDAD M, AKBAREH A. Trajectory optimization of cable parallel manipulators in point-to-point motion [J]. Journal of Optimization in Industrial Engineering, 2010, 5: 29-34.

[89] BOSCARIOL P, GASPARETTO A. Model-based trajectory planning for flexible-link mechanisms with bounded jerk [J]. Robotics and Computer-Integrated Manufacturing, 2013, 29 (4): 90-99.

[90] PARK K-J, PARK Y-S. Fourier-based optimal design of a flexible manipulator path to reduce residual vibration of the endpoint [J]. Robotica, 1993, 11 (3): 263-272.

[91] PARK K-J. Path design of redundant flexible robot manipulators to reduce residual vibration in the presence of obstacles [J]. Robotica, 2003, 21 (3): 335.

[92] KOJIMA H, KIBE T. Optimal trajectory planning of a two-link flexible robot arm based on genetic algorithm for residual vibration reduction [C] //Institute of Electrical and Electronics Engineers. 2001 IEEE/RSJ International Conference on Intelligent Robots and Systems, October 29-November 3, 2001, Maui, Hawaii. New York: IEEE, c2001: 2276-2281.

[93] WEITZ L A, DOEBBLER J, JOHNSON K E, et al. Trajectory planning for the cooperative manipulation of a flexible structure by two differentially-driven robots [J]. Journal of Intelligent and Robotic Systems, 2010, 58 (2): 149-163.

[94] LIAO Y, LI D, TANG G. Motion Planning for Vibration Reducing of Free-floating Redundant Manipulators Based on Hybrid Optimization Approach [J]. Chinese Journal of Aeronautics, 2011, 24 (4): 533-540.

[95] 徐文福，徐超，孟得山. 基于粒子群优化的刚柔混合机械臂振动抑制规划 [J]. 控制与决策，2014，29 (4): 59-65.

[96] BENOSMAN M, LE VEY G, LANARI L, et al. Rest-to-rest motion for planar multi-link flexible manipulator through backward recursion [J]. J Dyn Sys, Meas, Control, 2004, 126 (1): 115-123.

[97] HOMAEI H, KESHMIRI M. Optimal trajectory planning for minimum vibration of flexible redundant cooperative manipulators [J]. Advanced Robotics, 2009, 23 (12-13): 1799-1816.

[98] ABE A. Trajectory planning for residual vibration suppression of a two-link rigid-flexible manipulator considering large deformation [J]. Mechanism and Machine Theory, 2009, 44 (9): 1627-1639.

[99] ABE A, HASHIMOTO K. A novel feedforward control technique for a flexible dual manipulator [J]. Robotics and Computer-Integrated Manufacturing, 2015, 35: 169-177.

[100] ABE A. Trajectory planning for flexible Cartesian robot manipulator by using artificial neural network: numerical simulation and experimental verification [J]. Robotica, 2011, 29 (5): 797.

[101] ABE A. Minimum energy trajectory planning method for robot manipulator mounted on flexible base [C] //Institute of Electrical and Electronics Engineers. 2013 9th Asian Control Conference (ASCC), June 23-26, 2013, Istanbul. New York: IEEE, c2013: 1-7.

[102] SPONG M, KHORASANI K, KOKOTOVIC P. An integral manifold approach to the feedback control of flexible joint robots [J]. IEEE Journal on Robotics & Automation, 1987, 3 (4): 291-300.

[103] LESSARD J, BIGRAS P, LIU Z, et al. Characterization, modeling and vibration control of a flexible joint for a robotic system [J]. Journal of Vibration and Control, 2012, 20 (6): 943-960.

[104] GE S S, POSTLETHWAITE I. Adaptive neural network controller design for flexible joint robots using singular perturbation technique [J]. Transactions of the Institute of Measurement and Control, 1995, 17 (3): 120-131.

[105] LI X, ZHU Y, YANG K-M. Self-adaptive composite control for flexible joint robot based on RBF neural network [C] //Institute of Electrical and Electronics Engineers. 2010 IEEE International Conference on Intelligent Computing and Intelligent Systems, October 29-31, 2010, Xiamen, Fujian. New York: IEEE,

c2010: 837-840.

[106] TAGHIRAD H D, KHOSRAVI M A. Stability analysis and robust composite controller synthesis for flexible joint robots [J]. Advanced Robotics, 2006, 20 (2): 181-211.

[107] DE LEON-MORALES J, ALVAREZ-LEAL J G, CASTRO-LINARES R, et al. Speed and position control of a flexible joint robot manipulator via a nonlinear control-observer scheme [C] //Institute of Electrical and Electronics Engineers. 1997 IEEE International Conference on Control Applications, October 5-7, 1997, Hartford, Connecticut. New York: IEEE, c1997: 312-317.

[108] EL-BADAWY A A, MEHREZ M W, ALI A R. Nonlinear modeling and control of flexible-link manipulators subjected to parametric excitation [J]. Nonlinear Dynamics, 2010, 62 (4): 769-779.

[109] NAIDU D S. Singular perturbation analysis of a flexible beam used in underwater exploration [J]. International Journal of Systems Science, 2011, 42 (1): 183-194.

[110] LUO L, WANG S, MO J, et al. On the modeling and composite control of flexible parallel mechanism [J]. The International Journal of Advanced Manufacturing Technology, 2006, 29 (7-8): 786-793.

[111] CHEONG J, LEE S. Linear PID Composite Controller and its Tuning for Flexible Link Robots [J]. Journal of Vibration and Control, 2008, 14 (3): 291-318.

[112] YANMIN WANG Y F, XINGHUO YU. Fuzzy Terminal Sliding Mode Control of Two-link Flexible Manipulators [C] //Institute of Electrical and Electronics Engineers. 2008 34th Annual Conference of IEEE Industrial Electronics, November 10-13, 2008, Orlando, Florida. New York: IEEE, c2008: 1620-1625.

[113] KHORASANI K. Adaptive control of flexible-joint robots [J]. Robotics and Automation, IEEE Transactions on, 1992, 8 (2): 250-267.

[114] MOALLEM M, KHORASANI M K, PATEL R V. An Integral Manifold Approach for Tip-Position Tracking of Flexible Multi-Link Manipulators [J]. IEEE Transactions on Robotics and Automation, 1997, 13 (6): 823-836.

[115] VAKIL M, FOTOUHI R, NIKIFORUK P. Application of the integral manifold concept for the end-effector trajectory tracking of a flexible link manipulator [C] //Institute of Electrical and Electronics Engineers. 2007 American Control Conference, Tuly 9-13, 2007, New York. New York: IEEE, 2007: 741-747.

[116] VAKIL M, FOTOUHI R, NIKIFORUK P. End-Effector Trajectory Tracking of a Class of Flexible Link Manipulators [C] //American Society of Mechanical Engineers. ASME 2008 International Design Engineering Technical Conferences and Computers and Information in Engineering Conference, August 3-6, 2008, New York. New York: ASME, c2008: 1085-1094.

[117] VAKIL M, FOTOUHI R, NIKIFORUK P N. End-effector trajectory tracking of a flexible link manipulator using integral manifold concept [J]. International Journal of Systems Science, 2011, 42 (12): 2057-2069.

[118] VAKIL M, FOTOUHI R, NIKIFORUK P. Maneuver control of the multilink flexible manipulators [J]. International Journal of Non-Linear Mechanics, 2009, 44 (8): 831-844.

[119] MOALLEM M, KHORASANI K, PATEL R V. Inversion-based sliding control of a flexible-link manipulator [J]. International Journal of Control, 1998, 71 (3): 477-490.

[120] XU J-X, CAO W-J. Direct tip regulation of a single-link flexible manipulator by adaptive variable structure control [J]. International Journal of Systems Science, 2001, 32 (1): 121-135.

[121] QIU Z-C, HAN J-D, LIU J-G. Experiments on fuzzy sliding mode variable structure control for vibration suppression of a rotating flexible beam [J]. Journal of Vibration and Control, 2015, 21 (2): 343-358.

[122] MAMANI G, BECEDAS J, FELIU V. Sliding mode tracking control of a very lightweight single-link flexible robot robust to payload changes and motor friction [J]. Journal of Vibration and Control, 2012, 18 (8): 1141-1155.

[123] YIN H, KOBAYASHI Y, HOSHINO Y, et al. Hybrid Sliding Mode Control with Optimization for Flexible Manipulator under Fast Motion [C] //Institute of Electrical and Electronics Engineers. 2011 IEEE International Conference on Robotics and Automation, May 9-13, 2011, shanghai. New York: IEEE, c2011: 458-463.

[124] ITIK M, SALAMCI M U. Active vibration suppression of a flexible structure using sliding mode control [J]. Journal of mechanical science and technology, 2006, 20 (8): 1149-1158.

[125] MING C, QING-XUAN J, HAN-XU S. Global terminal sliding mode robust control for trajectory tracking and vibration suppression of two-link flexible space manipulator [C] //Institute of Electrical and Electronics Engineers. 2009 IEEE International Conference on Intelligent Computing and Intelligent Systems, November 20-22, 2009, Shanghai. New York: IEEE, c2009: 353-357.

[126] ZHANG Y, YANG T, SUN Z. Neuro-Sliding-Mode Control of Flexible-Link Manipulators Based on Singularly Perturbed Model [J]. Tsinghua Science and Technology, 2009, 14 (4): 444-451.

[127] CHEN X, FUKUDA T. Robust sliding-mode tip position control for flexible arms [J]. IEEE Transactions on Industrial Electronics, 2001, 48 (6): 1048-1056.

[128] GOH C, CAUGHEY T. On the stability problem caused by finite actuator dynamics in the collocated control of large space structures [J]. International Journal of Control, 1985, 41 (3): 787-802.

[129] SONG G, SCHMIDT S, AGRAWAL B. Experimental robustness study of positive position feedback control for active vibration suppression [J]. Journal of Guidance, Control, and Dynamics, 2002, 25 (1): 179a-182.

[130] KWAK M K, HEO S, JIN G-J. Adaptive positive-position feedback controller design for the vibration suppression of smart structures [C] //International Society for Optical Engineering. 2002 SPIE's 9th Annual International Symposium on Smart Structures and Materials, July 10, 2002, San Diego, California. Bellingham: SPIE, c2002: 246-255.

[131] ORSZULIK R, SHAN J. Active vibration control using adaptive positive position feedback [C] //Aerospace Research Central. 2009 AIAA Guidance, Navigation, and Control Conference, August 10-13, 2009, Chicago, Illinois. Reston: ARC, c2009 (6162): 1-15.

[132] QIU Z. Acceleration sensor based vibration control for flexible robot by using PPF algorithm [C] //Institute of Electrical and Electronics Engineers. 2007 IEEE International Conference on Control and Automation, May 30-June 1, 2007, Guangzhou, China. New York: IEEE, c2007: 1335-1339.

[133] CHU Z, CUI J, SUN F. Vibration Control of a High-Speed Manipulator Using Input Shaper and Positive Position Feedback [M]. Berlin: Springer, 2014: 599-609.

[134] SUN D, MILLS J K, SHAN J, et al. A PZT actuator control of a single-link flexible manipulator based on linear velocity feedback and actuator placement [J]. Mechatronics, 2004, 14 (4): 381-401.

[135] GURSES K, BUCKHAM B J, PARK E J. Vibration control of a single-link flexible manipulator using an array of fiber optic curvature sensors and PZT actuators [J]. Mechatronics, 2009, 19 (2): 167-177.

[136] APHALE S S, FLEMING A J, REZA MOHEIMANI S O. Integral resonant control of collocated smart structures [J]. Smart Materials And Structures, 2007, 16 (2): 439-446.

[137] PEREIRA E, APHALE S S, FELIU V, et al. A hybrid control strategy for vibration damping and precise tip-positioning of a single-link flexible manipulator [C] //Institute of Electrical and Electronics Engineers. 2009 IEEE International Conference on Mechatronics, April 14-17, 2009, Malaga, Andalusia. New York: IEEE, c2009: 1-6.

[138] RUSSELL D, FLEMING A J, APHALE S S. Improving the positioning bandwidth of the Integral Resonant Control Scheme through strategic zero placement [C] //Internatinal Federation of Automatic Control. 2014 19th IFAC World Congress on International Federation of Automatic Control, August 24-29, 2014, Cape

Town, Western Cape. Laxenburg: IFAC, c2014: 6539-6544.

[139] MEIROVITCH L, BARUH H. Optimal control of damped flexible gyroscopic systems [J]. Journal of Guidance, Control, and Dynamics, 1981, 4 (2): 157-163.

[140] ZHANG X, MILLS J K, CLEGHORN W L. Multi-mode vibration control and position error analysis of parallel manipulator with multiple flexible links [J]. Transactions of the Canadian Society for Mechanical Engineering, 2010, 34 (2): 197-213.

[141] BAZ A, POH S. Performance of an active control system with piezoelectric actuators [J]. Journal of Sound and Vibration, 1988, 126 (2): 327-343.

[142] SINGH S, PRUTHI H S, AGARWAL V. Efficient modal control strategies for active control of vibrations [J]. Journal of Sound and Vibration, 2003, 262 (3): 563-575.

[143] SINGHOSE W. Command shaping for flexible systems: A review of the first 50 years [J]. International Journal of Precision Engineering & Manufacturing, 2009, 10 (4): 153-168.

[144] SINGHOSE W, VAUGHAN J. Reducing Vibration by Digital Filtering and Input Shaping [J]. IEEE Transactions on Control Systems Technology, 2011, 19 (6): 1410-1420.

[145] PARK U-H, LEE J-W, LIM B-D, et al. Design and sensitivity analysis of an input shaping filter in the z-plane [J]. Journal of Sound and Vibration, 2001, 243 (1): 157-171.

[146] SINGHOSE W, OOTEN BIEDIGER E, CHEN Y-H, et al. Reference command shaping using specified-negative-amplitude input shapers for vibration reduction [J]. J Dyn Sys, Meas, Control, 2004, 126 (1): 210-214.

[147] MOHAMED Z, CHEE A K, HASHIM A W I M, et al. Techniques for vibration control of a flexible robot manipulator [J]. Robotica, 2006, 24 (4): 499-511.

[148] 肖永强. 高速重载机械臂优化设计与轨迹规划及振动抑制方法研究 [D]. 哈尔滨: 哈尔滨工业大学, 2012.

[149] TZES A, YURKOVICH S. An adaptive input shaping control scheme for vibration suppression in slewing flexible structures [J]. IEEE Transactions on Control Systems Technology, 1993, 1 (2): 114-121.

[150] CUTFORTH C F, PAO L Y. Adaptive input shaping for maneuvering flexible structures [J]. Automatica, 2004, 40 (4): 685-693.

[151] PEREIRA E, TRAPERO J R, D AZ I M, et al. Adaptive input shaping for manoeuvring flexible structures using an algebraic identification technique [J]. Automatica, 2009, 45 (4): 1046-1051.

[152] YOSHIKAWA T. Dynamic manipulability of robot manipulators [J]. Transactions of the Society of Instrument and Control Engineers, 1985, 21 (9): 970-975.

[153] ZHANG X, MILLS J K, CLEGHORN W L. Investigation of axial forces on dynamic properties of a flexible 3-PRR planar parallel manipulator moving with high speed [J]. Robotica, 2010, 28 (4): 607-619.

[154] BRIOT S, KHALIL W. Recursive and symbolic calculation of the elastodynamic model of flexible parallel robots [J]. The International Journal of Robotics Research, 2014, 33 (3): 469-483.

[155] PALMIERI G, MARTARELLI M, PALPACELLI M, et al. Configuration-dependent modal analysis of a Cartesian parallel kinematics manipulator: numerical modeling and experimental validation [J]. Meccanica, 2014, 49 (4): 961-972.

[156] FASSI I, LEGNANI G, TOSI D. Geometrical conditions for the design of partial or full isotropic hexapods [J]. Journal of Robotic Systems, 2005, 22 (10): 507-518.

[157] WU C, LIU X-J, WANG L, et al. Optimal design of spherical 5R parallel manipulators considering the motion/force transmissibility [J]. Journal of Mechanical Design, 2010, 132 (3): 031002.

[158] 高名旺, 张宪民, 刘晗. 3-RRR 高速并联机器人运动学设计与实验 [J]. 机器人, 2013, 35 (6): 716-722.

[159] DEB K, PRATAP A, AGARWAL S, et al. A fast and elitist multiobjective genetic algorithm: NSGA-Ⅱ[J]. IEEE Transactions on Evolutionary Computation, 2012, 6 (2): 182-197.

[160] 张小江，高秀华. 三次样条插值在机器人轨迹规划应用中的改进研究 [J]. 机械设计与制造，2008 (9): 170-171.

[161] BOOR C D. A Practical Guide to Splines [M]. New York: Springer, 2001.

[162] GARG D. Advances in global pseudospectral methods for optimal control [D]. Florida: University of Florida, 2011.

[163] GARG D, HAGER W W, RAO A V. Pseudospectral methods for solving infinite-horizon optimal control problems [J]. Automatica, 2011, 47 (4): 829-837.

[164] HESTHAVEN J S, GOTTLIEB S, GOTTLIEB D. Spectral methods for time-dependent problems [M]. Cambridge: Cambridge University Press, 2007.

[165] ZHONG Q-C, KUPERMAN A, STOBART R K. Design of UDE-based controllers from their two-degree-of-freedom nature [J]. International Journal of Robust and Nonlinear Control, 2011, 21 (17): 1994-2008.

[166] REN B, ZHONG Q, CHEN J. Robust Control for a Class of Nonaffine Nonlinear Systems Based on the Uncertainty and Disturbance Estimator [J]. IEEE Transactions on Industrial Electronics, 2015, 62 (9): 5881-5888.

[167] KUPERMAN A, ZHONG Q-C. Robust control of uncertain nonlinear systems with state delays based on an uncertainty and disturbance estimator [J]. International Journal of Robust and Nonlinear Control, 2011, 21 (1): 79-92.

[168] GORIUS T, SEIFRIED R, EBERHARD P. Approximate End-Effector Tracking Control of Flexible Multibody Systems Using Singular Perturbations [J]. Journal of Computational and Nonlinear Dynamics, 2013, 9 (1): 011017-011011-011019.

[169] 刘金琨. 滑模变结构控制 MATLAB 仿真 [M]. 北京：清华大学出版社，2005.

[170] MOSAYEBI M, GHAYOUR M, SADIGH M J. A nonlinear high gain observer based input-output control of flexible link manipulator [J]. Mechanics Research Communications, 2012, 45: 34-41.